U0337417

煤矿灾害防控新技术丛书

矿山物联网安全感知与预警技术

王　刚　丁恩杰　等　编著

煤炭工业出版社

·北　京·

内 容 提 要

　　安全科技进步和技术创新是提高煤矿安全生产防、管、控能力的重要保障。针对矿山物联网技术已取得的研究成果及其在矿山安全感知的应用，本书从"感、传、知、用、管"五个层面，介绍了矿山物联网体系下矿山监测数据的获取、传输、处理、利用和管理方法，及其在矿山物联网感知与预警技术方面引入的技术变革。包括综合自动化与矿山物联网的基本概念、区别与联系，矿山物联网平台和数据采集、传输和处理技术，矿山物联网的各个应用子系统，矿山物联网在人员、设备、灾害三个方面的感知与预警技术，矿山物联网技术在山煤集团霍尔辛赫煤矿和兖矿集团兴隆庄煤矿的两个典型应用。

　　本书在内容上力求反映当前矿山物联网安全感知领域所取得的技术成果和发展前景，可作为科研工作者的参考用书。

前　　言

　　安全科技进步和技术创新是提高煤矿安全生产防、管、控能力的重要保障。目前的煤矿安全生产主要从两方面着手：第一是预防，主要是采取措施不让事故发生；第二是救援，也就是发生了事故后要采取一切办法将事故损失降低。实际上在这两方面中还存在工作人员自我保护的问题，特别是非正常情况下的井下人员定位和无线联络的问题，这是目前的技术难点，也是安全生产中最重要的环节，只有解决了这个问题，人、机和周围的环境才能连为一体。

　　矿山物联网是通信网和互联网的拓展应用和网络延伸，它利用感知技术与智能装置对矿山的物理世界进行感知与识别，通过网络实现传输与互联，并进行计算、处理和知识挖掘等，实现矿山人与物、物与物等信息的交互和无缝链接，达到对矿山物理世界进行实时控制、精确管理和科学决策的目的。

　　煤矿综合自动化实现了应用系统的网络化集成，但是应用系统之间的联动与信息融合、决策融合还没有开展。矿山物联网在煤矿综合自动化建设的基础上，建成一个统一的网络平台（骨干网络平台、无线网络平台），通过感知矿山灾害风险，实现各种灾害事故预警预报；感知矿工周围安全环境，实现主动式安全保障；感知矿山设备工作健康状况，实现预知维修，达到保障煤矿安全生产的目的。

　　矿山物联网应用模型由中国矿业大学物联网（感知矿山）研究中心结合"综合自动化"架构，于 2010 年在感知矿山总体规划中首次提出，研发人员对矿山物联网关键技术和产品进行研发，提出"三个感知"思想，研发了感知井下人员周围环境的国内首个智能矿灯、无线 AP 等相关产品，研究成果在徐矿夹河煤矿、山煤霍尔辛赫煤矿以及其他企业合作项目中推广。针对煤矿安全生产的需求，以物联网技术为手段，以综合自动化为实施基础，以"三个感知"为重点研究方向，解决了在感知矿山物联网系统架构、感知网络关键技术研究、时空信息集成交换技术、井下移动目标连续定位等方面的一些关键技术难题，提高了矿井安全水平。

　　针对矿山物联网技术已取得的研究成果及其在矿山安全感知的应用，本书从"感、传、知、用、管"5个层面，介绍了矿山物联网体系下矿山监测数据的获取、传输、处理、利用和管理方法，及其在矿山物联网感知与预警技术方面引入的技术变革。在内容上力求反映当前矿山物联网安全感知领域所取得的技术成果和发展前景，可供科研工作者参考。

本书由中国矿业大学物联网（感知矿山）研究中心王刚、丁恩杰等编著。各章节具体分工如下：第1章、第3章、第5章、第7章、第12章由王刚编著；第2章由陈尚卿编著；第4章由杨丽娟编著；第6章由宁永杰编著；第8章和第11章由丁恩杰编著；第9章由于嘉成编著；第10章由王前编著。

限于作者水平，书中可能存在不足之处，敬请读者批评指正。

编　者

2017 年 4 月

目　　次

1　矿山物联网与矿山安全

1.1　矿山安全监测技术

我国是世界上灾害最严重的国家之一，在众多灾害中，矿业事故灾害位居第二。近年来各种矿难频发，特别是突出和爆炸事故时有发生。2002 年，我国煤炭产量 1.4 Gt，煤矿安全生产事故 4344 起，死亡 6995 人，百万吨死亡率高达 4.94。到 2013 年，全国煤炭产量 3.68 Gt，事故起数下降到 604 起，死亡人数下降到 1067 人，百万吨死亡率下降到 0.29。2014 年，我国煤矿等重点行业领域安全生产状况进一步好转，煤矿事故起数和死亡人数同比分别下降 16.3% 和 14.3%，重特大事故同比分别下降 12.5% 和 10.5%，但煤矿安全生产问题目前并没有得到根本性解决，重大伤亡事故时有发生。

安全科技进步和技术创新是提高煤矿安全生产防、管、控能力的重要保障。煤矿安全监控系统是指对井下、风速、一氧化碳、烟雾、温度等环境参数和矿井生产、运输、提升、排水等环节的机电设备工作状态进行检测和控制，用计算机分析处理并取得数据的一种系统。我国常用的安全检测系统较多，如 KJ2、KJ4、KJ8、KJ10、KJ13、KJ19、KJ38、KJ66、KJ75、KJ80、KJ90、KJ95、KJ2000 等。现有的煤矿安全监控系统一般由四部分组成：①检测主站；②检测主机（包括应用软件、计算机以及外围设备等）；③检测分站（包括传输接口、传输线以及接线盒等）；④传感器和执行机构。

检测主机可以直接作为检测主站，当使用网络交换机时，检测主机也可以通过交换机连接检测主站。检测主站可将各个检测分站的信息通过交换机送到专用的检测服务器。安全监控系统可以为各级生产指挥者以及业务部门提供环境安全参数动态信息，通过为指挥生产提供及时的现场资料和信息，便于提前采取相关防范措施。

《煤矿安全监控系统及检测仪器使用管理规范》（AQ 1029—2007）规定了煤矿安全监控系统及检测仪器的装备、设计和安装，传感器设置、使用与维护，系统及联网信息处理，管理制度与技术资料等要求。如甲烷传感器应该垂直悬挂，距离顶板距离不得大于 300 mm，距离巷道侧壁（墙壁）距离不得小于 200 mm，并且应该安装和维护方便，不影响行人和行车等。

目前的煤矿安全生产主要从两方面着手：第一是预防，主要是采取措施不让事故发生；第二是救援，也就是发生了事故后要采取一切办法将事故损失降低。实际上在这两方面中间还存在工作人员自我保护的问题，特别是非正常情况下的井下人员定位和无线联络的问题，这是目前的技术难点，也是安全生产中最重要的环节，只有解决了这个问题，人、机和周围的环境才能连为一体。

1.2　物联网与矿山物联网

物联网是通信网和互联网的拓展应用和网络延伸，它利用感知技术与智能装置对物理世界进行感知识别,通过网络传输互联进行计算、处理和知识挖掘,实现人与物、物与物信息交互和无缝链接,达到对物理世界实时控制、精确管理和科学决策的目的。

随着物联网技术的发展,国内外很多国家都将物联网视为新的技术创新点和经济增长点。国际上,包括加州大学伯克利分校、麻省理工学院、Crossbow Technology 公司等众多美国高校以及企业对物联网技术提出了相关解决方案,并开发了相应产品。2009 年日本政府将 2004 年推出的"u-Japan"计划升级为"i-Japan"计划,致力于构建一个智能的物联网服务体系。与此同时,韩国、法国、德国等国家也加快部署物联网发展战略。在我国,中国科学院上海微系统与信息技术研究所、宁波中科、北京邮电大学、南京邮电大学以及无锡市国家传感网信息中心等科研院所对物联网体系架构及软硬件开发进行了相关研究。随着"中国制造 2025""互联网+"和"工业 4.0"的发展,物联网技术的发展已进入一个新的转折点。

矿山物联网是通信网和互联网的拓展应用和网络延伸,它利用感知技术与智能装置对矿山的物理世界进行感知与识别,通过网络实现传输与互联,并进行计算、处理和知识挖掘等,实现矿山人与物、物与物等信息的交互和无缝链接,达到对矿山物理世界进行实时控制、精确管理和科学决策的目的。其最终目的是实现矿山透明化和绿色开采。

《国家中长期科学和技术发展规划纲要 (2006—2020 年)》指出,要重点研究煤矿等生产事故的监测、预警、预防技术,提高早期发现与防范能力;要研究基于知识的建模,实现复杂系统和重大设施的安全预测。

随着信息技术在矿山企业的不断应用和深化,矿山安全生产的自动化水平、监测监控能力、信息化程度在不断提高,但在矿山安全生产监控及灾害风险预警中仍存在诸多问题:缺乏应用信息融合、缺乏多尺度信息模型、缺乏全方位的产品检测手段。这些缺点使得现有矿山物联网不能有效感知监测各种危险源,不能及时进行预防预控,不能实现各种设备间的互联互通,不能及时展开应急救援等。

矿山物联网以其特有的"感、传、知、用"优势和解决方案,为用现代科技保障煤炭绿色开采和安全利用,提供了有效感知手段和网络基础。通过构建有线、无线一体化无线多媒体统一传输平台与矿井分布式测量网络,以及感知井下人员周围环境的智能矿灯,可将安全信息实时通知到每个矿工,实现了煤矿井下人、机和环境的有效融合,对解决矿井工作人员的自我安保难题实现了突破。通过对矿山地面变形、沉降、单一巷道、岩层层面,以及井上下、煤层群体变化、岩层移动、突出等动力灾害分别研究不同维度的建模方法、不同维度建模方法之间的耦合关系、基于时间序列的模型分析方法;通过大数据分析、解算,研究基于时间的矿山开采演变规律,实现矿山智能分析与超前决策,为矿山绿色智能开采提供知识和机理保障。借助矿山物联网向智慧物联网和"互联网+"过渡,使得矿山系统从黑色矿山逐步向灰色矿山、透明矿山过渡。

1.3 矿山物联网应用模型

矿山物联网是煤矿信息化的高级阶段。煤矿综合自动化实现了应用系统的网络化集成,但是应用系统之间的联动与信息融合、决策触合还没有开展。矿山物联网在煤矿综合自动化建设的基础上,建成一个统一的网络平台(骨干网络平台、无线网络平台),通过感知矿山灾害风险,实现各种灾害事故预警预报;感知矿工周围安全环境,实现主动式安全保障；感知矿山设备工作健康状况，实现预知维修，达到保障煤矿安全生产的目标。

图 1-1 所示为矿山物联网应用模型。矿山物联网应用模型是中国矿业大学物联网（感知矿山）研究中心结合"综合自动化"架构，在感知矿山总体规划中首次提出。它是一个开放性模型，并与矿山综合自动化一脉相承，表现在：①完整的物联网体系；②可伸缩的结构；③完全兼容综合自动化系统和煤矿信息化系统；④完善的感知层网络。其中，利用宽带无线网络建立的覆盖煤矿井下，并与 1000M 工业以太网相结合的感知层网络，可实现包括无线数据、无线语音、无线视频等无线多媒体的统一传输。通过将无线网络覆盖到主要大巷、采煤工作面、掘进工作面、车场以及井上重点工作区域等地点，并根据地质、巷道结构特点以及矿区生产带来的巷道结构改变自适应优化，即可满足无线覆盖和网络动态拓扑要求。智能矿灯作为一种可佩戴设备，通过矿工随身携带，可实时帮助矿工了解自身所处环境特征。通过所安装的相关传感器，可采集环境温度、甲烷浓度值、井下人员的健康状况等信息，并可将采集的信息通过无线网络传输给中央调度室。智能矿灯可以通过短消息与调度室进行通信，并具有人员实时定位功能。在紧急情况下，调度室也可通过此终端下达人员撤离等重大指令。通过智能矿灯在矿山使用，可将安全信息实时通知到每个矿工，实现了井下人员对周围环境信息的感知，以及煤矿井下人、机和环境的有效融合。

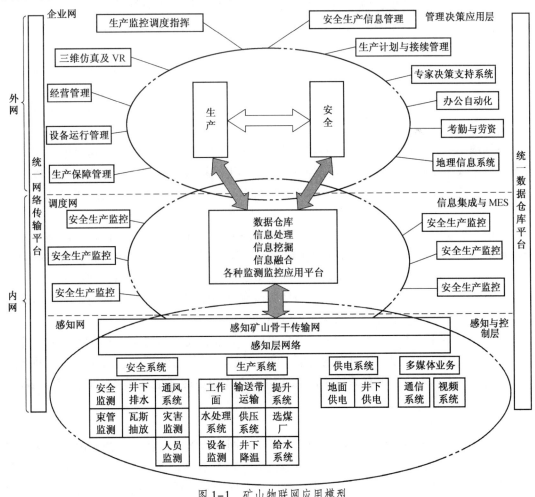

图 1-1　矿山物联网应用模型

矿山物联网应用系统包括：井下人员环境感知系统、设备健康状态感知系统、矿山灾害感知系统、骨干及无线感知网络、感知矿山信息集成交换平台、感知矿山信息联动系统、基于地理信息系统的井下移动目标连续定位及管理系统、基于虚拟现实的矿山感知信息三维展示平台和感知矿山物联网运行维护管理系统等。

1.4 矿山物联网关键技术

矿山物联网关键技术框架包括感知层技术、网络层技术、应用层技术和公共技术。

1.4.1 感知层关键技术

感知矿山物联网的感知层包括数据采集技术与接入技术2个子层。这里的数据采集是广义的，包括采集煤矿生产过程中发生的物理事件和数据，生产与安全的各类物理量、标识、音频、视频数据，还包括对各种监测监控系统的使用数据，即反馈控制数据，这通常由执行器完成。

感知矿山建设中的3个感知，即感知矿山灾害风险、感知矿山设备工作健康状况、感知矿工周围安全环境主要是在这一层实现。而现有的综合自动化系统存在的最大问题恰恰就是感知层的问题，在综合自动化系统中基本没有能适应煤矿动态开采的感知层平台的存在，缺失这样的感知环境，就不能实现物与物相联，也不能实现感知矿山。

这是由于矿山灾害发生的区域和时间均具有未知性，并且矿山处于动态开采过程中。要感知这些灾害产生的前兆信息，只能采用符合矿山生产特点的基于无线传感器网络的分布式、可移动、自组网的信息采集方式。同时，应从传感器原理、检测方法、矿山灾害发生机理等多方面进行研究，以解决矿山特殊环境条件下的安全信息感知和采集方法的问题，解决矿山复杂环境条件下的传感技术抗干扰和灾害源定位的问题，解决灾害准确预警与灾害源定位的问题，研究环境的动态、网络化监测问题。

感知层中的接入技术主要是为各种分布式、移动传感器、RFID以及其他生产与安全设备提供接入主干网的环境，主要分为有线接入和无线接入两种方式。有线接入可以是综合自动化系统采用的通过子系统接入方式，也可以是分布式接入方式。无线接入基本是分布式接入。

目前，煤矿井下无线信道有移动通信的WiFi网络、PHS网络，还有WSN网络、人员定位的RFID网络等。这些网络存在的主要问题：覆盖区域有限，存在监测盲点，不利于安全与减灾信息的监测；信道容量低，不利于多种信息的宽带综合应用；种类单一、重复建设，通常无线通信、人员定位、工况与环境监测分别使用不同的覆盖网络，不能形成一个统一的感知网络，这不符合物联网统一应用的要求。

此外，采煤机、液压支架、刮板输送机、矿车等金属设备与煤壁、巷道等复杂环境使得矿山井下成为一种受限异质时变的通信空间。构建真正符合井下需求的无线覆盖网络需要开发新型的无线系统，现有的短距离无线组网方式均不能适应煤矿井下长距离、多跳、宽带、自组网、低功耗的要求。

1.4.2 网络层关键技术

网络层分网络传输平台和应用平台2个子层。网络传输平台就是感知矿山物联网的主干网，利用工业以太网技术、煤矿移动通信技术、M2M技术以及矿山6Low PAN技术，把感知到的信息实时、无障碍、高可靠性、高安全性地进行传送。因此，需要进一步研究传感器网络与移动通信网络技术、工业控制以太网技术、RFID以及其他数据集成技术。

应用平台主要实现各种数据信息集成，包括统一数据描述、统一数据仓库、数据中间件技术、虚拟逻辑系统构建等。在此基础上，构成服务支撑平台，为应用层各种服务提供开放的接口。应用平台是将服务与网络元素解耦的核心，也是能够提供方便、快捷部署逻辑子系统的关键所在。M2M技术的核心就在于能为服务商或第三方提供方便的接入服务，它也是感知矿山物联网区别于综合自动化的关键点之一。

1.4.3　应用层关键技术

应用层分为以下2个内容：

一是综合自动化中的内容，即对矿山各生产安全子系统的实时监控，保障矿山的正常运行。

二是高层应用，即管理决策与应用，这主要是各种软件应用模块。矿山及相关现象的信息在中间层得到提升后，为了利用这些信息去动态详尽地描述与控制矿山安全生产与运营的全过程，保证矿山经济的可持续增长，保证矿山自然环境的生态稳定。它可用于矿山安全生产形势评估、煤矿灾害预警与防治、煤矿安全隐患排查、矿山资源环境控制及评价、煤矿供应链管理、大型设备故障诊断、实现对整个矿山的优化管理与安全动态跟踪等。根据矿山的具体应用不同，这些模块是可增减的。

1.4.4　公共技术

公共技术不属于矿山物联网技术的某个特定层面，它与物联网技术架构的三层都有关系，包括公共中间件技术、标识与解析技术、安全技术以及各层的规范和标准等。

1.5　感知矿山物联网愿景与发展趋势

矿山信息化技术的发展经历了单机自动化、矿山综合自动化以及现在的感知矿山物联网。矿山信息化发展本质上就是一个矿山信息技术与矿山物理世界相融合的过程，其高层目标就是矿山信息物理系统。2015年3月5日十二届全国人大三次会议上，李克强总理提出"中国制造2025"和"互联网+"行动计划，推动移动互联网、云计算、大数据、物联网等与现代制造业结合，促进工业互联网健康发展。"物联网+工业"即是运用物联网技术，使得工业企业将机器等生产设施接入互联网，构建网络化物理设备系统，进而使各生产设备能够自动交换信息、触发动作和实施控制。目前，矿山综合自动化系统实现了矿山已有各种监测监控系统的网络化集成，实现了数据、语音及视频传输的"三网合一"，一些大型矿山基本实现了用统一的数据库来存储各种子系统的数据，具备矿山物联网实现的基础。矿山物联网自2010年诞生以来，已发展到一个新的转折点。随着"中国制造2025""互联网+"和"工业4.0"的发展，有必要对矿山物联网发展趋势进行梳理，以便洞悉矿山信息化技术的发展历程，更好地为煤矿安全生产技术服务。

1.5.1　感知矿山愿景

矿山综合自动化实现了矿山已有各种监测监控系统的网络化集成，但是仍然存在感知手段传统单一、缺乏泛在感知网络等一系列问题。矿山物联网以其特有的"感、传、知、用"优势和解决方案，为用现代科技保障煤炭绿色开采和安全利用提供了有效感知手段和网络基础。然而，矿山由于缺少深层次模型，使得连接在系统上的计算机仍不能直接理解采集的信息和信息之间的逻辑关系，各系统采集信息仍需要人工分析，无法实现直接对语义信息的理解和运行控制，矿山物联网涵盖范围要在传感网的基础上向智能化的信息处理发展。

感知矿山最终实现矿山物物相连，各个系统通过网络实现了信息共享，使得矿山系统从黑色矿山向灰色矿山、透明矿山过渡，矿山安全得到很大提高。物物相连的平台实现了数据的汇聚，矿山物联网演化为提供时空一体矿山服务的平台，并借助于其涉及的领域、产业链特点，将传感器、芯片业、设备制造业、信息产业等纳入其中，并通过平台提供供求双向信息，最终形成一个需求牵引的层次化产业。

1.5.2 变化一——层次架构

OSI（Open System Interconnection）参考模型是国际标准化组织制定的一个用于计算机或通信系统互联的标准，一般称为 OSI 参考模型或七层模型，这是一个垂直分层结构。这里指的层次架构是根据各个设备在网络中的地位和作用，对网络进行的水平分层。

煤矿综合自动化系统是矿井监测、报警、生产操作一体化的系统，系统由应用层、网络层、物理层三层结构构成。在层级化网络结构中，各个网元各司其职，属于一种集中式管理的模式，网络的扩展性不够灵活，单点故障及拥塞等问题在所难免。思科可视网络指数（VNI）预测 2019 全球 IP 流量预计将达 2ZB，到 2020 年则会达到约 500 亿的互联设备的增长。这些变化带来了全新的应用实例和服务机会，并会对网络和存储产生前所未有的需求。传统的层级化网络架构已经不能很好地适应物联网这种快速、大通信量服务的要求。应用需求的分布化正驱使着网络功能向边缘靠近。上海贝尔股份有限公司的徐峰等针对移动运营商的全扁平化的架构演变提出了一种基于同质化单节点的全扁平化网络架构，通过改变通信网络架构，提升整个基础设施的可编程性和灵活性，以应对预期中的数据流量在规模及复杂性方面的增长。

随着矿山物联网技术的发展，矿山实时监测数据量的急剧增长，传统的层次架构同样不能很好地适应矿山大数据的发展。全扁平化的网络组网方式由于可以减轻骨干网的负荷，具有较好的发展潜力。随着电子技术发展，网络设备处理能力变强，没必要布置更多汇聚节点，分散管理。可通过将网络设备容量增大，减少节点数量，实行统一管理和维护，这就是网络扁平化的趋势。相比传统层次化网络，扁平化网络架构使得矿山工业控制更加精细化和智能化，各个监测系统部署趋于分布化和边缘化，网络的自组织和管理能力进一步增强，有利于满足今后矿山物联网在数据量及网络实时性等方面的需求。

目前有许多厂商都在重点关注着扁平化的网络，如 Brocade、Cisco、HP、Juniper Networks 等。扁平化对许多厂商来说都是一个巨大的机遇和挑战。

1.5.3 变化二——系统功能

矿山自动化已实现提升、排水、通风、供电、选煤、工业电视和安全监测等自动化系统等。不同系统由于在不同阶段建设，自成一体，信息不能互通，不能发挥自动化系统的综合效益，造成系统维护量大，维修、维护困难。为了从系统工程的角度整体上对矿山进行统一的自动化管理，防止"信息孤岛"现象，有效整合各种资源和发挥自动化集成的最大效益，需要建立统一的煤矿综合自动化系统。矿山综合自动化系统通过采用统一传输网络将各种监测监控系统、语音、工业电视集成在一起，实现了三网合一；通过构建煤矿安全生产信息统一数据仓库平台，实现各子系统数据共享。综合自动化成为煤矿的首选模式。但是综合自动化也表现出许多不足，如感知手段传统单一、缺乏泛在感知网络、缺乏应用层信息融合、多学科交叉不够等。

感知矿山物联网要实现矿山物物相连，因此在原有综合自动化基础上，增加了覆盖煤矿井下，并与工业以太网相结合的宽带有线、无线一体化多媒体统一传输平台，通过泛在感知网络，可实现井下移动目标的接入与管理，拓展了井下感知范围。在煤矿安全生产信息统一数据仓库平台上，增加了感知信息联动技术，实现了多传感器信息、多系统之间联动，缩短了井上下、矿井与集团重要信息传达、决策时间，解决了感知手段传统单一、缺乏应用层信息融合的问题。

随着"互联网+"行动计划的提出，矿山物联网所承载的各种服务应用也成为系统重要功能之一。目前矿山物联网的应用大多是在煤矿企业内部的闭环应用，信息的管理和互联局限在有限的企业内，不同企业间、不同地域间的互通仍存在问题，没有形成真正的物物互联。这些闭环应用有着自己的协议、标准和平台，自成体系，很难兼容，信息也难以共享。随着矿山物联网应用规模逐步扩大，以点带面、以地区应用带动矿山物联网产业的局面正在逐步呈现。

1.5.4　变化三——全面网络化

矿山综合自动化将各种监测监控系统、语音、工业电视集成在一起，实现各子系统数据共享，这种资源的共享均是在应用层完成。部分系统由于监控方式传统，仍存在"信息孤岛"现象。

煤矿井下工作环境属于流动作业，采煤机、液压支架、刮板输送机、矿车等金属设备与煤壁、巷道等复杂环境，使得矿山井下成为一种"受限异质时变"的通信空间。要想实现真正的物物相连，矿山需要构建一种全面网络化的矿山物联网。因此，需要研究低功耗WiFi和WSN技术、认知无线电技术、MIMO技术、M2M技术、矿山6LowPAN技术以及UWB技术在矿井的应用；研究宽带无线接入技术和大规模异构协同组网技术；研究局部地区发生灾害后的网络重构问题，这包括无线节点的抗毁能力、不同介质下自适应组网协议、传输速率自适应调整技术、不同速率组网技术等，实现网络的全覆盖以及平暂结合的无线、有线一体化网络，保障矿山安全生产。

1.5.5　变化四——雾计算技术

为了解决大数据量传输与数据实时性问题，雾计算应运而生。与云计算相比，雾计算并非由性能强大的服务器组成，而是由性能较弱、更为分散的异构计算资源组成。雾计算通过强化独立节点间的局部即时交互和分布式智能，使节点具备自组织、自计算、自反馈的计算功能，扩展了以云计算为特征的网络计算模式，将数据、数据处理和应用程序分布在网络边缘的本地设备，而非集中在数据中心，从而更加广泛地运用于不同的应用形态和服务类型。雾计算的基本特征使得矿山物联网对雾计算的需求更为迫切。图1-2所示为矿山雾计算平台在矿山物联网中所处的位置。

煤矿井下工作属于流动作业，人员、设备、车辆、刮板输送机、采煤机、支架、装载机、破碎机及供电供液等位置以及掘进工作面均处在不断变化之中，具有位置感知以及更大范围的移动性。同时，煤矿生产面对复杂的地质条件、矿山压力、瓦斯、一氧化碳、地下水及煤尘等，需要借助大量的感知传感器节点进行数据采集与状态监控，因此设备节点具有异构性。从单一节点计算单元的角度而言，需要不同计算能力的设备支持。

矿山雾平台实质上是改进目前矿山的调度中心或控制中心的功能，使其满足物联网云

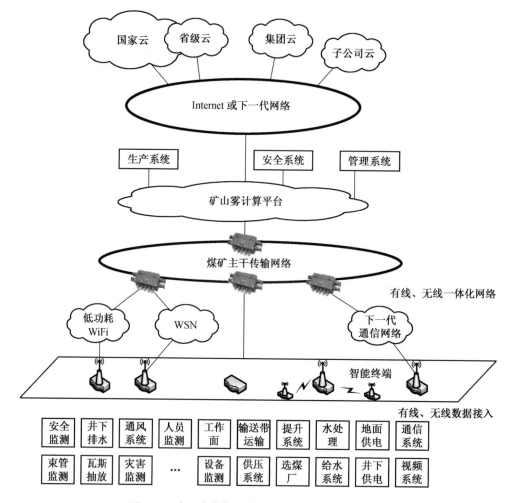

图 1-2　矿山雾计算平台在矿山物联网中所处位置

计算的需求。针对大数据量传输的数据实时性问题，将数据、数据处理和应用程序分布在网络边缘的本地设备，扩展云计算的网络计算模式，将网络计算从网络中心扩展到了网络边缘。

　　以矿山瓦斯灾害监测为例，由于矿山瓦斯灾害发生机制错综复杂，以往单个指标或单类型传感器不能有效反映灾害本质，而构建于大量传感器之上的雾计算平台可为分布式的瓦斯预警模型提供运行载体。例如，由分散在不同位置的矿灯或传感装置相互交换本地瓦斯浓度、空气湿度、温度等信息，并借助于事先建立的数学模型进行分布式协同计算，进而得到本区域瓦斯报警阈值，最终决定是否采取相应处理策略。可见，雾计算技术更加广泛地满足矿山不同的应用形态和服务类型。

1.5.6　变化五——云计算技术

　　云计算是分布式计算、并行计算、效用计算、网络存储、虚拟化、负载均衡、热备份冗余等传统计算机和网络技术发展融合的产物。

　　矿山物联网体系架构包括云计算平台、雾计算平台、统一传输及接入网络、矿山地面和井下所有的监控和管理系统（统称为应用服务系统）。矿山云计算平台按照管理级别可分为国家、省、集团；按功能可划分为专家云、灾害预警云等。雾计算平台的作用是改进或替代目前各矿山调度中心或控制中心的核心软件平台，使其满足矿山物联网的发展需求。

通过在全国建设的若干个感知矿山云服务中心，如中国矿业大学（铜山高新区）云服务中心，通过云服务中心汇聚的一批矿山安全等领域的专家为矿山提供技术支持，并为国家、省、集团、矿等各个部门提供服务，形成矿山物联网服务模式。

1.5.7 变化六——服务模式的变化

由于"超级链接"时代的到来，各行各业被物联网所驱动着进行改革，已经成为新常态。这样导致的结果是消费者被各种新技术引领到全新的生活方式，而这种全新的生活方式又迫使其他行业，比如制造、物流、零售、医疗等一同参与革新。

矿山安全生产作为一个需要多学科协同工作的平台，随着新技术的革新，产生了一种物联网的协同工作模式，这就对矿山物联网公共服务能力提出了基本要求。这种基于物联网的协同工作实质上就是将各种不同的应用服务集成到矿山物联网里来，这既能推动矿山安全生产所需的各种专业化服务的发展，也有利于矿山安全生产向购买服务的方面发展。

矿山物联网必须为服务商或第三方提供便利，以便将各种有特色的服务提供到物联网里来。物联网的这种服务能力具有很强的扩展性，一方面最大限度地保护了用户的投资，另一方面是保证矿山物联网真正成为一个活的、不断发展的服务性网络。今后，矿山物联网可以提供的服务包括：基于位置的服务、基于时间的服务、基于信息的服务、基于云计算的服务以及基于大数据的服务等。

以基于云计算的服务为例，传统煤矿安全生产监测监控均以独立形态运行于某矿区，存在以下共性问题：

（1）矿山设备主要按计划检修，检修过程往往需要设备厂家的帮助，无法满足按需检修方式，降低了开机率。

（2）安全监控系统可以对单参数进行监测，缺少专业化人才对煤矿灾害信号分析、解读与会商，无法提供有效的数据挖掘服务，往往需要外请专家进行分析。从事矿山灾害研究的专家大都在高校和研究机构，不可能长期在矿山工作，外请专家的实现难度和代价大。

（3）各级政府建立了大量监测网络，缺少对数据进行分析和评估，需要专业机构提供信息服务。

（4）缺乏一个让矿山安全生产相关的各方面专业人员为矿山提供专业化服务的平台与体系。

随着我国煤矿设备工作年限不断加长，矿井开采深度和矿井拓扑复杂度不断增加，矿山灾害的形势也越来越严峻，需要建设相应监测预警优化系统的煤矿越来越多，因此提供统一的煤矿灾害预警服务的需求也越来越迫切。

灾害预警信息，可由签约专家通过远程云平台，登录矿山数据云服务中心，对煤矿灾害信号分析、解读与会商。而外请专家（专家云），可直接利用中国矿业大学矿山、机械等专业现有人才资源，通过签约，实现长期合作。项目服务对象为各个矿山、各矿业集团、各级政府以及其他研究机构、设备、系统生产单位等。

　　各矿山根据自身需要从矿山云服务平台购买各种服务,包括灾害预警、风网优化、设备健康诊断等,以提高安全生产水平和效率。

　　各矿业集团通过购买服务,从而对集团战略发展、资源整合与分配、产品营销、设备租赁管理、矿山的运行、安全、环保等层面进行监督和管理。

　　各级政府通过购买信息服务,对矿山资源、矿山安全监督管理,并为正确决策提供有力保障。

　　其他研究机构、设备、系统生产单位通过订购测试、加工服务,可以为某一专门问题开展合作研究。所有服务均可按服务内容、提供服务期限购买,更容易满足不同客户需求。

　　传统矿山物联网示范工程根据矿山自动化程度所需的改造费用较大,而且不提供数据深度分析功能。云服务根据服务内容,每年所需要的服务经费大大降低,并且节约了矿山专人维护成本。购买矿山云服务投资比传统的单点独立建设系统要大为缩减,对矿井来说更具有吸引力。因此,矿山服务模式的开展和变化是矿山信息化技术发展的趋势之一。

　　矿山物联网技术的发展是一个长期历程,正如"中国制造2025"一样,会带来矿山信息技术的变革。但是矿山物联网技术的实施需要逐步推进,矿山物联网技术体系2.0是为了规范矿山物联网技术的实施而提出,并会随着矿山物联网技术发展渐次升级。矿山物联网技术体系2.0就是现阶段(3~5年)矿山物联网实施的技术指导性文件,其目的就是引导矿山物联网技术沿着正确的道路发展,在推动创新发展的前提下,最大限度地保护用户投资的延续性,为最终实现矿山安全生产、实现无人化(少人化)的智慧矿山做出应有贡献。

2 矿山综合自动化系统

2.1 矿山综合自动化与矿山安全

矿山综合自动化系统将矿井的各个子系统汇聚到集成监控平台，充分考虑子系统的接入与整合，节省投资，资源共享，提高系统功能，并可与矿信息管理网实现无缝链接，从而为矿山综合自动化系统建设奠定坚实的技术基础。

系统建成后，使各自动化子系统数据在异构条件下进行有效集成和有机整合，实现相关联业务数据的综合分析，综合集控中心人员或相关专业人员通过相应的权限对安全和生产的主要环节设备进行实时监测和必要的控制，实现全矿井的数据采集、生产调度、决策指挥的信息化，为矿井预防和处理各类突发事故和自然灾害提供有效手段。

总之，矿山综合自动化系统通过煤炭产业技术升级、转变经济发展方式、减少环境污染、提高资源利用率、充分发挥人力资源，坚持可持续发展，可以实现设备稳定、传输可靠、系统安全、三网合一，达到监、管、控一体化及减员增效的目的，建成本质安全型的数字化矿井。

（1）为预防地质灾害提供依据，为安全生产保驾护航。

矿井是一个多介质的复杂结构空间体，随着开采的不断推进，围岩运动及矿井压力都在不断地发展和变化，发生灾变的条件随时可能满足。一旦决策失误或措施不及时，都会导致重大事故。安全智能高效矿井建设可以利用勘测资料和生产过程中自动化系统采集的采场环境监测数据，构建三维可视化平台，对可能出现的地质灾害进行预测分析，为灾害预测提供可靠依据，对危险性较大的区域进行重点监控，对发生的灾变可以快速启动相应的应急预案进行紧急救援。

（2）为科学管理矿井提供支持，为管理决策、提高效益提供依据。

安全智能高效矿井建设，对安全、生产等信息进行有机集成，实现信息的随时随地集中监控、传输，对生产信息、灾害信息、救护调度信息等进行综合分析，为安全生产指挥部门提供准确实时的决策支持信息，提高矿井企业各项业务活动透明度，使企业各级管理层和操作人员及时、准确、全面地了解业务活动情况，以事实为依据，提高生产效率，建立决策分析系统，增强决策分析能力，改善经营绩效。

通过监控企业业务环节成本能耗，可以合理评估成本压缩的空间，提高经济效益；通过对生产调度、安全管理、物资供应、设备调配、煤炭储运等诸多业务环节加强关联，避免人为漏洞；通过构建矿山企业关键绩效指标体系，层层考核、细化管理，保证矿山企业"上下一致"的执行过程，全面提升矿山企业安全管理水平。

经过对煤炭核心业务的细致分析和统一规划，可以有效保证地质地理与生产经营数据信息的入口唯一，大大减少不同岗位、不同人员重复录入，避免造成数据失真和数据冗余，同时降低了数据获取、分析、提炼的成本。通过 Internet/Intranet 网，协同工作平台有效破除不同部分之间的信息壁垒，信息高度共享，进一步提高各部门、各单位的协作能力，生产调试、行政办公相关协调、组织能力都有显著提高。

（3）有利于矿山企业生产经营的可持续发展。

矿山地质现象极其复杂，地质体的成因、规模、结构、构造形态差别大，给采矿设计带来较大的困难。信息化矿山三维建模功能可以采用一定的数据结构，建立矿床地质特征数学模型，运用计算机图形、图像处理和三维可视化显示技术，将煤层的空间形态全方位、可视化、动态地展现出来。通过对煤层图形进行分析研究，可以合理地确定矿山开拓系统、优选采矿方法，从而大大提高工程设计、分析的能力，为矿山企业的可持续发展奠定基础。

（4）为煤炭行业提供示范。

安全智能高效矿井建设，将坚持统一规划、统一标准、统一投资、统一建设、统一管理的原则组织实施，是煤炭工业坚持"以信息化带动工业化，以工业化促进信息化"发展道路的有益探索和重要突破，有利于我国为数众多的煤矿通过自动化、信息化技术来改造传统产业。对于提高煤矿生产现代化水平，解放煤炭生产力，使传统的煤炭行业由劳动密集型向技术密集型转化具有重大意义。安全智能高效矿井建设是提升煤炭产业技术等级、促进安全生产、提高企业运营效率和竞争优势的重要途径。通过各方通力合作逐步完善，最终将形成我国煤矿自动化、信息化、智能化建设的行业或者国家标准，为规范和指导我国煤炭行业健康、有序、高效发展奠定坚实的基础。

矿山综合自动化系统的实施与建设，对整个矿山管理具有重要现实意义。

一是提高企业安全生产管理水平。

实现安全生产系统状态监测矿级联网、公司到矿的联网，采用4G等移动数据查询、视频查看、短信提示报警等多级监测井上、井下生产安全信息，远程监测或控制矿井生产各系统设备，实现无人值守，提高安全性。

二是提高管理和生产效率，建设知识型企业。

采用数据库、网络通信和工业自动控制等先进技术，以提高工作效率为目的，实现数据共享，使矿山各级业务处理更加规范高效，为实现业务管理现代化、信息系统网络化、预测决策科学化打下基础。

推进精细化管理，通过提高生产设备和辅助生产环节的自动化水平，提高生产效率，并减少现场操作人员。同时，将大量人员工作由现场操作逐步转变为对设备和系统的分析预防、维护管理等知识型工作，提高管理部门的技术和管理水平以及生产部门的维护和应用水平，使其更有能力、精力和手段推进精细化管理。

三是消除"信息孤岛"，实现数字矿山管控一体化，提高管理效率。

建设技术先进、功能齐全、统一的语音及数据网络平台、企业办公及经营管理平台、安全生产指挥平台，以适用、丰富、全面、及时的视频图像、数据和文字信息为基础，为安全生产工作重大决策提供信息支持，为矿山各级领导及相关部门提供信息服务；实现日常业务处理的系统化、规范化、自动化及管理决策的信息化与科学化。避免出现安全生产各实时系统与经营管理各信息系统割裂，达到管理部门、信息部门、调度部门、安防部门、生产部门最大程度的信息共享，提高管理效率。

安全智能高效矿井建设将充分利用矿山已有基础条件，充分利用先进技术，全面提升企业信息化集成和管理水平，努力实现生产过程自动化、安全监控数字化、生产业务网络化、监测监控集约化、企业管理信息化。

将矿井地理构造、生产建设、安全管理、生态环境等各种信息全面数字化，将自动化技术、无线通信技术、光传输技术、融合信息技术、现代信息管理与现代采矿技术相结合，构成矿井中的人与人、人与物、物与物相联的网络，完成矿井各种感知信息的收集、加工和再利用；实现可视化的集中监测或监控、分析、诊断和决策，动态详尽地描述并控制煤矿安全与生产的全过程，并提供智能决策；实现井上下的透明管理、生产设计的智能化、各种危险源辨识、隐患排查、安全评价、灾害预警、应急指挥等，达到各类监测监控数据的最佳利用；实现矿井的安全高效开采，保证煤矿开采可持续发展。

2.2　矿山综合自动化的设计原则和结构形式

矿山综合自动化的设计原则是根据"管控一体化"和"统一调度指挥决策"的思想，结合自动化、信息、计算机、网络、通信的新理论和新技术，使矿井在采、掘、洗、运、风、水、电、安全等生产环节全面实现智能化，并将煤炭生产、管理的各个环节统一在一个平台。

系统通过统一的工业数据传输网络，利用自动化软件平台，针对矿井安全生产特殊性进行开发，将面向对象技术、分布式计算技术成功应用至综合自动化系统。系统对作为核心的综合自动化软件平台有较高的要求，在数据的采集、存储、运行、部署、查询、开发维护等方面应可靠、安全和高效，主要体现在以下一些方面：

（1）符合"集中控制管理、分散控制风险"的自动化系统设计要求。

（2）具有较强的接入能力，能够对各种自动化子系统系统进行接入。平台应提供 I/O 接口软件包，并提供驱动开发接口。

（3）支持控制逻辑的实现，具有灵活、可靠的控制功能，能够对现场设备进行实时控制。

（4）能够以组态图形方式直观显示来自生产现场的实时数据，人机界面良好。

（5）支持各种报警条件的定义，能对现场的异常情况及时报警。

（6）提供工业级实时数据库，能够将大容量的历史数据进行长时间存储和多用户并发快速访问。

（7）支持以 Web 方式实现历史数据和实时数据的显示和查询，提供相关生产报表的自动生成和查询。

（8）稳定可靠，支持数据采集、处理、存储的冗余。

（9）系统结构合理，能方便地进行扩展。

（10）有完善的多种安全机制并能够实现数据级的安全。

（11）支持多人集中统一的在线开发维护，系统运行成本低。

2.2.1　综合自动化系统概述

如图 2-1 所示，矿山综合自动化系统由多个组件构成，多个组件各自独立又紧密集成，涵盖数据采集、建模、运算、认证、监控、存储、查询、管理、运维等各个层次的内容，特别适合多系统、多接口、多用户、大数据量、管控一体的矿井综合信息集成，实现煤炭企业工业化与信息化的融合。

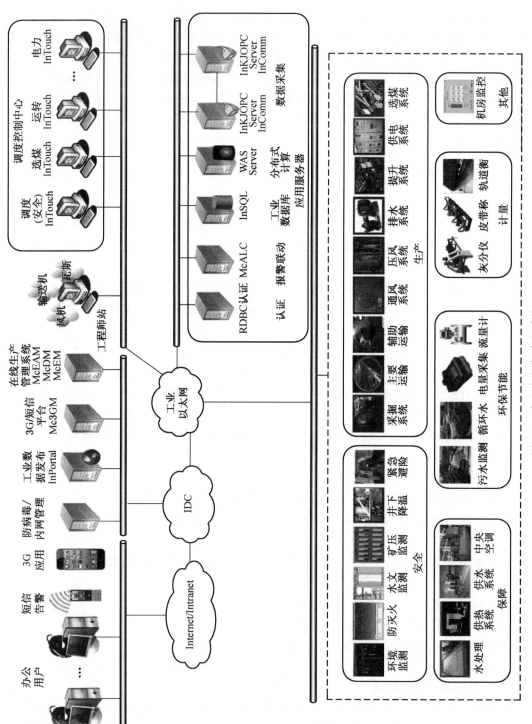

图2-1　矿山综合自动化系统

平台一般采用自动化软件平台 Factory Suite A2，完成各安全、生产监控子系统数据的冗余采集、分布计算、高效存储、组态集控以及统一认证。

Factory Suite A2 是 Wonderware 公司基于 Archestra 架构开发出的一整套工业自动化组合软件产品。Factory Suite A2 以 IAS 为核心，是构建一个工业自动化和信息化系统的强大基础。以其高可靠性、开放性、扩展性、有效性、集成性，广泛应用于工业现场自动化和信息化的方案解决，主要面向综合信息化应用，特别适合多系统、跨区域、大数据量的综合工业自动化的联网和数据集成。

Factory Suite A2 套件作为面向综合自动化和工业信息化的软件平台，具有以下显著优点：

（1）支持采用面向对象的工程方法，最大限度实现工程重用，提供强大的树型结构组织现场应用，与实际的现场设备对应。

（2）采用分布式计算，当服务器负载过重时，可随时在线升级，实现服务器负载均衡。

（3）能够利用统一的环境集中开发，允许多个用户直接在一个系统上同时开发，维护工作量小，支持模板批量修改。软件支持在线组态，能对工业控制系统中的各种资源（设备、标签量、画面等）进行配置和编辑。有利于安全生产的集约化，而且运行维护成本较低。

（4）系统基于开放架构，兼容性好，对各种系统接入比较容易。

（5）人机界面友好、直观、现场感强，全系统界面风格一致。支持在线组态，无须重新启动或者提示用户需要重新启动。

（6）软件支持节点间的容错功能，采用容错技术的运行节点间可以互为备份。

（7）软件运行节点提供历史数据的存储转发功能，当网络中断时，IAS 客户端可缓存数据，当网络恢复时可自动向数据库上传丢失数据，无须采用数据库冗余。

（8）采用工业级实时历史数据库，同传统商用数据库 SQL Server 相比，数据采集和访问效率提高 300 倍，无损压缩效率提高 50~100 倍，有损压缩效率提高 300 倍，且时间标定不受限制。

（9）工业实时历史数据库提供良好的数据库接口，与 SQL 数据库无缝连接，兼容性好。提供多用户开发环境。

（10）支持系统二次开发，支持 . NET。

（11）系统容量仅受限于硬件的处理能力，当某一工作站发生故障时，可自动迅速地将其上业务快速迁移至系统任意工作站，实验室测试支持 100 万点数据采集处理，实际应用案例超过 10 万点。

2.2.2 系统网络结构

如图 2-2 所示，调度室部署两台域服务器用于综合自动化系统所有计算机和服务器的域管理；部署两台数据采集服务器，通过工业以太环网集中采集各生产子系统和现场设备的实时数据并送入综合自动化软件平台处理；通过部署 OPC 服务器，用于非通用协议的数据读取并解决不同版本 OPC Server 的互斥问题；通过部署一台系统平台服务器，用于综合自动化软件平台管理；通过部署工业数据库服务器，用于存储工业历史数据，并提供给分析系统和 WEB 发布；通过部署工程师站用于监测点定义以及组态画面开发；在调度室或者分控站部署若干操作站，用于生产监测和控制操作。上述全部服务器由矿井云计算数据中心提供。

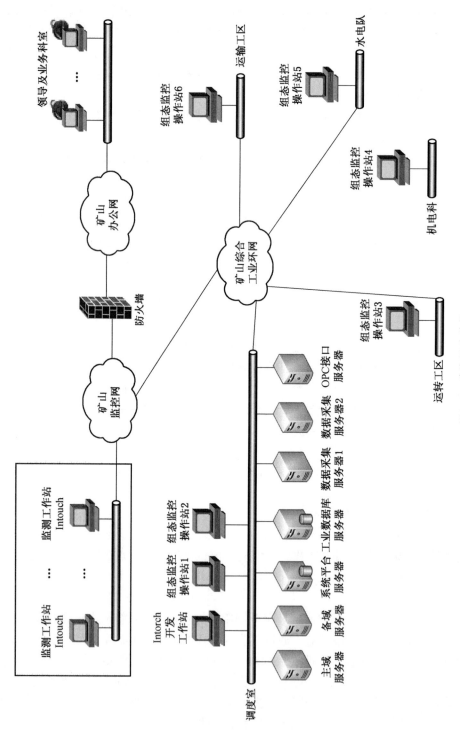

图2-2　系统网络结构

2.2.3 系统数据流程

综合自动化平台的各项功能都是为了实现底层现场与人的及时交流，综合自动化软件平台实现底层现场到人机界面的数据流程如图2-3所示。

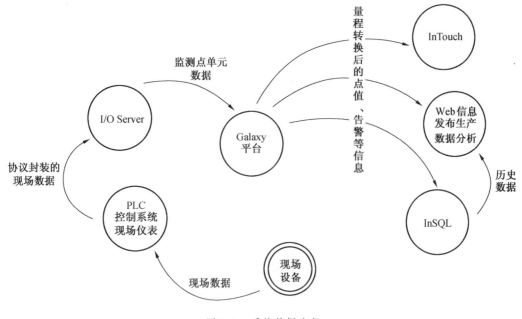

图2-3 系统数据流程

2.3 网络传输平台

2.3.1 网络特点

综合工业以太网传输网络平台的主要作用是为矿山建立容量大、功能强、安全可靠、便于维护的数据传输网络，要求能够综合传输矿山各生产自动化子系统监测监控数据、工业电视视频图像、数字语音、调度数据等信息，网络应具有以下特点：

(1) 快速实时。对于自动化系统来说，大数据量的采集、响应应保证毫秒级的无差错传输，对于视频和语音数据，应保证网络的抖动和延迟不影响实时数据流的传输。这就要求骨干网络设备具有很强的交换性能和很大的容量，并在提供安全访问控制、针对不同应用的服务质量保证和网络管理功能时对性能不受影响，以确保骨干网络上端到端传输的实时性。

(2) 稳定可靠。由于生产环境恶劣，对网络设备的可靠性要求比企业网络要高得多，网络设备在环境适用和防护方面应达到工业级的可靠性，支持模块冗余和热插拔。

骨干网络拓扑结构应支持网络冗余和耦合，自愈时间应小于300 ms。

(3) 高安全性。由于面向多个子系统的接入和不同的用户，网络的安全性尤其重要，不同子系统利用不同的逻辑通道在网络中传输，同时利用各种加密技术、认证技术确保数据资料的完整性和保密性。

(4) 保证服务质量。网络对不同的业务传输应提供不同的服务等级，支持 ToS 和 QoS，以确保高优先级业务的服务质量。对工业电视视频图像传输业务，网络应提供组播功能，以降低网络流量。

（5）易于扩展。网络技术应选用开放的硬件和软件平台，支持多种主机互连，系统互连应全部采用国际标准的网络层通信协议 TCP/IP，以符合 IP 网络的发展趋势。网络应具有简单易行的扩充升级能力，满足未来应用扩展的需要。

（6）智能化网络管理。网络应具有智能化管理功能，能够实现自动拓扑发现、无厂家针对性的设备组态，支持远程在线故障诊断。支持 CLI、Telnet、SNMP、WEB 等多种管理方式，支持端口镜像。

2.3.2 传输网络分类

目前，煤炭行业的工业网络平台主要有以下 3 种传输网络：

一是工业以太网传输系统。

主要优点：工业级产品，技术成熟，开放性好，成功案例很多。

主要缺点：价格偏高。

二是 GEPON 无源光网络传输系统。

主要优点：无源。

主要缺点：非工业级产品，冗余性差，成功案例少。

三是基于多业务的 MCTP 系统。

主要优点：多业务。

主要缺点：非工业级产品，只有一家能做，成功案例少。

煤矿现场生产环境复杂，因此对设备的安全性能要求较高，综合以上 3 种传输网络的优缺点，多数煤矿选用安全性较高的工业以太网传输系统作为主干生产网络传输平台。

在工业以太网中，大型控制系统大多为分布式控制系统。因此，多采用总线结构或环形结构设计。为了进一步提高网络的可靠性，可以采用星形、环形、双环形等组网技术。以下是几种工业以太网结构的比较。

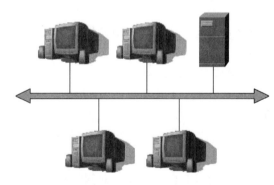

图 2-4　工业总线形组网结构

1. 总线形组网拓扑结构

在总线形组网拓扑结构下（可理解为星形结构），一个网络核心节点下连各个分节点，布线简单，管理方便，直接通过背板交换，交换速度快，主要用于在网络业务比较简单、可靠性要求不高的网络环境下组网，不适于煤矿自动化网络多业务平台的需求，其结构如图 2-4 所示。

2. 单环形组网拓扑结构

单环形组网拓扑结构属于分布式网络，各个网络节点串联成闭环结构，某一传输链路或网络节点出现一处断点时，不影响网络的数据传输。发生链路故障时，环网自动在一定时间内自愈，属于简单而又实用的冗余组网方式，性价比高，可靠性高，适用于煤矿多业务自动化网络平台，如图 2-5 所示。

3. 双环形组网拓扑结构

在双环形组网拓扑结构下，每个网络节点具有两套网络设备，各个节点串联成两套环网。冗余网络是常用的高级工业冗余网络系统，主要用于电信核心级网络。尽管双环网的可靠性要高于单环网，但成本也是单环网的两倍以上，而且双环网布线复杂，如网络设备、网络光（电）缆、网卡均为双份，成本非常高，不适合煤炭行业的实际情况，如图2-6所示。

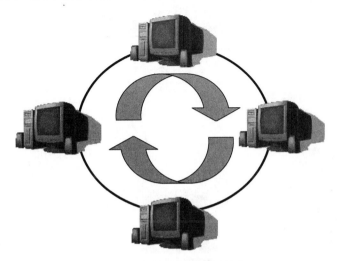

图 2-5 工业单环形组网结构

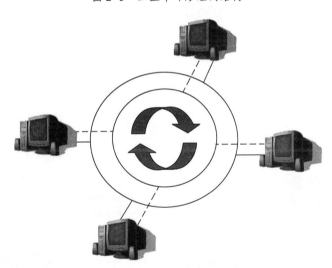

图 2-6 工业双环形组网结构

　　根据以上 3 种组网结构的对比，矿山综合自动化监控网络中各骨干网络均采用单环形网络的方式组网，保证整个综合自动化监控网络的可靠性及在突发情况下的自愈能力。

　　使用冗余环网技术，搭建 1000 Mbps 冗余环网，构成环网交换机的数量无具体限制，其中使用一台交换机作为冗余管理器（RM）。具体结构如图2-7所示。正常工作形态如图2-8所示。

　　当网络中出现故障点时，冗余环网可迅速改变网络数据传输方向，保证网络通信继续进行（图2-9）。当网络处于满负荷运行，搭建网络的交换机台数为 50 台时，此重构时间不大于 300 ms。

　　因此，由于矿井生产各子系统分布于工业广场的地面和井下，设备位置分散，采用星形、树形等方式组网时，铺设、维护线缆复杂，而环形网络结构可靠性高，所以采用环形组网结构。采用环形网络结构能够迅速对故障节点进行定位，从而提高整个网络的易维性。

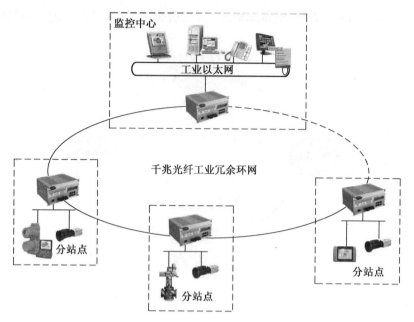

图 2-7　环形工业以太网组网拓扑结构

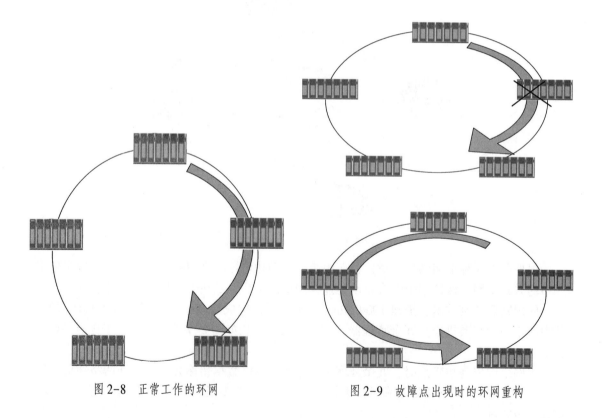

图 2-8　正常工作的环网　　　　　图 2-9　故障点出现时的环网重构

2.4　集成监控平台

集成监控平台的架构充分考虑了煤矿安全生产的特点以及办公自动化的需求，在设计时重点考虑了系统的安全性、可靠性、先进性，良好的扩展性，监控系统的可实施性，并结合 GE Fanuc Proficy 最新的技术和产品。组态软件采用 Proficy HMI/SCADA iFIX，在综合集控中心设置两台实时/历史数据库 Proficy Historian，通过安装在各矿子系统的本地数据采集站上的 I/O Server 实时采集各矿井监控主站的数据并存入历史数据库。工矿图和实时/历史数据通过 Proficy Portal 发布给不同的部门使用和浏览。系统配置如图 2-10 所示，集成监控平台软件选型如下。

Proficy HMI/SCADA iFIX：上位组态监控软件；

Proficy Historian：企业级的核心数据存储平台；

Proficy Realtime Information Portal：工业信息门户。

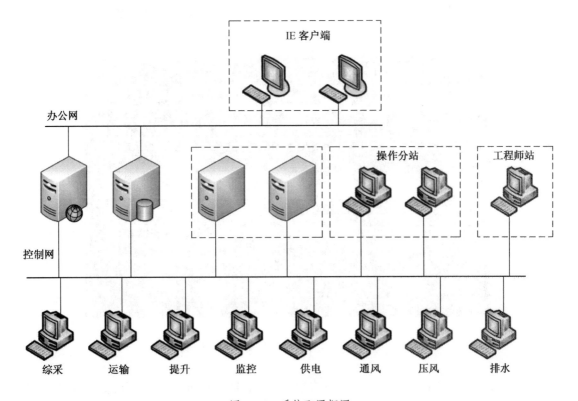

图 2-10　系统配置框图

2.4.1　技术指标

（1）支持无限个 I/O 变量采集。

（2）图形设计器支持组态 32 个图层，完全可以在线改变组态数据。

（3）采集服务器最多为 32 个与之相连的客户机提供过程数据、归档数据、消息、画面和报表。

（4）使用容错数据服务器，与两台服务器热备用方式具备相同功能且可靠性更高。当容错服务器中的某一个部件出现故障时，备用部件能承担同样的任务。

（5）使用 Web 服务器，能通过互联网、内部网或局域网远程监测和监控自动化系统，支持满足 10 个并发连接用户。

2.4.2 功能与特点

（1）高可用性和冗余功能：组态软件采用 Client/Server 架构，在综合集控中心设立两台采集服务器，两台服务器间自动实现数据的同步，并互为热备，当某台服务器故障时，另一台自动接替，以防止数据丢失。

（2）操控界面：界面友好，全汉字图形组态，支持自动化技术、图形缩放技术、多级窗口技术等，数据、曲线实时显示，能进行画面切换。

（3）监控功能：能实时、准确地采集各子系统的数据，并以组态画面和组态图表的形式表现出来，在任何一个操作站上，各专业的操作人员有各自的权限，可根据不同权限监视自动化系统设备运行工况，并可根据要求控制现场的设备。

（4）打印功能：能实时或按时间段打印各子系统相关设备的运行参数和运行状态，如开停状态、故障类型、故障发生时间等，如图 2-11 所示。

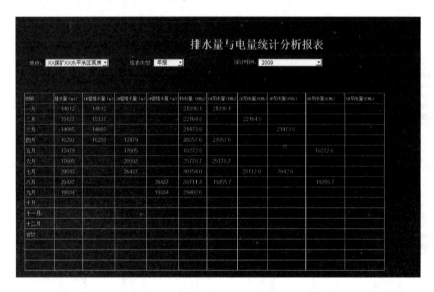

图 2-11 排水量与电量统计图示例

（5）实时管理界面的功能：系统具有编辑态、置数态和运行态 3 个状态。在编辑态下可修改系统的一些消息类别、用户文本块和报警临界值；在置数态下可对一些动态变量进行修改，人工置数的功能是在自系统故障时，人工抄表补数使用；在运行态下只能对实时模拟量数据进行监视。

（6）报表及曲线功能：系统提供实时、历史报表曲线。实时曲线画面反映一定时间间隔的实时数据的变化趋势，历史曲线画面反映过去某个时间段的实时数据变化趋势，如图 2-12 所示。通过曲线报表将子系统的各个主要设备参数连续的记录并保存，以便以后的查询、调用管理。增加"四大件"电能计量（提升、运输、通风、排水），工序能耗的报表，如图 2-13 所示。

（7）历史事件记录功能：按时间顺序，将各个动作的性质、时间记录下来，供事后分析使用。

（8）实时报警功能：当设备故障或模拟量超限时，综合自动化系统显示报警信息。

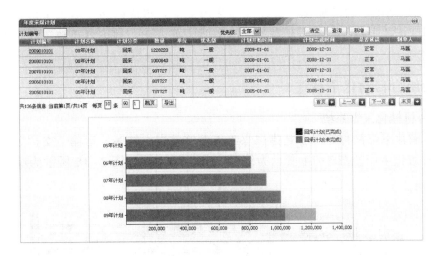

图 2-12 报表分析图示例

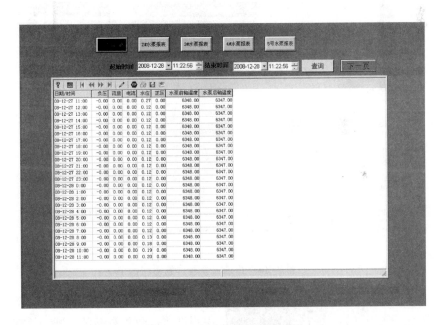

图 2-13 实时数据查询图示例

（9）检修示警功能：即大型设备信息化管理和周期设备检修示警功能。

（10）事故追忆功能：用于分析事故，当事故发生时，记录事故发生前、事故发生时、事故发生后的几个数据窗的数据。

（11）控制功能：即本地和远程启、停功能。

（12）故障自诊断功能：具有强大的系统自诊断与故障报警功能，可准确判断设备故障类型和位置，并能提供图像和声音报警提示以及打印输出。

（13）系统维护和可扩展性：在工程师站上可以进行组态编程，兼作网管工作站，当子系统监控需求变化时可以很方便地进行调整。同时，为待建子系统留下接口，可以方便地组态和集成。

（14）网络功能：与其他集控系统（如管理系统）组成网络并纳入全矿计算机局域网，供矿调度指挥中心、矿领导及有关部门随时掌握井上、井下各系统工作情况。支持 XML 和 OPC 2.0。

2.5 矿山综合自动化子系统

2.5.1 综合机械化采煤系统

综合机械化采煤简称综采，是指采煤工作面的破煤、转载、运输、支护等生产环节全部实现机械化生产。图 2-14 所示为综采工作面示意图，图 2-15 所示为综采工作面实景。

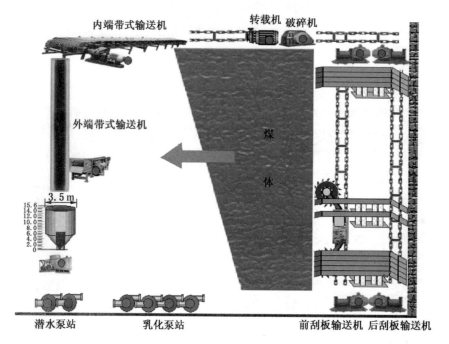

图 2-14 综采工作面示意图

图 2-15 综采工作面实景

随着矿山综合自动化技术的发展，将采煤工作面的采煤机、液压支架、破碎机、转载机、刮板输送机、液压泵站、带式输送机等设备的控制系统、工作面通信与监控系统及工作面供电系统集成，并接入矿井自动化系统的以太网，实现设备的集中控制、保护、故障自检、闭锁、沿线通信等功能，达到安全、高产高效开采的目的。

2.5.2 综采工作面系统功能

综采工作面系统采用嵌入式技术，配有两个标准串口，串口采用 modbus 通信，可以与外界计算机或其他采用 modbus 通信方式的设备配接实现信息共享。

系统可实现设备启停控制,工作电流、电压显示,输送带速度检测和显示,油温、油压、轴温等的检测和显示及计算机远程传输通信、故障自诊断等。

(1)设备控制。能够对破碎机、转载机、前部输送机、后部输送机以及各种泵站进行控制,并能够对相关设备进行控制。

(2)设备状态检测。检测带式输送机、破碎机、转载机、前部输送机、后部输送机、各种泵站等设备启停状态,对输送带速度、张力、烟雾、纵撕、跑偏、堆煤、工作电流、轴温、油温、滚筒温度、电机绕组温度、环境温度、瓦斯浓度、一氧化碳浓度等各种工况进行检测,并在烟雾和环境温度动作时启动超温洒水电磁阀,降尘降温。

(3)设备状态显示。控制计算机对以上参数检测后,在主控制器上的大屏幕彩色液晶平板显示器上显示出来。以图形、动画和汉字的形式显示设备启停和各种保护传感器的动作情况,并用不同的颜色区分。

(4)语言报警。具有完善的语言报警提示功能,对于设备的启停、沿线闭锁及沿线故障、各种传感器保护和故障等都带有语言报警,提示当时设备的状态。

(5)设备启/停时间统计、故障自诊断显示。

(6)多机控制。一台主控制器,可以同时控制8条输送带,或一个工作面及4条输送带。

(7)沿线长度最长。系统一条(CS)沿线无中继达到4 km长,是目前世界上同类产品中最长的通信距离。因控制器可带两路(CS)沿线,所以一台控制器无中继的控制距离达到8 km。

(8)多机级联。多台控制器之间不需要再单独铺设通信电缆,通过系统自身沿线所带的七芯电缆,就可实现彼此数据通信和信息交换。

(9)远程通信及联网。通过一台控制器就可以将系统控制和检测的所有设备工作状态和参数传输给井上计算机,在井上计算机进行显示和控制。

(10)参数设置功能。通过主控制器上的参数设置功能进行参数设置和调整,不同的设置实现不同的逻辑控制,参数调整不需要另外编程,也不需要再另外传程序,通过简单的培训就可以自由调整参数。

(11)工作面设备的控制。对于工作面运煤设备启停控制,具有电机高低速切换功能,逆煤流启动,顺煤流停车;对于各种泵站的启停控制,可以对泵的液位和压力进行检测和显示,并根据液位和压力的变化来对泵的电磁阀进行逻辑控制。

(12)带式输送机控制及保护。对带式输送机主电机开关、张紧系统(可由参数设置为自动张紧、手动张紧、DBT型自动张紧)、软启动系统、抱闸系统等进行控制,对电机温度检测和显示、对带式输送机实现八大保护,并完成带式输送机沿线拉线闭锁、打点及通话功能。

(13)通信电话。采用半双工通信方式。

(14)闭锁功能。沿线有紧急情况时,按下任何电话上的闭锁按钮,所有的设备就会停下,并且报警"工作面沿线闭锁",同时在控制器液晶屏幕上显示闭锁台号。

(15)拉线急停。不再需要单独铺设另外的钢丝,只需拉动系统自身的电缆,就可实现急停,并显示急停位置。

（16）分布式控制。在系统中可串接智能输入输出，它本身带有 4~12 路输入和输出。输出为开关量，可分别单独设定成与闭锁联锁或与闭锁不联锁；输入可接入开关量或模拟量。有了它，不需从控制器另外布线，就可实现数据远程采集和远程控制。

（17）输出/输入。基本型控制器输出 20 路（开关量）；输入最多 48 路（开关量/模拟量可选）。串接智能输出/输入扩展后，最多扩展输出 140 路（开关量）；输入 168 路（开关量/模拟量可选）。

（18）故障停机。如工作面设备运行时有某一满足停机的条件出现（比如启动时无语言报警、运行时开关突然无反馈输出等），设备亦自动停车，同时在屏幕的"提示信息"及"启停状态"栏显示相应的停机原因。

（19）"就地"方式、"集控"方式。在"就地"方式下，各个设备的启停有一个联锁关系，即下一台设备不启车，上一台设备不能启车，如破碎机不启动，转载机、前后输送机不能启车。当下一设备停车时，上一设备也会跟着停，并显示"下设备停"。

（20）"检修"方式。检修方式的按键定义同就地方式完全相同，但检修方式取消了所有设备之间的联锁关系，在单启某一设备时，不必再要求提前启动它的联锁设备，即使用户已经设定了联锁，它也不起作用。

（21）"点动"方式。将工作方式选为"点动"方式后，在"点动"二字后，会出现被选中的点动设备的名称，表示可以对该设备的各个电机进行点动。

2.5.3　煤矿综采工作面系统组成

煤矿综采工作面系统主要由以下几部分组成。

（1）主控制器。这是系统的控制、监测、显示中心，由主控制模块、沿线检测模块、IO 模块、耦合器模块、语言报警模块、母板、键盘模块等组成。

（2）矿用隔爆兼本质安全型电源。矿用隔爆兼本质安全型电源是为系统特制的电源，总共五块带两级过压保护、两级过流保护的本质安全型电源模块。

（3）系列组合扩音电话。其可以实现拉线急停、沿线闭锁、通话、预警等功能。

（4）系列组合急停闭锁开关。其可以实现拉线急停、沿线闭锁。

（5）系列本安型输入输出。即远程控制分站，也被称为下位机。用于远距离信号采集和远程控制。整套系统可以看作一个由主站型矿用本质安全型主控制器和若干矿用本质安全型输入输出构成的集中加分布控制系统。分站负责远程数据的采集、通信，直接参与控制，在分站的配合下实现整个系统的扩展与延长。

（6）系列传感器。用于带式输送机的保护，包括速度传感器、温度传感器、烟雾传感器等。

（7）系列矿用七芯拉力阻燃电缆。该电缆带有两层护套、双层屏蔽、两个快速不锈钢插头。

（8）矿用远程控制箱。当本系统控制非本安设备时，用于电气隔离转换，提供本安电源。

（9）矿用本质安全型多功能终端。矿用本质安全型多功能终端放在两个系统的尾尾搭接处，分别作为这两个系统的结束及其之间的声音耦合、信息沟通。

系统结构图如图 2-16 所示。

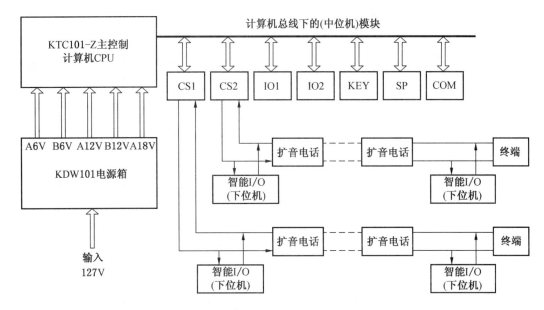

图 2-16　煤矿综采工作面系统结构图

2.5.4　矿井供电监测系统

煤矿供电系统一般包含地面 35 kV 或 110 kV 变电所、井下中央变电所和采区变电所。

煤矿地面变电所是整个矿井的能源供给中心，多采用双进线单母线分段方式。井下中央变电所通过到井下的多条动力电缆得到电力，母线采用分段方式。采区变电所是采区的动力中心，担负采区供电功能。工作面配电点主要是把由采区变电所或移动变电站送来的电力，通过馈电开关，分配给采煤或掘进工作面的各种用电机械。

2.5.5　主运输集控系统

我国煤矿生产的主要形式是井工生产，将地层深处的大量煤炭、矸石运送到地面，带式输送机则是世界各国煤矿的主要运输工具，在我国 90% 以上的矿井均采用带式输送机运煤。

带式输送机是一种摩擦驱动以连续方式运输物料的机械，由输送带、托辊、滚筒及驱动、制动、张紧、改向、装载、卸载等装置组成。

图 2-17 所示为矿井主煤流运输系统。主运输集控系统的功能是根据工作面生产、煤

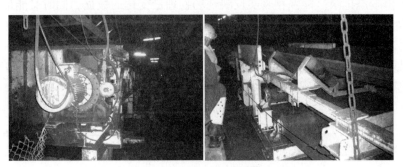

图 2-17　矿井主煤流运输系统

仓煤位情况和各条输送带的顺序关系，自动控制各带式输送机的运行；监测带式输送机系统的运行环境和设备的健康状况，包括电机状态、堆煤、烟雾、速度、超温、跑偏、急停等，实现在线故障诊断。

2.5.6 瓦斯监测系统

矿井瓦斯监测系统是保障矿井安全生产的主要措施之一。它的建立能使调度指挥人员和矿领导能够直观、快捷地了解生产一线情况，监测井下各种有害气体及工作的作业条件，如浓度、风速、温度、压力、粉尘、一氧化碳、烟雾等参数，从而保障安全生产，进一步提高科学调度指挥和管理的现代化水平。

本着系统安全可靠、灵活实用的原则，根据矿区的特点，确定采用塔式结构形式的监测监控系统。在设备选择上，选择技术先进，并经实践证明使用效果较好的监测监控系统。系统井下设备符合《煤矿安全规程》的有关规定和煤矿井下环境的使用条件，具有防爆、防潮能力，以保证设备本身的使用安全和可靠工作。

瓦斯监测系统功能与特点如下：

（1）系统操作画面美观、简洁、友好，具有系统定义、参数设置、实时数据显示、实时数据列表显示、实时异常（报警、断电、馈电异常）数据显示、历史记录查询、曲线显示、报表生成、运行日志查看功能。所有功能操作简单，人机对话功能强。

（2）双机热备功能。当系统主机故障时，备机能自动投入运行，保证了安全监测监控工作不中断。从主机故障到备机投入运行，切换时间控制在 30 s 内，符合国家标准要求。

（3）丰富的实时动态图形显示功能。系统主显示画面可以以列表、柱状图、实时曲线等多种形式显示测点实时数据及状态；系统自检图通过形象直观的图形显示系统的实时通信状态及分站所接传感器的监测数据及状态；系统模拟图以信息条、信息块、符号、流线、流动图、往复图、旋转图、提升图、轨迹图、填充、缩放、图旋转、隐藏、闪烁、颜色变换、实时曲线等多种方式实时、动态、形象地反映现场环境数据及各种设备的运行状况。用户可以在网络上通过浏览器打开系统图形显示画面，实现实时数据网络共享。

（4）联网功能。系统提供标准的网络数据传输格式，可以很方便地实现与上级机关的监控联网。系统提供的 Web 浏览软件使用户能在局域网络中方便地浏览实时监测数据及查询历史记录数据。

（5）数据库存储。采用数据库方式存储数据，实现网络资源共享，便于保存、管理和二次开发，为专家系统提供了开放式的数据结构。

（6）变值变态记录。能保存真实反映现场物理量变化的数据，同时又能最大限度地节约数据存储空间。记录数据真实可靠，远远优于常规的平均值记录方式及逐点真值记录方式。

（7）数据统计功能。系统提供了计时、计数统计功能，用户可以根据需要做统计定义。实时统计数据在系统中心站和 Web 浏览中都能查看。

（8）二次数据处理功能。系统提供了灵活多样的监测数据再次处理功能，如函数、联合控制、状态函数等，系统会根据用户输入的数据处理函数表达式及逻辑运算表达式，实时计算二次数据。把二次数据关联到被称为映射测点的虚拟测点后，这些二次数据不仅可以实时查看，而且可以查看其历史记录数据。

（9）语音报警功能。系统的实时报警等信息可以通过普通话方式通知相关管理人员，使管理人员能及时掌握异常情况，便于迅速地处理紧急事件。

（10）断电控制功能。系统提供的控制方式灵活多样，有本地断电、异地断电、手动断电、传感器直按控制断电。各种断电功能可以单独或组合使用，从而保证危险状况下断电控制万无一失。

（11）风电瓦斯闭锁功能。系统通过分站可进行风电瓦斯闭锁控制，控制功能符合相关标准要求。

2.5.7 微震监测系统

冲击矿压灾害是一种开采诱发的矿山地震，不仅造成井巷破坏、人员伤害、地面建筑物破坏，而且会引发瓦斯、煤尘爆炸。由于这种灾害发生时间、地点、区域、震源等的复杂多样性和突发性，对其防治，特别是预测是世界性的难题。微震监测系统可实现对矿井包括冲击矿压在内的矿震信号进行远距离、实时、动态、自动监测，给出冲击矿压等矿震信号的完全波形。通过分析研究，可准确计算出能量大于 100 J 的震动及冲击矿压发生的时间、能量及空间三维坐标，确定出每次震动的震动类型，判断出冲击矿压发生力源，对矿井冲击矿压危险程度进行评价。能分析出矿井上覆岩层的断裂信息，描述空间岩层结构运动和应力场的迁移演化规律，为煤矿的安全生产服务。

微震监测仪能够监测矿山井下开采引起的冲击矿压及微震事件并提供以下功能：

（1）岩体震动信号的采集、记录和分析。系统能够即时、连续、自动采集矿山岩体震动信号，自动生成震动信号图，进行记录并进行滤波处理，自动保存；定期打包保存震动记录信息；历史震动信息主站全部浏览和分析。

（2）多组波形分析。可进行积分、微分、滤波和频谱分析等；可进行矿震参数的输入和修改、岩层中震动波传播速度的确定、误差分析等。

（3）矿震三维定位和能量计算。手动（自动）捡取监测通道信息进行震源定位，自动计算震动能量，并将震源位置和能量显示在矿图上，矿图能够放大和平移，方便观察震动源点，并可以以文件的方式打印出来。

（4）自动检测设备工作状态。地面信号采集站自动检测微震探头的工作状态及信号线路的通信状态。

（5）系统可以监测和定位能量大于 100 J、频率在 0~600 Hz 的震动。

（6）记录信号报警功能。

2.5.8 人员定位与考勤系统

人员定位系统能够及时、准确地将井下各个区域人员情况动态反映到地面计算机系统，使管理人员能够随时掌握井下人员的总数及分布状况，干部跟班下井情况，矿工入井、升井时间以及运动轨迹，便于进行更加合理的调度管理，保证井下人员安全。

矿用无线、人员定位系统是新一代无线接入及定位系统产品，为煤矿安全生产提供了一套经济实用的定位、接入解决方案，实现矿井目标定位、跟踪、报警求助、预警救援、考勤统计等基本功能，并扩展了安全监测管理、区域禁入管理、丢失报警、紧急事件声光报警处理、车辆设备管理、系统运行管理、历史数据的记录与查询、统计分析等功能。

系统的骨干网络传输引入了以太网技术，带宽更宽、容量更大、兼容性更强。分支末端使用 CAN 总线的传输方式，既保持了双绞线在井下安装维护方便的优势，又大大提升了抗干扰能力，体现了网络与总线结构的完美融合，更加适用于矿山行业多网融合的发展思路和复杂多变的应用环境。同时，系统具备良好的兼容性和扩展性，可直接接入以太网传输，也可直接接入传感器扩展成为监测监控与人员定位合二为一的系统，还能直接扩展成为监测监控、人员定位、无线通信三合一系统。所有功能全部采用模块化设计，用户可以根据自身需求对系统进行增减。

煤矿人员定位系统按新建系统考虑，建设集井下人员考勤、跟踪定位、灾后急救、日常管理等功能于一体的井下人员定位系统。在系统建设完成后，将人员定位系统接入综合自动化监控平台，实现综合集控中心远方监测。

借助煤矿井下人员定位系统，井下作业人员以及相关设备情况可以实时、准确地传输到地面计算机系统。管理人员就可以及时掌握井下人员及设备的分布以及运动轨迹，从而更加合理地进行调度和管理。一旦有安全事故发生，救援人员可根据井下定位系统所提供的数据及图形资料，准确掌握井下作业人员当前所在区域或最后出现区域。

人员定位与考勤系统的主要功能有定位功能和考勤功能。

1. 定位功能

对井下矿工的分布情况分区域实时监测。可实时监测全矿井井下矿工总数、采煤工作面矿工总数、掘进工作面矿工总数以及井下其他区域矿工总数。根据各矿实际情况绘制动态的井下巷道、采区图，随着井下人员的移动，地图显示的各区域人数会实时更新。在地图上用鼠标点击，可以显示某个选定区域的人员名单；进一步点击还可以显示某个选定人员下井后的行踪。

输入任意人员的姓名或编号，系统可以立即以图形方式显示此人当前所在区域；也可以同时输入多个人员，系统将以文字方式显示这些人各自在井下的当前位置。在井下巷道图上，还可以实时动态地显示井下人员行踪。

对于井下的某些特殊区域，如规定不准一般人员进入的危险区域，在行踪保留时段内可以随时进行查询，列出进入该区域的人员和出、入时间，并可以在此区域安装本安型显示屏进行警告提醒。

2. 考勤功能

能够准确统计矿工入井、升井时间，并可按班次、部门生成日考勤、月考勤统计报表。

2.5.9　井下排水系统

矿井水积聚在巷道中，不但影响生产，而且威胁着工作人员的健康和安全，因此需要把矿井水及时排出。

井下排水系统是矿井的关键系统之一，其任务是将渗透到井下的地表水、地下水、机械用水和矿井废水及时排到地面，保证煤矿安全生产。

井下排水系统由矿井深度、开拓系统以及各水平涌水量的大小等因素来确定，一般可分为集中排水和分段排水两种。

根据矿井涌水量和有关规定，一般设置多台多级离心水泵，一组工作、一组备用；另外，还要设置用于轮换检修的水泵。矿井泵房大多敷设两条及两条以上排水管路。

2.5.10　风机监测系统

矿井通风的基本任务是供给井下人员足够的新鲜空气；将各种有害气体及矿尘稀释到安全浓度以下，并排出矿井；保证井下有适宜的气候条件（即温度和湿度适宜），以利于工人劳动和机器运转。

《煤矿安全规程》规定，所有矿井都必须采用机械通风，其通风方式可分为抽出式和压入式两种。风机监测系统的主要功能如下：

（1）实现通风机在线监控，通风机房无人值守。

（2）根据安全情况和供电情况，调整通风机的输出功率，起到节能作用。

（3）实时感知通风系统中各设备的运行环境和工作状况，实现在线诊断故障。

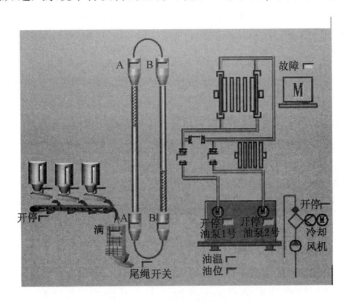

图 2-18　主井提升系统示意图

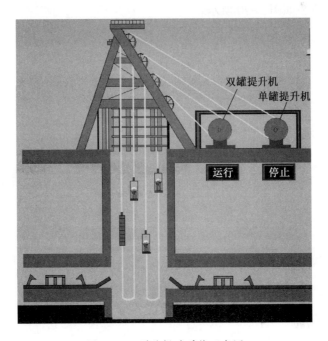

图 2-19　副井提升系统示意图

2.5.11　提升机监测系统

矿井提升运输是采煤生产过程中的重要环节。井下各工作面采掘下来的煤或矸石，由运输设备经井下巷道运到井底车场，然后用提升设备提至地面。人员的升降，材料、设备的运输，也都要通过提升运输设备来完成。

煤矿提升设备主要由提升容器、提升钢丝绳、提升机、天轮、井架（或井塔）及装卸载设备等组成。由于提升容器及提升机的构造和原理不同，煤矿提升设备可构成多种不同的提升系统，如主井箕斗提升系统、副井罐笼提升系统、多绳摩擦（主、副井）提升系统、斜井串车提升系统、斜井箕斗提升系统等。图 2-18 与图 2-19 分别所示为主井、副井提升示意图。

提升机监测系统的功能是实现提升系统的远程监控，具体内容包括：实时感知提升机运行位置；感知主井提升机装载煤炭的重量，实现自动装卸载功能；感知副井提升机装载的人员及设备的情况；感知提升机的运行环境、设备的健康状况，实现在线故障诊断；实现提升机相关设备在线优化库存管理。

2.6　调度大屏系统

调度大屏系统是矿井综合自动化监控系统的监控中心，主要由集控中心室、UPS 电源室、设备间等组成。它不但是企业重要的生产安全信息枢纽，而且是现代企业的对外窗口。

调度大屏系统是针对全矿井综合信息自动化建立的一个基于光纤传输、数字处理技术和计算机网络的现代化监控、监测中心，在调度大屏系统中可以监控煤矿井上、下安全生产全过程，并可通过网络将其传输到矿调度指挥中心及相关领导所在地。

整个系统由大屏幕拼接显示系统、辅助显示系统、LED 显示系统、图像控制系统、控制软件、机柜等组成，如图 2-20 所示。

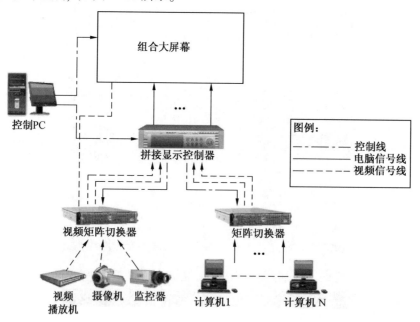

图 2-20　调度大屏系统组成结构示意图

1. 系统特点

液晶拼接墙既可以采用小屏拼接，也可以采用大屏拼接。拼接可任意组合，选择合适的产品和拼接方式，提出具体实施方案，满足系统的应用需求。

可以根据用户对输入信号的要求，选择不同的视频处理系统，实现 VGA、复合视频、S-VIDEO、YPBPR/YCBCR、DVI/HDMI 信号、IP 网络信号的输入，满足不同使用场合、不同信号输入的需求。可以通过控制软件，实现各种信号的切换、拼接成全屏显示、任意组合显示、图像拉伸显示、图像漫游显示、图像叠加显示等。

通过 RS-232 通信接口来控制图像控制器来实现任意组合显示模式的切换、信号的切换等。

2. 显示模式

根据煤矿调度指挥工作的实际需要，前端全液晶显示墙整合逻辑显示，配置多种显示预案，实现安全生产、监测监控、自动化、生产管理系统在一块逻辑大屏幕上按需求显示。具体显示方案如图 2-21 所示。

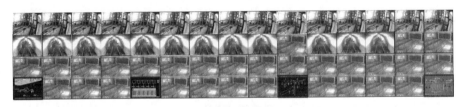

(a) 单屏幕显示

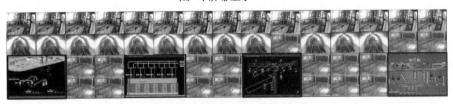

(b) 分区拼接显示

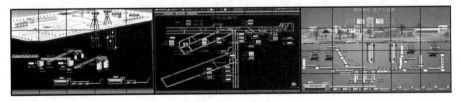

(c) 大区域拼接显示

图 2-21 调度大屏系统显示方式

3. 系统结构

系统结合云数据中心，由十路云终端设备提供显示接入，可实现对生产调度、选煤厂调度以及通防调度 3 个区域的十路 PC 信号分区域拼接显示（最大支持全屏幕拼接显示），同时实现工业电视及安防监控的视频信号单屏显示。提供应急预案对接控制接口，根据矿应急预案自动触发显示多种预案。系统结构如图 2-22 所示。

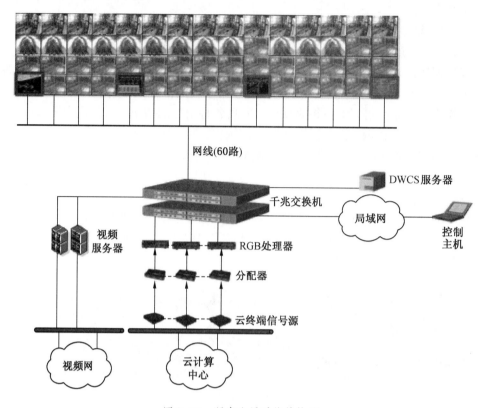

图 2-22　调度大屏系统结构图

4. 系统软件

控制管理软件为 B/S（Brower/Server 浏览器/服务器）架构，大屏幕系统的任何控制计算机无须事先安装任何软件，只要通过 IE 浏览器登录控制服务器，即可实现对显示墙和所有处理器的控制，包括处理器属性设置、信号源窗口管理、信号质量设置、预案设置与加载、多个显示墙管理、信号回显、信号预览、多人操控、显示墙分区管理、底图更换等。

2.7　数字工业电视

工业电视系统采用基于 IP 网络的数字化嵌入式工业电视传输显示系统，现场采集数字视频信息，通过工业环网进行传输；采用标准的、功能完善的视频服务器管理系统对视频的采集、传输、用户身份认证进行统一管理，网络视频信号可以以数据包的形式传送到调度控制指挥中心和相关部门，提供授权用户查看实时图像信息，还可以通过解码设备将网络视频流还原为模拟视频信号显示在电视墙上，调度控制指挥中心人员可以在电视墙上随意切换视频信号源；所有用户经过授权均可以以软件客户端的形式或 IE 形式在计算机上查询每一个监视点的视频信号。

2.7.1　系统结构

如图 2-23 所示，工业电视工程主要内容是建设一套以分布式数字视频软件系统平台和嵌入式视频服务器设备为核心的数字网络工业电视系统，实现煤矿工业生产监控数据的采集、数字化、IP 传输、高效存储以及 Web 访问功能。

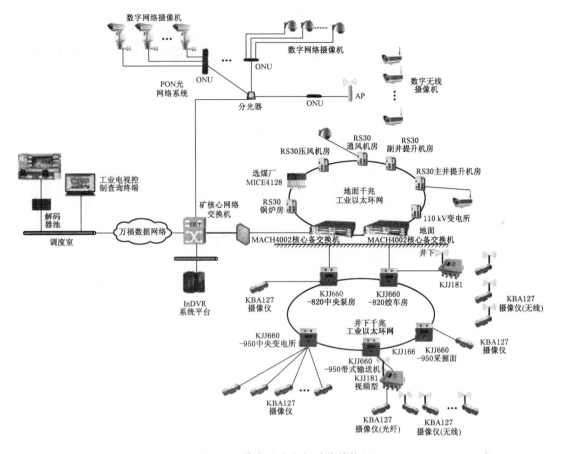

图 2-23 数字工业电视系统结构图

安装核心软件的服务器可实现全矿井视频监控录像存储。地面工业电视网络摄像机就近接入地面工业环网或通过网络、无线方式上传至工业电视系统服务器。

井下视频监控点采用矿用隔爆型网络摄像机完成视频采集，就近接入井下工业环网交换机用于工业电视的端口，然后通过井下工业以太网上传至工业电视系统服务器。

2.7.2 系统功能

系统视频点控制和查询部分按照矿调度室、矿领导和相关部门权限划分管理范围，管理内容包括控制摄像机云台，管理编、解码器，电视显示墙画面信号切换，视频录像等。在调度室配置一台高性能服务器搭建工业电视系统平台；同时配备存储磁盘阵列，提供视频监控图像录像存储。

该平台服务器负责系统中的编、解码器设备，摄像机，云台，录像计划，用户认证，Web 发布等管理工作，是系统的管理中心，具有以下功能特点：

（1）可通过计算机显示器显示图像，也可通过解码设备在电视墙显示。

（2）提供单画面、四画面、九画面多种视频实时显示界面，可通过点击编码器名称方便地播放图像。支持多个客户端同时查看一个监控点的图像。

（3）支持摄像机远程控制功能，可对权限范围内的摄像机进行远程控制，包括镜头上下左右移动、镜头缩放、光圈调整、调焦（摄像机支持此功能）。

（4）提供分布式录像服务，所以可同时录像的镜头数量不受单一服务器的限制。

（5）系统管理员实现站点、设备、用户等各项管理，包括配置、修改、删除等。站点管理可自动搜索并显示设备服务器、转发服务器、录像服务器的信息，包括名称、IP 地址，可修改站点名称，也可删除无效站点。

（6）提供多种用户类型，包括管理员、超级用户、一般用户和浏览用户，分别授予不同的权限范围。

（7）与其他信息系统实现无缝连接，可以建立统一认证系统。

2.7.3　移动视频

为加强工业电视视频监管，为矿领导和相关管理人员随时随地提供所关心的视频信息，建设一套可以提供手机观看视频的移动视频系统。在矿内部网建立一个手机监控平台，用于手机监控的用户授权管理、访问日志记录等统一管理，其通过解码器池与现网络工业电视系统连接。手机或各类移动终端可通过互联网进入矿数据网，通过手机监控平台上线登录访问网络工业电视系统中相关视频。

手机监控平台全线支持 IOS、Android 等平台的手机，主要提供图像观看，不提供云台控制功能。

2.7.4　视频分析与应用

工业电视系统平台可与智能分析系统对接，在统一的系统中实现智能分析和检测功能。

智能分析技术主要包括人脸识别、车牌识别、目标物识别和行为识别等，可对可疑行为或事件自动分析和识别，发现警情能立即进行告警、显示告警信息、联动视频、抓拍图片等。

视频智能检测内容包括多种视频故障，如清晰度异常（图像模糊）、亮度异常（过亮、过暗）、偏色、噪声干扰（雪花、条纹、滚屏）、画面冻结，以及信号丢失等。

3 矿山物联网信息集成交互平台与分布式测量网络

3.1 矿山物联网信息集成交互平台

感知矿山信息集成交换平台是确保煤矿所有安全生产、人员、设备、管理信息等复杂异构信息在一个统一数据平台存储，在异构条件下进行联通与共享，能够使不同功能的应用系统联系起来，协调有序运行。它是 M2M 平台的核心，实现将采集的感知信息及时地处理并转发给其他的服务器，从而保证信息动态顺畅地沟通。

3.1.1 系统结构与工作原理

系统结构图如图 3-1 所示，它处于信息采集与应用服务之间，是信息交换的核心模块。各类传感器完成数据的采集，经过统一数据接口交付至信息预处理单元，然后由预处理单元对信息进行初步处理后进入时空实时数据库。时空实时数据库按照应用服务器预订服务，从时空实时数据库中提取特征信息并以主动路由模式交付给特定的应用服务器。平台资源监管模块负责动态管理 M2M 信息平台中的各种软硬件资源，确保通信系统有条不紊地工作。

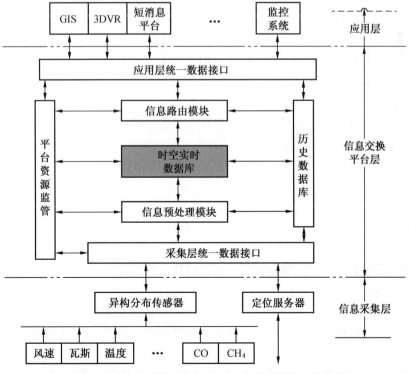

图 3-1 矿山物联网信息集成交互平台通信系统结构图

3.1.2　系统关键技术

1. 制定统一数据接口，实现异构传输信息的统一接入

感知矿山物联网统一信息交换平台作为信息交换与处理的核心平台，必须保证信息的高效、有序、可靠和安全，而煤矿现有的各类离散子系统种类繁多，传感信息类型、采集方式、传输方式等还基本各自为战。物联网统一信息交换平台必须充分了解各子系统信息特征，并提取归纳各种信息特征，指定统一的信息接入规范，确保异类、分布的传感信息能准确有效地集中到 M2M 信息交换平台中。通信中采用以太网信息交换模式。统一接口与应用平台中的 GIS、短消息、3DVR 等系统的信息交换及统一通信下行接口与智能矿灯和短信终端的通信协议通过制定的接口规范进行通信。接口规范包括：

（1）上层应用统一接口（应用服务器接口）规范。

（2）信息平台下层统一接口（感知设备接口）。

（3）通信端口资源分配。

2. 建立信息流预处理模型

由于复杂异构信息存在很大的不确定性和个别误差，如定位抖动、瞬时传感数据自相关异常等，因此必须对采集到的信息进行预处理。系统中的信息流预处理模块主要利用快捷的平滑滤波、关联分析等手段进行初步处理，对信号有限降噪。在确保数据的有效性和准确性的前提下，适当去除冗余信息和降低后端信息交换及实时处理的复杂性和重复性，提高后端系统的鲁棒性。

3. 构建统一时空实时信息库

统一时空实时数据库作为 M2M 信息交换平台中的核心模块，是各类信息存储快速交换及融合的主要场所，实时数据库的有效性和合理性直接影响到系统处理能力；M2M 平台中统一时空实时数据库主要对信息的基本属性及动态属性分别存储，通过高速 Hash 表对动态属性进行高速的读/写；通过高速并行算法对大量动态信息进行匹配与输出，使来自不同传感器、具有较大相关性的特征信息快速归类，具有时间、空间、环境特征。实时数据库主要具有如下特征。

1）Hash 属性

基本属性：对象的描述及其特性，如名称、位置、阈值等。

空间属性：X、Y、Z 三维坐标。

实时属性：实时电压、实时时间、工作状态、报警状态。

2）快速信息交换

写入实时值：如 setVolGas、setTemp 等。

读出实时值：如 getVolGas、getTemp 等。

3）快速事件驱动

状态改变驱动事件，包括数据转发、呼叫应答、特征队列、信息队列生成等。

4）主动路由

在 M2M 信息交换平台中，时空实时数据库不直接面向普通用户，而是在有限的若干应用服务器之间进行数据交换，用户类型形式相对固定，数据请求方式可预见性强，形式比较单一。基于此，M2M 信息交换平台中提出"主动路由"模型，即：实时数据库根据客户既定预案，按照客户需求快速从 Hash 表中组织特征信息队列，定期或不定期向客户

主动"送"数据。当客户实际需求发生变化时，实时数据库再动态调整用户需求，获取新的信息队列并主动送向客户。其特点是能保证服务的有序性和有效性，有效避免客户的无序资源竞争造成核心数据交换的异常。

4. M2M 平台资源动态监管

实现对资源的动态管理，包括实时 Hash 表监管、线程监视、CPU 资源监管、实时数据队列并行调度管理等。实现运行状态下资源动态管理与自动优化，不必人为重新调整资源系统配置，确保系统运行的连续性和稳定性。

3.1.3 系统功能

感知矿山信息集成交换平台主要包含 6 方面功能，下面分别进行叙述。

（1）异构数据的统一接入。针对各种纷繁复杂的感知数据，采用统一规范的标准接入至 M2M 信息平台中，确保异构传感器信息的有效性和多维度关联。

（2）定位标签数据的接入。接收来自定位服务器的众多定位标签的空间数据，并实时存入时空实时数据库的 Hash 表中，实现空间属性与基本属性的关联。

（3）感知信息的接收与发送。接收来自感知信息平台的各类下行消息，并存储至短信待发队列中，感知设备休眠结束时，将消息发送至对应目标；同时接收来自人员、环境等信息终端及原有监控服务器的各类实时感知信息。

（4）多传感信息快速预处理。针对复杂传感器的实时数据自相关特征及多维互相关特征，采用有限长数字滤波和关联分析对信号降噪平滑后输出至时空实时数据库。

（5）主动路由。针对不同应用服务的不同定制服务，主动有序地从时空实时数据库中提取特征信息构建特征信息队列，并主动定时/非定时地将队列推送至应用服务器。

（6）动态资源管理。实现对实时 Hash 表、任务线程、系统资源、实时队列等方面的管理，确保系统运行的连续性和稳定性。

3.2 无线感知网络

无线感知网络基于 WiFi 技术，为煤矿井下提供一个泛在通信网络，为实现"三个感知"提供感知信息的传输通道。在物联网示范工程中，无线感知网络为感知矿工安全工作环境、实现井下矿工与井上调度以及矿工之间的通信联络、视频数据传输、环境参数传输、定位数据传输等提供基础服务。

煤矿井下无线网络可利用 RFID、Zigbee 以及 WiFi 技术构成，表 3-1 显示了 3 种情况的对比。由表 3-1 可知，WiFi 网络具有高带宽、高稳定性、可扩展性好等优点，考虑到井下无线感知网络的应用环境和应用需求，我们认为应优先考虑采用 WiFi 技术进行建设。

表 3-1 有源 RFID、Zigbee 网络以及 WiFi 网络的比较

项 目	有源 RFID、Zigbee 网络	WiFi 网络
网络可扩展性	专网专用无扩展性，没有国际标准支持，私有协议，不同厂家的 RFID 网络相互独立的不兼容，易造成网络重复建设。接入井下数字环网困难	强大的扩展功能，WiFi 网络可方便地实现语音、视频、定位、无线感知等多种功能。网络具有很强的兼容性，可以利用已铺设的 WiFi 网络，避免网络的重复建设，可以非常便捷地接入煤矿井下以太网

表 3-1（续）

项　目	有源 RFID、Zigbee 网络	WiFi　网　络
网络普及性	应用的范围较小，普及性不高，布网需要专业人士	WiFi 网络应用广泛，覆盖的区域越来越多，布网的技术要求不高，有成熟的国际标准来保证
网络可管理性	网络集中管理能力较弱	强大的设备网管功能
施工难易	普通 RFID 读写器都需要通过专用的数据线互联，实现精确定位时每个定位点必须布置读写器，造成布线非常麻烦，增加人工成本，用 RFID 技术实现精确定位尚无先例	定位 AP 之间通过无线方式互联，无须布线，极大地减少了人工和布线的成本，施工简单方便
网络的安全性	RFID 无统一的国际标准，也没有统一标准的安全认证机制，传输数据安全加密也无统一的标准，大部分情况是不加密的，即使加密，格式也是厂家自己决定，可靠性差，被破解的风险较大	支持 WEP、WPA、WPA2 等多种国际标准加密方式；无线定位系统在关闭 AP 广播方式的情况下，笔记本电脑或者其他 WiFi 终端无法搜索到 AP 的 SSID，但标签仍然可以进行定位；标签支持数字加密技术；内外网通过网闸隔离互联，杜绝了外网对内网的侵入
传输速率	10~100 Kbps	传输速度快，可达 1~54 Mbps
网络覆盖及成本	读写器覆盖距离小于 15 m，实现无缝覆盖需要高额成本，密集部署维护成本高昂。发生事故的地点远离读写器时，呼叫信号无法送达	AP 覆盖范围广，条件不是十分恶劣时可覆盖 100 m 甚至更长距离，可低成本地实现矿井的无缝覆盖，大大加强了信号接收范围，一旦发生事故，呼叫信号可以及时送达
支持定位终端种类	除 RFID 标签外，不能对其他无线终端实现定位	除 WiFi 标签外，可对任何具有 WiFi 功能的终端实现定位（PDA、WiFi 手机等）
标签可扩展性	受带宽限制实现标签的扩展性不高	可外接视频、语音、传感器，实现双向数据传输
其他功能	使用终端设备扫描需要外接读写器卡	在无网络的情况下，支持 WiFi 终端（PDA、笔记本、WiFi 手机等）扫描、识别标签
开放性	开放性差	开放性好

3.2.1　系统结构

矿用无线感知网络结构如图 3-2 所示，其主要由交换机、AP 控制器（AC）、接入点 AP 和终端 4 部分组成。各个部分的主要功能如下：

（1）AP 控制器（AC）主要负责对接入点 AP 的管理，包括对 AP 的升级、AP 连接情况及 AP 网络的故障信息的监测、配置及管理。

（2）接入点 AP 主要负责信息的传输，将终端接入无线网络，对终端采集到的信息发送给服务器并将服务器给终端的数据发送回去。

（3）交换机的作用主要是作为系统中 AC 与服务器的桥梁，把 AP 从井下采集的各种数据信息经交换机传到井上服务器中，以供工作人员查看。

（4）终端包含智能终端、机车定位卡、无线摄像头等。终端通过 AP 接入无线感知网，将采集到的环境参数、定位信息、视频数据、语音数据等通过 AP 传送到特定设备。

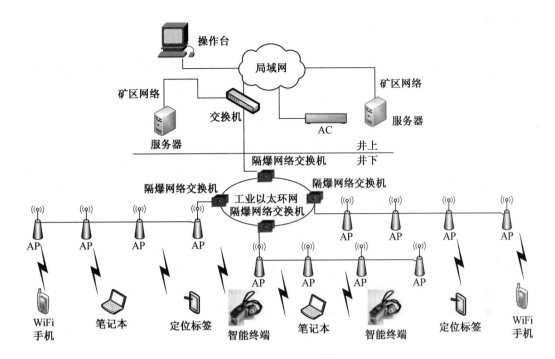

图 3-2 矿用无线感知网络结构

3.2.2 系统关键技术

1. 无线接入点（AP）传输能力

工程中采用基于 802.11a/b/g 协议的 WiFi 网络，利用无线接入点（AP）对煤矿井下进行无线覆盖。工程中所使用的 AP 支持 802.11a/b/g 协议，采用 OFDM 多载波调制技术，信号经过相应的各种调制（如 PSK、QAM 等），速率可达 1~54 Mbps。设备工作在 2.4 G ISO 国际公用频段，支持无线信道 1~11，具有网络信号强、带宽大、传输速率快等优点，除了满足人员定位的需要，还可以传送实时的语音、图像等信息，通过实时调整数据传送的速度以加快定位反应的速度。

2. AP 组网能力

无线接入点 AP 分为根 AP 和普通 AP。根 AP 通过有线以太网与服务器通信，并且根 AP 可作为普通 AP 的基站，负责中转普通 AP 的信息；多个普通 AP 与一个根 AP 可组成无线网格（MESH），信息的跳转可多达十几跳，但是考虑到跳数与带宽衰减成正比关系，一般选择信息的跳转最多经过 3 跳。系统可借助已有的主干以太网实现 AP 与服务器的互通，这样既节省资源又解决了煤矿井下设备、线路多的问题。普通 AP 通过 MESH 连接根 AP 进行无线覆盖，也减少了网线覆盖工作。

AP 组网及网络拓扑的形成是全自动的，AP 会不断检测其工作环境和上行链路的带宽状况，自动、实时地选择最佳的回传路径。当有线级联的接入点之间的有线网络出现问题或者某些接入点出现故障时，Mesh 功能将会使得整个无线网络具有最佳的性能和最好的稳定性和可靠性。同时，Mesh 功能使得整个无线网络的组网方式可以选择有线、无线和有线无线结合等，更加丰富组网技术。

3.2.3　系统主要参数

基于 WiFi 的矿用感知网络的建设，为井上与井下人员、井下与井下人员之间的沟通（语音、视频、位置、环境参数等）搭建了一个宽广快速的网络平台，为煤矿安全生产综合调度提供了新的指挥手段，也为煤矿的救援提供了新的快捷通信手段，可在灾变期间快速恢复和投入运行，大大提高救援效率。系统主要参数如下。

（1）支持 802.11b/g 协议，工作频率在 2.4 GHz，最大传输速率为 54 Mbps，支持 SNMP 以及时间同步协议 SNTP 等。

（2）每台无线接入点可以配置 8 个不同的 SSID，每个 SSID 都有唯一对应的广播、QoS、安全以及管理参数。这样就可以很容易地针对不同用户或者不同的通信类型提供分层服务。企业可以使用此功能来为不同的客户、承包商，以及雇员设置不同的访问策略，或者对不同的通信类型进行分段处理。

（3）对于基于 802.1x 认证的漫游，无线接入点控制器和无线客户端在完成 802.1x/EAP 认证后，无线接入点控制器和无线客户端保存 PMK，控制器把保存的 PMK 通知邻近的无线接入点。当无线客户端漫游到邻近无线接入点时，搜索到同样的 SSID，客户端使用存储的 PMK 和新的无线接入点做 4 次握手，完成快速漫游切换。当无线客户端再漫游回到原先的 AP 时，无线客户端仍然会使用存储的 PMK 和原先的无线接入点做 4 次握手，完成快速漫游切换，每个 PMK 一般保存 8 h。

（4）煤矿本安型无线接入点（AP）严格按照国家煤矿本质安全标准设计研发，主要针对煤矿井下特殊环境。

3.2.4　无线感知网络中的时间同步技术

由于采用多传感器采集与处理技术，多个节点组成分布式的信号采集网络，各节点之间采集信息能否做到严格同步是后续分析的基础。否则，将造成数据处理和分析失去原有意义，甚至得出错误的分析结论。因此，时间同步技术是多传感器信号采集实现的先决条件。从同步算法来看，主要包括 3 类：一是基于发送者的同步算法，如 DMTS、FTS；二是基于发送者—接收者交互的同步算法，如 TPSN 和 Mini-sync；三是基于接收者—接收者的时间同步算法，如 RBS。

RBS 算法是一种基于接收者—接收者的时间同步算法，它利用无线信道广播特性将同步消息发送到信道上待同步的节点，接收节点交换接收到的参考消息时间戳进行时间同步。RBS 算法适用于同一簇内移动检测仪时间同步，但它的主要不足，一是随着同步节点数量的增多，能耗问题比较严重；二是对于巷道这种长带状拓扑结构，时间基准节点的选择会影响较远处节点的同步误差。

为此笔者提出了一种基于簇首的算法，即改进的基于参考广播的时间同步协议（IRBS）算法，同步过程如下：

（1）无线接入点 R 利用洪泛向广播范围内所有节点发送同步消息包。

（2）所有移动检测仪记录接收到同步消息时的本地时间 t_1，$t_2 \cdots t_n$。

（3）移动检测仪之间选择簇首 C，簇首 C 再广播自己接收到同步信息时记录的本地时间 t_c，$t_c \in \{t_1, t_2 \cdots t_n\}$ 给所有的子节点。

（4）所有移动检测仪接收到 C 广播的时间戳，将自己接收同步消息时记录的时间 t_1，$t_2 \cdots t_n$ 与接收到的时间 t_c 比较，然后修改本地时钟实现与 C 节点的同步。

为了比较与 RBS 的性能差异，以下从能量消耗和算法收敛时间两个方面进行比较，并进行仿真测试。

1. 能量消耗

IRBS 时间同步协议能耗包括 3 部分：一是参考节点（无线接入点 R）广播同步消息，同步节点（移动检测仪）接收同步消息的能耗；二是簇首选择过程中同步节点间信息交换所消耗的能量；三是簇首节点广播同步时间戳和同步节点接收同步时间戳的能耗。设 E_s 是发送能耗，E_r 是接收能耗，R 是参考节点，S 是同步节点，m 是同步节点数，C 是选择的簇首节点，RBS 和 IRBS 同步机制能耗比较见表 3-2。

表 3-2　RBS 和 IRBS 同步机制能耗比较

内　　容	RBS	IRBS
参考节点广播能耗	E_s	E_s
同步节点接收能耗	$m \cdot E_r$	$m \cdot E_r$
簇首选择能耗	0	$(m-1) \cdot (E_r + E_s)$
簇首广播能耗	$m \cdot E_s$	E_s
同步节点接收时间戳能耗	$m(m-1) \cdot E_r$	$(m-1) \cdot E_r$

这样，就得到 RBS 时间同步协议中能量消耗与同步节点数之间的关系：

$$E_{RBS}(m) = (1 + m)E_s + m^2 E_r$$

IRBS 时间同步协议中能量消耗与同步节点数之间的关系：

$$E_{IRBS}(m) = (1 + m)E_s + (3m - 2)E_r$$

2. 收敛时间

IRBS 时间同步协议时延也分为 3 部分：一是参考节点广播同步消息，同步节点接收同步消息的时延；二是簇首选择过程中同步节点间信息交换所消耗的时延；三是簇首节点广播同步时间戳和同步节点接收同步时间戳的时延。假设处理和发送同步消息时耗是 t_s，接收和处理时间同步消息时耗是 t_r，最大传输延时是 t_0。在单跳网络中，RBS 和 IRBS 同步机制时间消耗比较见表 3-3。

表 3-3　RBS 和 IRBS 同步机制能耗比较

内　　容	RBS	IRBS
R 传送同步消息时延	$t_s^{R \to S}$	$t_s^{R \to S}$
同步消息传播时延	$t_0^{R \to S}$	$t_0^{R \to S}$
S 接收同步消息时延	$t_r^{R \to S}$	$t_r^{R \to S}$
S 或 C 传送时间戳时延	$C_m^2 t_s^{S \to S}$	$t_s^{C \to S}$
时间戳传播时延	$C_m^2 t_0^{S \to S}$	$t_0^{C \to S}$
S 接收时间戳时延	$C_m^2 t_r^{S \to S}$	$t_r^{C \to S}$
簇首 C 选择时延	0	$(m-1)(t_s^{S \to S} + t_r^{S \to S} + t_0^{S \to S})$

这样，就得到 RBS 时间同步协议中时间消耗与同步节点数之间的关系：

$$T_{RBS}(m) = (1 + C_m^2)t_s + (1 + C_m^2)t_0 + (1 + C_m^2)t_r$$

IRBS 时间同步协议中时间消耗与同步节点数之间的关系：

$$T_{IRBS}(m) = (1 + m)t_s + (1 + m)t_0 + (1 + m)t_r$$

3. 仿真测试

假定移动检测仪被部署在 3 m×100 m 范围内，移动检测仪数目为 12。

1）同步建立过程

图 3-3 所示为 6 个同步节点同步建立过程，其中图 3-3a 所示为 RBS，图 3-3b 所示为 IRBS，从图中可以看出两种时间同步方法在建立同步过程中的差异。

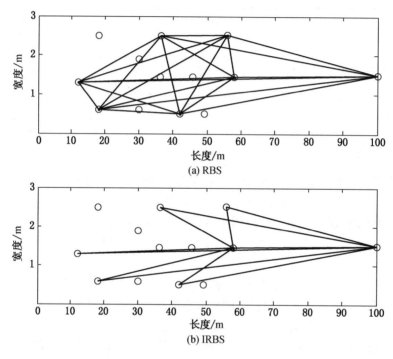

(a) RBS

(b) IRBS

图 3-3　同步建立过程（$n=6$）

2）能量消耗

图 3-4 所示为两种算法能量消耗与同步节点数之间的关系。由图 3-4 可见，算法改进后，能量消耗明显减少。由于 RBS 同步节点数至少为 2，因此当节点为 1 个时不符合同步的条件，算法没有进行，能耗为 0。当同步节点数为 2 个时，IRBS 算法能量消耗比 RBS 能耗要高，这是由于 IRBS 算法在同步时比 RBS 多了一次簇首选择过程，因此能耗要比原算法要高。

3）收敛时间

图 3-5 所示为两种算法同步收敛时间与同步节点数之间的关系。由图 3-5 可见，当同步节点数大于 3 时，IRBS 算法同步时延明显减少。当同步节点数为 1 个时，由于不符合同步条件，算法没有进行。当同步节点数为 2 个时，由于 IRBS 存在簇首选择过程，因此同步时延比 RBS 算法时延大。

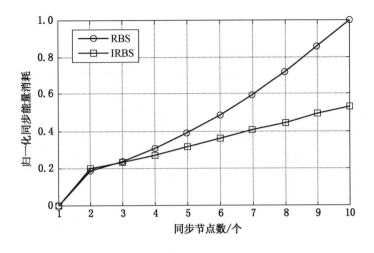

图 3-4　能量消耗

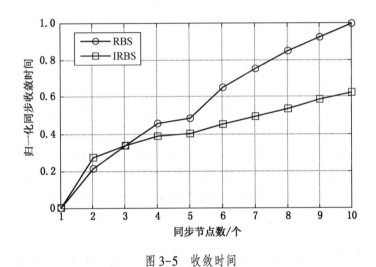

图 3-5　收敛时间

3.3　矿山分布式监测系统

分布式监测系统利用矿山物联网已有的网络传输平台，无须布置专用传输网络，监测点的传感器只需要就近连接到交换机，实现灵活方便的分布式测量，有利于从传感器层一直到信息集成层等多个层次实现多种监测手段的信息融合。同时，从系统原理看，分布式监测系统的通道数仅受 IP 地址的限制，如果采用 IPv6 体系，理论上可以无限扩展，彻底克服了普通监测系统通道数受限的问题，如图 3-6 所示。

网络化监测基于统一的监测方式，传感器种类不受限制，有利于多种传感器同时测量，使得监测系统的种类几乎不受限制。矿山分布式测量是"网络就是仪器"概念的具体实现，改变了传感器通过专用电缆直接接入测量仪器的传统方式，符合国际测量技术发展方向。

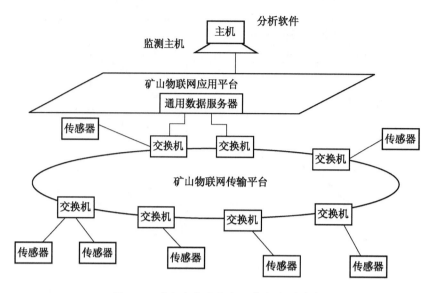

图 3-6 矿山分布式灾害预警与监测系统

3.4 矿山授时系统

网络测量和控制系统的精密时钟同步协议标准 IEEE1588 适用于以太网、CAN 总线和 PROFIBUS 等。IEEE 1588 的基本功能是使分布式网络内所有从时钟与主时钟保持同步，该标准定义一种精确时间协议 PTP，用于对标准以太网或其他采用多播技术的分布式总线系统中的传感器、执行器以及其他终端设备中的时钟进行微秒级同步。早期的网络时间协议（NTP）只有软件，而 PTP 协议同时使用硬件和软件，从而获得更精确的定时同步。PTP 针对相对本地化、网络化的系统，子网或内部组件相对稳定的环境，特别适用于矿山物联网分布式测量网络。

3.4.1 最佳主时钟算法

最佳主时钟算法（BMC）是用来判断在所有时钟（包括自身）中哪个是"最佳"时钟的方法，以决定其所有端口的下一状态，在域中每个时钟独立执行算法。换言之，时钟并不协商哪个应为主时钟哪个应为从时钟，相反，每个时钟仅计算自己端口的状态。该算法避免了两个主时钟、没有主时钟，或者主时钟来回替换的配置。最佳主时钟算法（BMC）包括两部分：

（1）数据集比较算法，用于计算两个相关时钟端口数据集的二进制关系，以判定端口中哪个是较好的。

（2）状态决定算法，用来计算每个时钟端口的推荐状态的算法。

状态改变机制是时钟节点通过 BMC 算法利用时钟接收到的 Sync 报文中的信息来判断最佳主时钟的机制，它同时也用来判断接收到 Sync 报文的时钟是否需要改变现有的时钟端口的状态，其流程如图 3-7 所示。

其中，数据集 E_{rbest} 是通过数据集比较算法计算和 r 端口相连的来自不同时钟端口的有效 Sync 报文所包含的信息得到的。而数据集 E_{best} 则是通过数据集比较算法选择 N 个端口

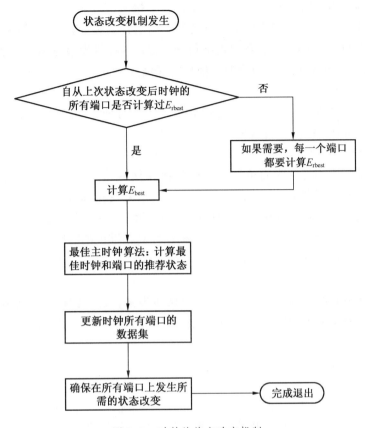

图 3-7 时钟的状态改变机制

中最好的 E_{rbest}，作为时钟 C_0 的信息更新来源。这里，E_{rbest} 和 E_{best} 所包含的信息主要是指 Sync 报文中所携带的超主时钟（GM）的相关信息，如 GMuuID、GMStratum、cMIdentifier 等。

3.4.2 时钟同步模型

1. PTP 系统

PTP 系统是分布式网络系统，由 PTP 设备和非 PTP 设备组成。PTP 设备包括普通时钟、边界时钟、端到端（End-to-End）透明时钟、对等（Peer-to-Peer）透明时钟和管理节点。非 PTP 设备包括网桥、路由器和其他基本设备，如计算机、打印机等。

1）PTP 报文类型

协议定义事件和通用 PTP 报文。事件报文即时间报文，在传输和接收中都产生的正确时间戳。通用报文不需要正确的时间戳。事件报文集包含 Sync、Delay_Req、Pdelay_Req 和 Pdelay_Resp；通用报文集包含 Announce、Follow_Up、Delay_Resp、Pdelay_Resp_Follow_Up，管理和 Signaling。其中，Sync 报文、Delay_Req 报文、Follow_Up 报文和 Delay_Resp 报文用于产生和传达时间报文，来同步化使用延迟请求回应机制的普通时钟和边界时钟。Pdelay_Req、Pdelay_Resp、Pdelay_Resp 和 Follow_Up 报文用于测量执行同等延迟机制的两个时钟端口之间的链路延迟。链路延迟用来修改由对等（Peer-to-Peer）透明时钟组成的系统的 Sync 报文和 Follow_Up 报文。执行同等延迟机制的普通时钟和边界时钟可同步化可测链路延迟和 Sync 报文和 Follow_Up 报文信息。

Announce 报文用于建立同步体系。管理报文用来查询和更新时钟维护的 PTP 数据集。这些报文用以定制一个 PTP 系统及初始化和过失管理。在管理节点和时钟之间使用管理信息。Signal 报文为时钟之间用于所有的其他目的通信。

2）PTP 设备类型

基本 PTP 装置的类型有 5 种，即普通时钟、边界时钟、端到端（End-to-End）透明时钟、对等（Peer-to-Peer）透明时钟和管理节点。

2. NTP 系统

NTP 系统是采用一种较为简单的时间同步协议使网络中的各终端设备同步的一种系统。它的用途是把终端设备的时钟同步到 UTC，其精度在局域网内可达 0.1 ms，在互联网上绝大多数的地方其精度可以达到 1~50 ms。它可使终端设备对其服务器、主时钟或时钟源（如石英钟，GPS 等）进行时间同步，可提供较高精准度的时间校正，而且可使用加密确认方式来防止针对协议进行的攻击。

1）NTP 报文类型

NTP 有两种不同类型的报文，一种是时钟同步报文，另一种是进行网络管理所需要的控制报文。NTP 基于 UDP 报文进行传输，使用的 UDP 端口号为 123，时钟同步报文封装在 UDP 报文中。

2）NTP 工作模式

NTP 系统包含 4 种工作模式，下面分别进行介绍。

一是服务器/客户模式。这种模式只需要在客户端配置，服务器端除了配置 NTP 主时钟，不需要进行其他专门配置。并且，只能是客户端同步到服务器，服务器不会同步到客户端。配置完成后，客户端向服务器发送同步请求报文，报文中的 Mode 字段设置为 3（客户模式）。服务器端收到请求报文后，自动工作在服务器模式，并发送应答报文，报文中的 Mode 字段设置为 4（服务器模式）。客户端收到应答报文后，进行时钟过滤和选择，并同步到优选的服务器端。

二是对等体模式。在对等体模式中，只需要在主动对等体（Symmetric active）端进行配置，被动对等体（Symmetric passive）端无须配置 NTP 命令。对等体模式下，主动对等体和被动对等体可以互相同步，等级低（层数大）的对等体向等级高（层数小）的对等体同步。配置完成后，主动对等体向被动对等体发送同步请求报文，报文中的 Mode 字段设置为 1（主动对等体）。被动对等体收到请求报文后，自动工作在被动对等体模式，并发送应答报文，报文中的 Mode 字段设置为 2（被动对等体）。

三是广播模式。在广播模式下，服务器端和客户端都需要配置相关命令。配置完成后，服务器端周期性向广播地址 255.255.255.255 发送时钟同步报文。客户端侦听来自服务器的广播消息包。客户端接收到第一个广播消息包后，为估计网络延迟，客户端先启用一个短暂的服务器/客户端模式与远程服务器交换消息。然后，客户端进入广播客户端模式，继续侦听广播消息包的到来，根据到来的广播消息包对本地时钟进行同步。

四是组播模式。在组播模式下，服务器端和客户端都需要配置相关命令。配置完成后，服务器端周期性向组播目的地址 224.0.1.1 发送时钟同步报文。客户端侦听来自服务器的组播消息包。当客户端接收到第一个组播消息包后，为估计网络延迟，客户端先启用一个短暂的服务器/客户端模式与远程服务器交换消息。然后，客户端进入组播客户端模式，继续侦听组播消息包的到来，根据到来的组播消息包对本地时钟进行同步。

3.4.3　精度分级

网络时间同步按其精度划分为 AA、A、AB、B、BC、C、D、E、F 等级。其中，AA级主要用于全网时间同步；AA、A、AB 级可作为建立矿山、集团测量控制网的基础。A、AB 级主要用于区域性的矿山动力学研究和矿山形变测量；B、BC 级主要用于局部形变监测和各种精密工程测量；C 级主要用通信系统间时间同步及工程测量的基本控制网；D、E、F 级主要用于定位、设备检测、勘测、施工等的控制测量。

4　矿山物联网数据采集技术

4.1　压缩感知技术

4.1.1　压缩感知理论基础

1. 压缩感知理论框架

压缩感知（CS）自 2006 年由 Donoho 等人正式提出以来，作为一种新的信号采集理论，它打破了 Shannon-Nyquist 采样理论局限，受到相关领域学者的广泛关注。

传统信号采集与处理过程主要包括采样、压缩、传输和解压 4 个部分，如图 4-1 所示。其采样过程必须满足香农采样定理，即采样频率必须大于信号最高频率的 2 倍。信号压缩时先对信号进行某种变换，如离散余弦变换（DCT）或小波变换，然后对少数绝对值较大的系数和位置进行压缩编码，同时舍弃零或接近于零的系数。这种压缩方法实际上造成了严重的资源浪费，因为大量采样数据在压缩过程中被丢弃了，而它们对于信号来说都是不重要的。从这个意义而言，带宽不能本质地表达一般信号的信息，基于信号带宽的香农采样机制是冗余的。

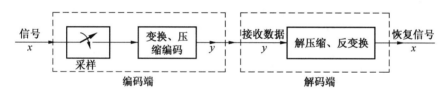

图 4-1　传统压缩编解码理论框图

压缩感知则是对信号的采样、压缩编码一步完成，由于利用了信号的稀疏性，可以以远低于奈奎斯特采样速率对信号进行非自适应的测量编码，如图 4-2 所示。压缩感知的理论指出，当信号满足在某个变换域是稀疏或可压缩的，可以利用与变换矩阵非相干的测量矩阵将信号的变换系数线性投影为低维的观测向量，同时这种投影保留了重建信号所需的信息，通过进一步求解稀疏信号最优化问题就能从低维观测向量精确或高概率地重建原始高维信号。在该理论框架下，采样速率不再取决于信号带宽，而在很大程度上取决于稀疏性和非相干性，或者稀疏性和等距约束性。压缩感知理论的优点在于信号的投影测量数据

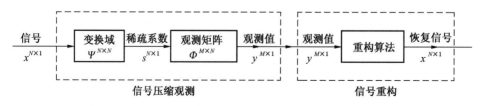

图 4-2　压缩感知编解码理论框图

量远远小于传统采样方法所需要的数据量，突破了香农采样定理的瓶颈，使得高分辨率信号采集成为可能。

压缩感知主要包括以下 3 个步骤：

（1）长度为 N 的原始信号 x 是稀疏的或在基底 $\boldsymbol{\Psi}^{N \times N}$ 下是稀疏的，稀疏信号为 s。

（2）利用观测矩阵 $\boldsymbol{\Phi}^{M \times N}$ 获取观测值 y。

（3）已知 $\boldsymbol{\Phi}$、$\boldsymbol{\Psi}$ 和 y，选择合适的算法恢复 x。

由此可见，压缩感知理论主要包括信号的稀疏表示、测量矩阵的设计与重构算法 3 个部分。其中，信号的稀疏表示是信号可压缩感知的先决条件，测量矩阵是获取信号结构化表示的手段，而重构算法则是实现信号重构的保证。图 4-3 所示为信号 x 在稀疏和非稀疏两种情况下压缩感知测量过程。

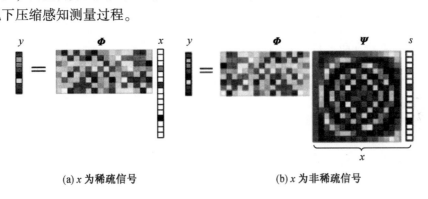

(a) x 为稀疏信号　　　　　　(b) x 为非稀疏信号

图 4-3　压缩感知测量过程

2. 信号的稀疏表示

如果一个信号中只有少数元素非零，则该信号是稀疏的。通常时域内的自然信号都是非稀疏的，但是它们在某些变换域可能是稀疏的，这就需要研究信号的稀疏表示方法。所谓信号的稀疏表示，就是将信号投影到某种正交变换基上时，可以使得绝大部分变换系数的绝对值很小，因而所得到的变换向量是稀疏或者近似稀疏的，这样可以将这种变换信号看作原始信号的一种简洁表达方式，这种方法称为信号的稀疏表示方法。信号的稀疏表示是压缩感知的先验条件，即信号必须在某种变换下可以稀疏表示。

由于长度为 N 的一维离散时间信号，可以表示为一组标准正交基的线性组合，如离散傅里叶变换或 FFT 变换，即

$$x = \sum_{i=1}^{N} s_i \boldsymbol{\psi}_i \quad 或 \quad x = \boldsymbol{\Psi}s \qquad (4-1)$$

其中，$\boldsymbol{\Psi} = [\boldsymbol{\psi}_1, \boldsymbol{\psi}_2, \cdots, \boldsymbol{\psi}_N]$，$\boldsymbol{\psi}_i$ 为列向量。列向量 s 是 x 的加权系数序列，$s_i = \langle x, \boldsymbol{\psi}_i \rangle = \boldsymbol{\psi}_i^T x$。可见 s 是信号 x 的等价表示，如果 s 只有很少的非零系数，则称信号 x 是可压缩的。如果 s 只有 K 个元素非零，则称 s 为信号 x 的 K 稀疏表示。

通常变换基可以根据信号的特点灵活选取，常用的变换基有离散余弦变换基、快速傅里叶变换基、离散小波变换基、Curvelets 基、Gabor 基等。当信号不能用正交基稀疏表示时，可以采用冗余字典稀疏表示。图 4-4 所示为一信号通过傅里叶变换基稀疏表示前后的图，由图可以看出原始信号在时域不是稀疏的，经过 FFT 变换后是稀疏信号。

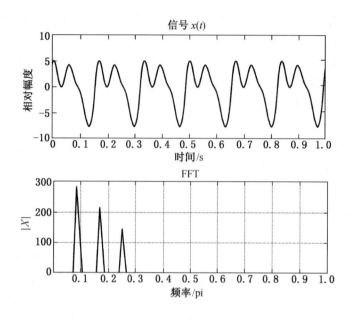

图 4-4　信号稀疏表示图

3. 测量矩阵

已知长度为 N 的 K 稀疏信号 x，测量矩阵 $\boldsymbol{\Phi} \in \boldsymbol{R}^{M \times N}(M \ll N)$，求测量值 $y(y \in \boldsymbol{R}^{M})$。当 x 稀疏时可由 $y = \boldsymbol{\Phi}x$、$y_j = \langle x, \phi_j \rangle$ 得到。当 x 非稀疏时，首先把 x 稀疏表示 $x = \boldsymbol{\Psi}s$，然后求测量值 $y = \boldsymbol{\Phi}x = \boldsymbol{\Phi}\boldsymbol{\Psi}s = \boldsymbol{\Theta}s$。其中，$\boldsymbol{\Theta}$ 称为传感矩阵。$\boldsymbol{\Phi}$ 的每一行可以看作一个传感器，它与信号相乘，拾取了信号的一部分信息。测量矩阵的主要功能就是将任何 K 稀疏的或者可压缩的原始信号 x 从 N 维降到 M 维，并且在这个过程中保留 x 中的主要信息不丢失，从而才能在重构端高概率或精确地重构原始信号 x。

因为 $M \ll N$，上述方程的求解是没有确定解的，属于一个欠定问题。为了能够重构稀疏信号，2007 年 Candés 和 Tao 给出并证明了传感矩阵 $\boldsymbol{\Theta}$ 必须满足约束等距性条件。对于任意 K 稀疏信号 v 和常数 $\delta_K \in (0, 1)$，如果

$$(1 - \delta_K) \| v \|_2^2 \leqslant \| \boldsymbol{\Theta}v \|_2^2 \leqslant (1 + \delta_K) \| v \|_2^2 \qquad (4-2)$$

成立，则称矩阵 $\boldsymbol{\Theta}$ 满足约束等距性。但是要通过式（4-2）证明测量矩阵满足约束等距性不是一件容易的事，Baraniuk 给出约束等距性的等价条件是测量矩阵 $\boldsymbol{\Phi}$ 和稀疏表示的基 $\boldsymbol{\Psi}$ 不相关，即要求 $\boldsymbol{\Phi}$ 的行 ϕ_j 不能由 $\boldsymbol{\Psi}$ 的列 ψ_i 稀疏表示，且 $\boldsymbol{\Psi}$ 的列 ψ_i 不能由 $\boldsymbol{\Phi}$ 的行 ϕ_j 稀疏表示。由于 $\boldsymbol{\Psi}$ 是固定的，要使得 $\boldsymbol{\Theta} = \boldsymbol{\Phi}\boldsymbol{\Psi}$ 满足约束等距条件，可以通过设计测量矩阵 $\boldsymbol{\Phi}$ 解决。有文献证明，当 $\boldsymbol{\Phi}$ 是高斯随机矩阵时，传感矩阵 $\boldsymbol{\Theta}$ 能以较大概率满足约束等距性条件，因此可以通过选择一个大小为 $M \times N$ 的高斯测量矩阵得到 $\boldsymbol{\Phi}$，其中每一个值都满足 $N(0, 1/N)$ 的独立正态分布。其他常见的能使传感矩阵满足约束等距性的测量矩阵还包括二值随机矩阵、局部傅里叶矩阵、局部哈达玛矩阵以及托普利兹矩阵等。实际当中却不能使用有限等距性质来设计测量矩阵，大多数使用的测量矩阵都是随机测量矩阵。实践表明，在测量数 M 满足 $M \geqslant CK\log(N/M)$（其中 C 是一个很小的常数）时，这时的测量矩阵在大多数的情况下都能够满足 RIP 特性。

4. 重构算法

信号重构算法是压缩感知理论的核心，它是指由长度为 M 的测量向量 y 重构长度为 N 的稀疏信号 x 的过程。因为 $y = \boldsymbol{\Phi}x$ 中 y 的维数远低于 x 的维数，所以方程有无穷多解。然而如果原始信号 x 是 K 稀疏的并且测量矩阵满足一定条件，理论证明，信号 x 可以由测量值 y 通过求解 l_0 范数问题精确重构：

$$\hat{x} = \arg\min \| x \|_0 \quad \text{s. t. } \boldsymbol{\Phi}x = y \tag{4-3}$$

式（4-3）中，$\| x \|_0$ 为向量 x 的 l_0 范数，表示向量 x 中非零元素的个数。Candés 等指出，如果要精确重构 K 稀疏信号 x，测量次数 M（即 y 的维数）必须满足约束关系 $M = O[K\log(N)]$。但 Donoho 指出，最小 l_0 范数问题是一个 NP-hard 问题。鉴于此，研究人员提出了一个等价的求解过程，即求解式（4-3）的 l_1 范数优化问题，降低了问题的难度。

$$\hat{x} = \arg\min \| x \|_1 \quad \text{s. t. } \boldsymbol{\Phi}x = y \tag{4-4}$$

那么，该最小范数问题为什么可以转化为求解 l_1 范数优化问题而不是求解 l_2 范数优化问题或者其他范数优化问题呢，下面进行简单的说明。以长度为 2 的原始信号为例，将该信号的范数在几何上用平面图形来表示，这个结果可以扩展到高维空间中。由于 p 取值的不同，所以原始信号的 p 范数在二维空间中的表示形式也不同，如图 4-5 所示。

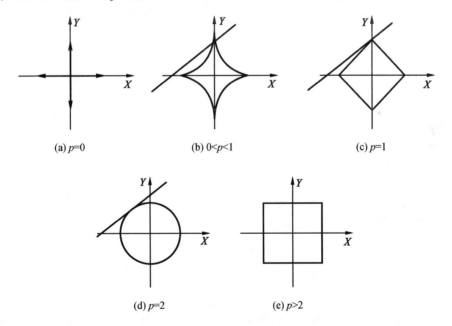

图 4-5 二维空间中的不同 p 值的范数图

对于式（4-4）中 $\boldsymbol{\Phi}x = y$ 而言，在几何问题上它是一个超平面，在二维空间中可以将其看作一条直线。在图 4-5 中，当 $p = 0$ 时，即 l_0 范数问题，它的形状是一个十字花型，4 个点分别落在 4 个坐标轴上，所以式（4-4）的约束问题中直线与其交点一定会落在坐标轴上，即与坐标轴有交点就是所需要的稀疏结果；当 $0 < p < 1$ 时，它的形状是 4 个向内凹的弧线，当弧线的半径逐渐增加时，与约束问题的直线的交点同样会落在坐标轴上，并且这个点也是稀疏的，但是当 $0 < p < 1$ 时，式（4-4）的求解也存在一定的困难；当 $p = 1$

时，它的形状是一个菱形，其 4 个顶点分别在 4 个坐标轴上。这样一来，当菱形的半径增加时，约束问题的直线与其交点必然会落到坐标轴上，这也正是所需要的稀疏结果。由此说明，当 $p=1$ 时与 $p=0$ 时是等价的，并且 $p=1$ 时的求解是容易的；当 $p=2$ 时，它的形状是一个圆形，而当它的半径增大时，与约束问题的直线的交点不落在坐标轴上，即当 $p=2$ 时不能得到稀疏结果，所以 l_1 范数问题不能等价为 l_2 范数问题；同样，当 $p>2$ 时也不能得到稀疏结果。

将 l_0 范数问题转化为 l_1 范数问题是一个凸优化问题，从而利用线性规划的方法可以求解。

4.1.2 测量矩阵设计的几个关键问题

压缩感知理论的关键就是测量矩阵的设计。一个"好"的测量矩阵，不但可以将原始的稀疏信号投影到一个低维的空间上，而且还可以保证稀疏信号在降维的同时不丢失有用信息，最重要的是在必要时可以通过设计重构算法来恢复原始信号。最近几年，虽然有许多学者在测量矩阵设计这一方向提出了许多理论，但是真正要把压缩感知应用在工程实践当中，还需要解决以下问题。

（1）实用性测量矩阵的设计。在压缩感知理论框架中，测量矩阵要满足 RIP 条件，目前通常使用的是随机测量矩阵，这类测量矩阵具有不确定性，虽然在仿真实验中有很明显的效果，但是在实际应用中，硬件实现起来比较复杂，因此应该针对硬件上容易实现的确定性测量矩阵进行深入研究。

（2）自适应测量采样方法的设计。现有的压缩感知技术是在非自适应线性测量的基础上进行的，虽然策略简单，但是不具有灵活性，因此应该在自适应压缩感知理论进行深入研究，根据不同信号的类型采用不同的采样策略。

（3）指导测量矩阵设计的理论研究。尽管目前有 RIP 理论、相关性判别理论、矩阵 Spark 判别理论等来指导设计测量矩阵，但是很难直观判别一个测量矩阵是否满足 RIP 理论和 Spark 判别理论，因此，应该研究一种简单直观的理论来指导测量矩阵的设计和衡量测量矩阵的性能。

就目前而言，矩阵的性能评价方法包括 RIP、列相干性、构造计算复杂度、矩阵维数、重构性能等，测量矩阵的性能评价方法见表 4-1。

表 4-1 矩阵的性能评价总结

构 造 算 法	满足何种 RIP	是否满足列相干性	矩阵构造计算复杂度	矩阵维数是否受限	重构性能与高斯随机矩阵比较结果
多项式矩阵	RIP	未验证	复杂	$M=P^2$，$N=P^{R+1}$	优
基于膨胀图的矩阵	RIP-1	未验证	复杂	$M=q^{m+1}$，$N=q^n$	未验证
离散 Chirp 编码矩阵	UStRIP	满足	$KM\log M$	$N=M^2$	相当
二阶 Reed-Muller 编码矩阵	UStRIP	满足	$K^2\log^{2+o(1)}$	$M=2^m$，$N=2^{m(m+1)/2}$	未验证
离散编码托普利兹矩阵	UStRIP	满足	简单	否	未验证
轮换托普利兹矩阵	RIP	满足	简单	否	劣
交互投影法	RIP	满足	复杂	特定 (M, N) 组合	优
Elad 算法	RIP	满足	复杂	否	优

表 4-1（续）

构 造 算 法	满足 何种 RIP	是否满足 列相干性	矩阵构造 计算复杂度	矩阵维数 是否受限	重构性能与高斯 随机矩阵比较结果
基于梯度的算法	RIP	满足	复杂	否	优
基于 SVD 的算法	RIP	满足	复杂	否	优
基于 ETF 的算法	RIP	满足	复杂	否	优
差集构造算法	RIP	满足	简单	D 为 (N, M, λ) 差集	优
数值搜索算法	RIP	满足	复杂	否	优

4.1.3 常见的测量矩阵

测量矩阵的选择是压缩感知理论实际应用的关键要素之一，当测量数目 $M \geqslant CK\log(N/M)$ 时，所有 K 稀疏向量都能从高斯矩阵、贝努利矩阵或傅里叶矩阵等随机测量矩阵中高概率恢复。下面是一些常见测量矩阵的设计方法。

1. 高斯随机测量矩阵

压缩感知中，使用最广泛的是高斯随机测量矩阵，其设计的方法为：构造一个 $M \times N$ 大小的矩阵 $\boldsymbol{\Phi}$，使 $\boldsymbol{\Phi}$ 中的每一个元素独立服从均值为 0、方差为 $1/M$ 的高斯分布，即

$$\boldsymbol{\Phi}_{i, j} \sim N\left(0, \frac{1}{M}\right) \tag{4-5}$$

该测量矩阵是一个随机性非常强的测量矩阵，理论证明其满足 RIP 性质。然而，高斯随机测量矩阵能够作为最常用的测量矩阵主要在于它与绝大多数正交稀疏基不相关。

这里取长度 $N=256$、稀疏度为 K 的信号，在不同测量数 M 下，通过 OMP 重构算法和高斯随机测量矩阵进行信号重构，其中 $0 < M < 256$。图 4-6 所示为精确重建的非零数据个数与原始信号相应位置非零数据个数的比。由于矩阵是随机测量矩阵，每次实验精确重建比不一样，本实验采用对每个 M 值重复 1000 次求平均值的方法来消除不确定性。

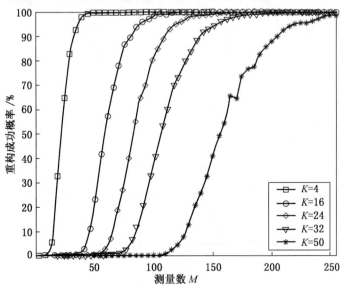

图 4-6 高斯随机测量矩阵下重构成功率与测量数 M 关系图

由图 4-6 可以看出，稀疏度 K 固定时，测量值 M 越大，精确重构率越高。当 M 取值达到一定的值时，信号能完全精确重建。针对不同稀疏度 K，K 值越大，精确重构需要的测量值 M 越大。

2. 随机贝努利测量矩阵

随机贝努利测量矩阵和高斯随机测量矩阵的性质很相似，其设计方法为：构造一个大小为 $M \times N$ 的矩阵 $\boldsymbol{\Phi}$，使 $\boldsymbol{\Phi}$ 中的每一个元素独立服从贝努利分布，即

$$\boldsymbol{\Phi}_{i,j} = \begin{cases} +\dfrac{1}{\sqrt{M}} & P = \dfrac{1}{2} \\ -\dfrac{1}{\sqrt{M}} & P = \dfrac{1}{2} \end{cases} = \dfrac{1}{\sqrt{M}} \begin{cases} -1 & P = \dfrac{1}{2} \\ +1 & P = \dfrac{1}{2} \end{cases} \qquad (4\text{-}6)$$

或者

$$\boldsymbol{\Phi}_{i,j} = \begin{cases} +\sqrt{\dfrac{3}{M}} & P = \dfrac{1}{6} \\ 0 & P = \dfrac{2}{3} \\ -\sqrt{\dfrac{3}{M}} & P = \dfrac{1}{6} \end{cases} = \dfrac{\sqrt{3}}{\sqrt{M}} \begin{cases} +1 & P = \dfrac{1}{6} \\ 0 & P = \dfrac{2}{3} \\ -1 & P = \dfrac{1}{6} \end{cases} \qquad (4\text{-}7)$$

该测量矩阵同样具有很强的随机性，当随机贝努利测量矩阵的测量数满足 $M \geq CK\log(N/M)$ 时，便会以极大的概率满足 RIP 性质。随机贝努利测量矩阵有着和高斯矩阵相似的性质，因为随机贝努利测量矩阵的元素为 ±1，在实际应用中更容易实现和存储，所以被广泛应用于仿真实验中。重复上述实验可以得到重构成功率与测量数之间的关系图（图 4-7）。由于矩阵是随机测量矩阵，每次实验精确重建比例不一样，本实验中仍采用对每个 M 重复 1000 次求平均值的方法来消除不确定性。

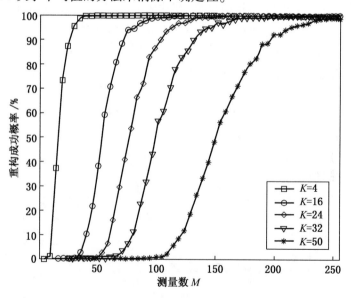

图 4-7　随机贝努利测量矩阵下重构成功率与测量数 M 关系图

通过图4-7可以得出与高斯随机测量矩阵相似的结论：稀疏度K固定时，测量值M越大，精确重构率越高。当M取值达到一定的值时，信号能完全精确重建。针对不同稀疏度K，K值越大，精确重构需要的测量值M越大。

3. 部分哈达玛测量矩阵

部分哈达玛矩阵同样可以作为压缩感知测量矩阵，其构造方法为：首先生成一个$N \times N$大小的哈达玛矩阵，然后随机地从该哈达玛矩阵中选取M行构成一个大小为$M \times N$的测量矩阵。同样重复上面的实验，可以得到重构成功率与测量数M的关系（图4-8）。

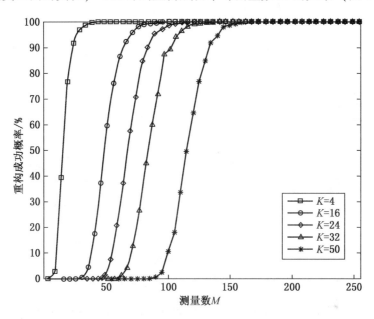

图4-8 部分哈达玛测量矩阵下重构成功率与测量数M关系图

由图4-8可以看出，在相同稀疏度下，测量数M越大，精确重构率越大，当M达到一定值时，信号能够全部精确重构。同时，当稀疏度$K=50$时，M值在150左右就能够精确重构。与高斯矩阵和贝努利矩阵相比，在相同稀疏度K下，精确重构所需的测量数M比较小，其主要原因是哈达玛矩阵是正交矩阵，从中取M行后得到的$M \times N$大小的部分哈达玛矩阵还具有很强的非相关性和部分正交性，所以与其他测量矩阵相比，该测量矩阵精确重建所需要的测量数较少。也就是说在同样的测量数目下，部分哈达玛矩阵的重构效果比较好。但是由于哈达玛矩阵本身的原因，其维数N的大小必须满足2的整数倍，即$N = 2^k(k = 1, 2, 3 \cdots)$，所以极大地限制了该矩阵的应用范围及场合。

4. 部分正交测量矩阵

部分正交矩阵也同样被用作测量矩阵，比如我们熟知的部分傅里叶测量矩阵，上边提到的部分哈达玛矩阵都是部分正交矩阵的特例。理论证明，部分正交矩阵满足RIP准则。部分正交矩阵的构造方法为：首先生成大小为$N \times N$的正交矩阵U，然后在矩阵U中随机地选取M行向量，最后对$M \times N$大小的矩阵进行列向量归一化，即得到测量矩阵。在矩阵大小固定的情况下，要是信号能够精确重构，其稀疏度K要满足：

$$K \leqslant c \frac{1}{\mu^2} \frac{M}{(\log N)^6} \tag{4-8}$$

其中，$\mu = \sqrt{M}\max|U_{i,j}|$。当 $\mu = 1$ 时，部分正交矩阵就变为部分傅里叶矩阵，显而易见，部分傅里叶矩阵的稀疏度要满足 $K \leqslant cM/(\log N)^6$ 才可以精确重构。部分傅里叶测量矩阵是一个复数矩阵，理论证明复数矩阵同样可以作为测量矩阵，为了简单起见，我们通常只选其实部作为测量矩阵。同样重复上面的实验，我们可以得出重构成功率与测量数关系，如图 4-9 所示。

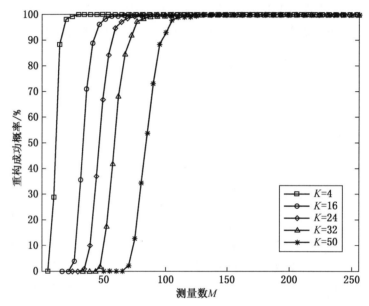

图 4-9　部分正交测量矩阵下重构成功率与测量数 M 关系图

由图 4-9 可以看出，当稀疏度 $K=4$、$M=20$ 的时候，信号就可以达到精确重构；当稀疏度 $K=50$、$M=100$ 的时候，信号同样可以精确重构，由此说明在稀疏度 K 不同时，部分傅里叶测量矩阵对矩阵的测量数 M 要求较低。

5. 稀疏随机测量矩阵

稀疏随机测量矩阵的构造方法为：首先生成一个大小为 $M \times N$ 的全零矩阵 $\boldsymbol{\Phi}$，且 $M < N$。然后对于矩阵 $\boldsymbol{\Phi}$ 的每一列，随机地选取 d 个位置并且在选中的位置上置 1，这里 d 对重构结果影响不大，一般取值为 $d \in \{4, 8, 10, 16\}$。稀疏随机测量矩阵的每一列只有 d 个非零的元素，结构简单，在实际应用中易于构造和保存。同样重复以上实验，对每一个 M 值取 1000 次求平均记录数据，得到如图 4-10 所示的重构成功率与测量数关系图。

根据图 4-10 可以看出，在稀疏度 K 固定时，测量值 M 越大，精确重构比越大。当 M 取值达到一定的数值时，信号能完全精确重构。由稀疏随机测量矩阵的构造过程可知，由于每列有 d 个元素，该矩阵是结构最简单的测量矩阵，在仿真实验中很容易构造与保存。

6. 托普利兹和循环测量矩阵

一般的托普利兹和循环矩阵具有以下形式：

$$\boldsymbol{T} = \begin{bmatrix} t_n & t_{n-1} & \cdots & t_1 \\ t_{n+1} & t_n & \cdots & t_2 \\ \vdots & \vdots & & \vdots \\ t_{2n-1} & t_{2n-2} & \cdots & t_n \end{bmatrix} \boldsymbol{C} = \begin{bmatrix} t_n & t_{n-1} & \cdots & t_1 \\ t_1 & t_n & \cdots & t_2 \\ \vdots & \vdots & & \vdots \\ t_{n-1} & t_{n-2} & \cdots & t_n \end{bmatrix} \tag{4-9}$$

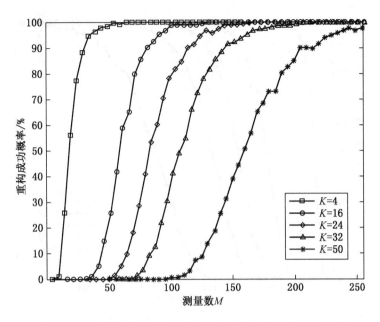

图 4-10 稀疏随机测量矩阵下重构成功率与测量数 M 关系图

其中，T 矩阵代表的是托普利兹矩阵，C 矩阵代表的是循环矩阵。可以看出，循环矩阵是托普利兹矩阵的一种特殊形式。托普利兹和循环测量矩阵的构造方法如下：首先生成一个随机向量 u，即向量 $u = (u_1, u_2, \cdots, u_N) \in \mathbf{R}^N$，然后利用生成的随机向量 u，经过 $M(M < N)$ 次循环，构造剩余的 $M-1$ 行向量，最后对列向量进行归一化得到测量矩阵 $\boldsymbol{\Phi}$。通常，构造托普利兹和循环矩阵时，向量 u 取值为 ±1，且每个元素独立地服从形如式（4-6）所示的贝努利分布。托普利兹和循环测量矩阵是利用行向量通过循环位移生成整个矩阵，在实际应用中，由于循环位移易于硬件实现，所以该测量矩阵应用前景比较好。同样重复上面的实验，对每一个测量数 M 重复 1000 次进行实验记录平均值可得到如图 4-11、图 4-12 所示结果。

因为托普利兹测量矩阵的取值和哈达玛测量矩阵相同，都是 ±1，由图 4-11 可以看出，对于稀疏度 $K=50$、测量数 M 接近 250 时，才能够达到完全精确重构，重构效果没有哈达玛测量矩阵好。

由图 4-11 和图 4-12 可以明显看出，托普利兹矩阵和循环矩阵下信号重构成功率与测量数关系图几乎一样，所以循环矩阵是托普利兹矩阵的一种特殊形式。托普利兹测量矩阵的构造过程是用向量去生成整个矩阵，这个向量生成整个矩阵的过程是通过循环移位来实现的，这种循环移位易于硬件实现，这是托普利兹被广泛研究和应用的主要原因之一。

7. 离散沃尔什-哈达玛变换与沃尔什-哈达玛矩阵

沃尔什变换是以沃尔什函数为基本函数的一种非正弦正交变换。1923 年，美国数学家 J. L Walsh 提出沃尔什函数的概念。沃尔什函数是定义在区间 $0 \leqslant t < 1$ 的一组完备、正交矩形函数，由于函数只取 +1 和 -1 两个值，与数字逻辑中的两种状态相对应，所以特别适用于数字信号处理。沃尔什变换与离散傅里叶变换相比，由于它只存在实数的加、减运算而没有复数乘法运算，因而运算速度快、存储空间少，便于硬件实现，在实时处理和海量

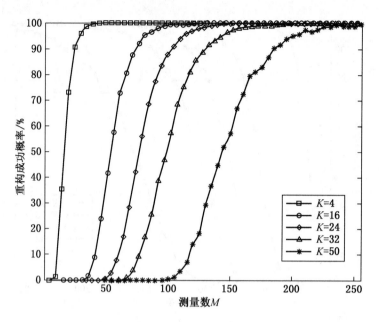

图4-11　托普利兹测量矩阵下重构成功率与测量数 M 关系图

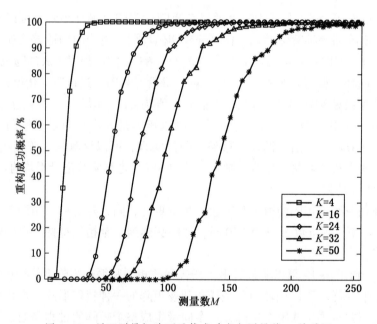

图4-12　循环测量矩阵下重构成功率与测量数 M 关系图

数据操作方面具有明显优势。在通信系统中，由于它的正交性和取值、算法简单等优点，已用于构成正交多路复用系统。沃尔什函数有以下3种不同的函数定义。

（1）按沃尔什排列的沃尔什函数：

$$W(i,\ t) = \prod_{k=0}^{p-1} \left[R(k+1,\ t) \right]^{g(i)_k} \tag{4-10}$$

其中，$R(k+1,\ t) = \mathrm{sgn}(\sin 2^{k+1}\pi t)$ 是任意拉德梅克函数，$g(i)$ 是 i 的格雷码，$g(i)_k$ 是

格雷码的第 k 位，p 为正整数，$g(i)_k \in \{0, 1\}$。

(2) 按佩利排列的沃尔什函数：

$$W(i, t) = \prod_{k=0}^{p-1} [R(k+1, t)]^{i_k} \tag{4-11}$$

其中，i_k 是自然二进制码的第 k 位数，$i_k \in \{0, 1\}$。

(3) 按哈达玛排列的沃尔什函数：

$$W(i, t) = \prod_{k=0}^{p-1} [R(k+1, t)]^{\langle i_k \rangle} \tag{4-12}$$

其中，$\langle i_k \rangle$ 是倒序的二进制码的第 k 位数，$\langle i_k \rangle \in \{0, 1\}$。

2^k 阶哈达玛矩阵可以由递推公式获得

$$\boldsymbol{H}_0 = [1] \qquad \boldsymbol{H}_1 = \begin{bmatrix} 1 & 1 \\ 1 & -1 \end{bmatrix}$$

$$\boldsymbol{H}_k = \begin{bmatrix} \boldsymbol{H}_{k-1} & \boldsymbol{H}_{k-1} \\ \boldsymbol{H}_{k-1} & -\boldsymbol{H}_{k-1} \end{bmatrix} \tag{4-13}$$

根据以上递推公式，以 $k=3$、$N = 2^k = 8$ 为例，相应的哈达玛矩阵为

$$\boldsymbol{H}_3 = \begin{bmatrix} 1 & 1 & 1 & 1 & 1 & 1 & 1 & 1 \\ 1 & -1 & 1 & -1 & 1 & -1 & 1 & -1 \\ 1 & 1 & -1 & -1 & 1 & 1 & -1 & -1 \\ 1 & -1 & -1 & 1 & 1 & -1 & -1 & 1 \\ 1 & 1 & 1 & 1 & -1 & -1 & -1 & -1 \\ 1 & -1 & 1 & -1 & -1 & 1 & -1 & 1 \\ 1 & 1 & -1 & -1 & -1 & -1 & 1 & 1 \\ 1 & -1 & -1 & 1 & -1 & 1 & 1 & -1 \end{bmatrix}$$

设矩阵 $\boldsymbol{A}$ 是一个 $p \times q$ 矩阵，$\boldsymbol{B}$ 是一个 $r \times s$ 矩阵，$\boldsymbol{A} = [a_{i,j}]_{p \times q}$，$\boldsymbol{B} = [b_{i,j}]_{r \times s}$，矩阵 $\boldsymbol{A}$ 与 $\boldsymbol{B}$ 的克罗内克积是一个 $pr \times qs$ 的矩阵，定义为

$$\boldsymbol{A} \otimes \boldsymbol{B} = \begin{bmatrix} a_{11}\boldsymbol{B} & a_{12}\boldsymbol{B} & \cdots & a_{1q}\boldsymbol{B} \\ a_{21}\boldsymbol{B} & a_{22}\boldsymbol{B} & \cdots & a_{2q}\boldsymbol{B} \\ \vdots & \vdots & & \vdots \\ a_{p1}\boldsymbol{B} & a_{p2}\boldsymbol{B} & \cdots & a_{pq}\boldsymbol{B} \end{bmatrix} \tag{4-14}$$

利用克罗内克积，2^k 阶哈达玛矩阵递推公式可以表示为

$$\boldsymbol{H}_k = \boldsymbol{H}_1 \otimes \boldsymbol{H}_{k-1} \tag{4-15}$$

可见，哈达玛矩阵的优点在于它具有简单的递推关系，即高阶矩阵可以由两个低阶矩阵的克罗内克积求得，因此常采用哈达玛排列定义的沃尔什变换。沃尔什-哈达玛变换即用来指这种形式。

一维离散沃尔什-哈达玛变换定义为

$$WH(u) = \frac{1}{N} \sum_{n=0}^{N-1} x(n) W(u, n) \tag{4-16}$$

逆变换定义为

$$x(n) = \sum_{u=0}^{N-1} WH(u) W(u, n) \tag{4-17}$$

若用矩阵表示，正变换为

$$\begin{bmatrix} WH(0) \\ WH(1) \\ \vdots \\ WH(N-1) \end{bmatrix} = \frac{1}{N} \boldsymbol{H}_k \begin{bmatrix} x(0) \\ x(1) \\ \vdots \\ x(N-1) \end{bmatrix} \tag{4-18}$$

逆变换为

$$\begin{bmatrix} x(0) \\ x(1) \\ \vdots \\ x(N-1) \end{bmatrix} = \boldsymbol{H}_k \begin{bmatrix} WH(0) \\ WH(1) \\ \vdots \\ WH(N-1) \end{bmatrix} \tag{4-19}$$

由哈达玛矩阵的特点可知，沃尔什-哈达玛变换的实质是将离散序列 $x(n)$ 的各项值的符号按一定规律改变后，进行加减运算，因此比采用复数运算的 DFT 运算要简单。

8. 离散沃尔什-哈达玛变换快速算法

类似于 FFT，沃尔什-哈达玛变换也有快速算法（FWHT）。可将输入序列 $x(n)$ 按奇偶进行分组，分别进行沃尔什-哈达玛变换。FWHT 的基本关系为

$$\begin{cases} WH(u) = \dfrac{1}{2} \big[WH_e(u) + WH_o(u) \big] \\[2mm] WH\Big(u + \dfrac{N}{2}\Big) = \dfrac{1}{2} \big[WH_e(u) - WH_o(u) \big] \end{cases} \tag{4-20}$$

其中，$WH_e(u)$ 和 $WH_o(u)$ 分别表示输入序列 $x(n)$ 中偶序列和奇序列部分的沃尔什-哈达玛变换。

有关学者也给出了一种离散沃尔什-哈达玛变换快速算法。对任意给定长度为 2^k 的向量 $\boldsymbol{x}$，令 $\boldsymbol{x} = [x_1^T, x_2^T]^T$，其中 x_1 与 x_2 长度相同，则沃尔什-哈达玛变换为

$$\boldsymbol{H}_k \boldsymbol{x} = (\boldsymbol{H}_1 \otimes \boldsymbol{H}_{k-1}) \boldsymbol{x} = \frac{1}{\sqrt{2}} \begin{bmatrix} \boldsymbol{H}_{k-1} x_1 + \boldsymbol{H}_{k-1} x_2 \\ \boldsymbol{H}_{k-1} x_1 - \boldsymbol{H}_{k-1} x_2 \end{bmatrix} \tag{4-21}$$

沃尔什-哈达玛变换是将函数变换成取值为 $+1$ 和 -1 的基本函数构成的级数，用它来逼近数字脉冲信号时要比 FFT 有利。同时，沃尔什-哈达玛变换只需要进行实数运算，存储量比 FFT 要少，运算速度也快。因此，沃尔什-哈达玛变换在图像传输、通信技术和数据压缩中被广泛使用。

图 4-13 所示为利用沃尔什-哈达玛矩阵作为测量矩阵，信号重构采用 OMP 算法，对测试信号 $x = 0.3\cos(2\pi f_1 t) + 0.2\cos(2\pi f_2 t) + 0.1\sin(2\pi f_3 t) + 0.4\sin(2\pi f_4 t)$ 重构效果示意图。其中，信号频率 $f_1 = 50\ \text{Hz}$，$f_2 = 150\ \text{Hz}$，$f_3 = 250\ \text{Hz}$，$f_4 = 400\ \text{Hz}$，采样频率 $f_s = 800\ \text{Hz}$，信号长度 $N = 128$，测量点数 $M = 32$。则由图 4-13 可知，信号高精度重构，重构误差 $< 10^{-13}$。

图 4-14 所示为分别利用沃尔什-哈达玛矩阵和高斯随机矩阵作为测量矩阵，信号重构采用 OMP，重构误差随测量点数 M 变化关系，M 变化范围为 8~32。由图 4-14 可见，两种测量矩阵重构信号效果相当，说明沃尔什-哈达玛矩阵可以充当压缩感知的测量矩阵，

实现对随机测量矩阵的一种有效替代。

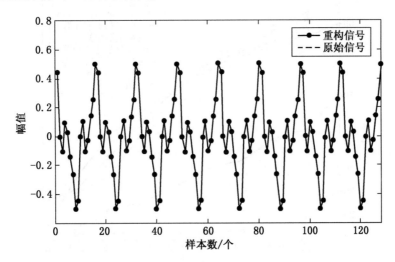

图 4-13　沃尔什-哈达玛矩阵作为测量矩阵信号重构误差

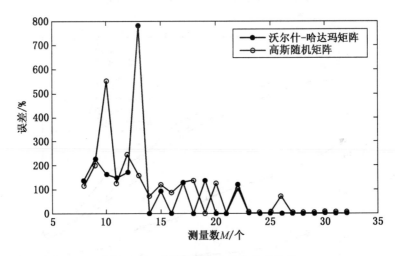

图 4-14　两种测量矩阵重构误差比较

4.1.4　常用测量矩阵之间性能比较

目前，虽然有学者提出了一些测量矩阵，但并没有专门对这些随机测量矩阵进行综合分析和研究，在实验仿真或压缩感知应用中，测量矩阵的选择没有标准和可比性。为了在以后的压缩感知应用中合理地选择测量矩阵，在对各种测量矩阵进行分析和研究的基础上，对这些测量矩阵之间的性质进行比较。

为了给出常用测量矩阵重构性能优劣顺序，以下我们选取长度 $N=1024$，稀疏度 $K=32$、64、80 的轴承振动信号，采用 OMP 算法对以上测量矩阵进行实验比较。为了减少随机矩阵的不确定性给实验结果带来的影响，我们采用对每一个 M 值运行 100 次，求出平均值的方法来消除不确定性。其重构结果如图 4-15 至图 4-17 所示。

由以上重构图可以得出，在相同稀疏度下，高斯随机测量矩阵、随机伯努利矩阵和稀

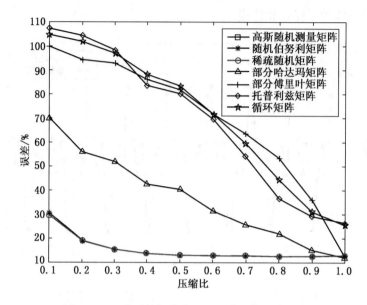

图 4-15　7 种测量矩阵在 $K=32$ 时重构误差比较

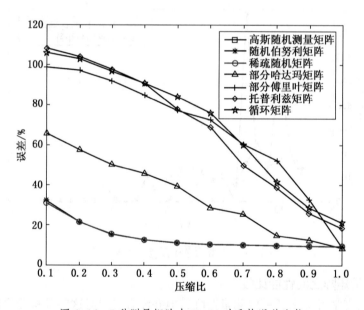

图 4-16　7 种测量矩阵在 $K=64$ 时重构误差比较

疏随机矩阵的重构误差相差无几；部分哈达玛矩阵、部分傅里叶矩阵、托普利兹矩阵和循环矩阵都是随着压缩比的增大误差在减小。由此可见，在高压缩比下，部分哈达玛矩阵、部分傅里叶矩阵、托普利兹矩阵和循环矩阵重构效果都不好；在不同的稀疏度 K 下，高斯随机测量矩阵、随机伯努利矩阵和稀疏随机矩阵的重构误差变化不是很大。

4.1.5　测量矩阵的优化

压缩感知理论的关键就是测量矩阵的设计。一个好的测量矩阵不仅可以使稀疏信号有效地投影到一个低维的空间上，而且在压缩的过程中不会丢失携带的有用信息，在重构的

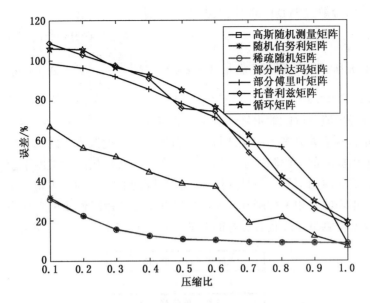

图 4-17 7 种测量矩阵在 $K=80$ 时重构误差比较

过程中使用重构算法能够确保信号被恢复出来。我们知道，设计的测量矩阵必须要满足几个性质：一是测量矩阵的列向量必须满足一定的独立性；二是测量矩阵的列向量要具有跟噪声类似的独立随机性；三是满足稀疏度的解是满足范数最小的向量。这给矩阵的优化提供了思路，以下是 4 种对测量矩阵进行优化的方法。

1. 基于近似 QR 分解的测量矩阵优化方法

测量矩阵 $\boldsymbol{\Phi}$ 的最小奇异值必须要大于某一正常数 $\eta > 0$，矩阵的奇异值与其线性相关性密切相关。最小奇异值越大，矩阵的非相关性越弱；最大奇异值越小，矩阵的非相关性越强。所以在不改变矩阵的性质的条件下，要尽可能地缩小奇异值的值区间。有的学者采用的优化方法是采用近似 QR 分解（图 4-18）。优化步骤如下：

（1）首先将测量矩阵 $\boldsymbol{\Phi}$ 进行标准的 QR 分解。$\boldsymbol{Q}$ 是 $N \times N$ 的方阵，$\boldsymbol{R}$ 是 $N \times M$ 的上三角矩阵。

（2）由于 $\boldsymbol{R}$ 的对角线元素远大于非对角线上的元素，所以将 $\boldsymbol{R}$ 的非对角线上的元素置零，只保留对角线上的元素，生成新的上三角阵 $\boldsymbol{R}'$。

（3）用 $\boldsymbol{R}'$ 替换 $\boldsymbol{R}$，得到新的测量矩阵 $\boldsymbol{\Phi}'$。

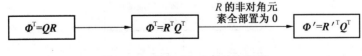

图 4-18 近似 QR 分解的流程图

新的测量矩阵仍满足测量矩阵应有的 3 个性质。$\boldsymbol{\Phi}'$ 的最小奇异值大于 $\boldsymbol{\Phi}$ 的最小奇异值，且最大奇异值小于 $\boldsymbol{\Phi}$ 的最大奇异值。

近似 QR 分解缩小了测量矩阵奇异值的取值区间，使新的测量矩阵具有更好的理论最优性。

2. 基于奇异值分解（SVD）的测量矩阵优化方法

奇异值分解的公式如下：若 $A \in C_r^{m \times n}$，$\delta_1 \geqslant \delta_2 \geqslant \delta_r$ 是 A 的 r 个正奇异值，则存在 m 阶正交矩阵 U 和 n 阶正交矩阵 V，满足 $A = UDV^T = U \begin{bmatrix} \Delta & 0 \\ 0 & 0 \end{bmatrix} V^T$，$\Delta = \mathrm{diag}(\delta_1, \delta_2, \cdots, \delta_r)$。奇异值具有很多特性，如稳定性比例不变性、旋转不变性和降维压缩的特性，所以对测量矩阵进行奇异值分解能够很好地对比它的特性。

稀疏信号的非零系数大多集中在低频段，而零系数与近似为零的系数大多集中在高频段，所以可以采用提高前半段测量系数的方法，在采样次数相同的情况下获得更多有用的信息，从而准确重构原始信号。但是这样会降低矩阵的非相干性。由奇异值分解可知，最大奇异值越小，矩阵的非相关性越好。所以可以在不改变矩阵性质的条件下进行奇异值的修正，这样可以使得测量矩阵具有更好的 RIP 性质。具体实现流程图如图 4-19 所示。

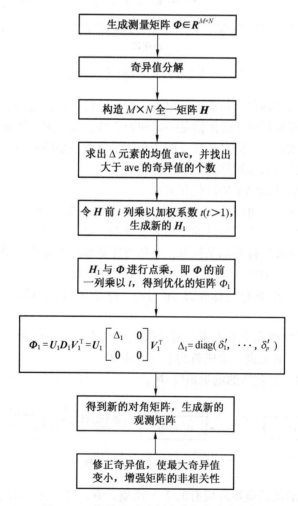

图 4-19 基于 SVD 分解的优化方法流程图

3. 基于特征值分解的测量矩阵优化方法

研究表明，通过减小测量矩阵与稀疏变换基的互相关系数可以提高其重构性能。互相关系数影响重构效果和测量值的数目，互相关系数越小，重构信号需要的测量值数目越少，信号适应的稀疏度范围越大。有学者提出了一种基于矩阵特征值分解的测量矩阵优化方法，即通过测量矩阵和稀疏变换矩阵构造得到 Gram 矩阵，并定义了一种基于 Gram 矩阵非对角线元素的整体互相关系数。在研究 Gram 矩阵的特征值与互相关系数关系的基础上，用平均化 Gram 矩阵大于零的特征值的方法来逐步优化测量矩阵。其中的思想如下：

设稀疏变换矩阵为 $\boldsymbol{\Psi} \in \boldsymbol{R}^{n \times n}$，测量矩阵为 $\boldsymbol{\Phi} \in \boldsymbol{R}_m^{m \times n}$，要使二者的非相关性大，则应使得矩阵 $\boldsymbol{D} = \boldsymbol{\Phi}\boldsymbol{\Psi}$ 有小的列相关系数。$\widetilde{\boldsymbol{D}}$ 为 $\boldsymbol{D}$ 列单位化后的矩阵，令 $\boldsymbol{G} = \widetilde{\boldsymbol{D}}^{\mathrm{T}}\widetilde{\boldsymbol{D}}$，称 $\boldsymbol{G}$ 为 Gram 矩阵（内积的对称矩阵）。一般情况下互相关系数可定义为矩阵 $\widetilde{\boldsymbol{D}}$ 中任意两列的内积的最大值，即

$$\mu(\boldsymbol{D}) = \max_{i \neq j}\left\{\frac{|d_i^{\mathrm{T}} d_j|}{\|d_i\| \|d_j\|}\right\} = \max_{i \neq j}\left\{|\widetilde{d}_i^{\mathrm{T}}\widetilde{d}_j|\right\} = \max_{i \neq j}|g_{ij}| \qquad (4-22)$$

但这种定义只能反映局部的相关性，对测量矩阵的性能判断不是太准确。基于整体的互相关系数 $\mu_{\mathrm{all}} = \sum_{i \neq j}(g_{ij})^2$，它能刻画全局的相关性。这个系数与 Gram 矩阵的特征值有着密切的联系。所以通过特征值分解调整 Gram 矩阵的特征值大小来减小整体互相关系数，从而达到优化测量矩阵的效果。具体实现步骤如图 4-20 所示。

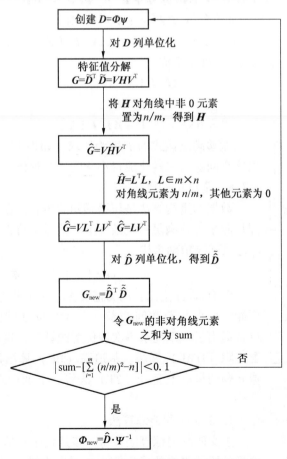

图 4-20　基于特征值分解的优化方法流程图

4. 基于相关性梯度迭代的测量矩阵优化方法

与上一种方法类似，还有一种基于相关性梯度迭代的测量矩阵优化方法，即利用恢复图像的均方误差 E 最小化来求得最优解。首先定义 Gram 矩阵：

$$G = \widetilde{D}^{\mathrm{T}}\widetilde{D} \tag{4-23}$$

其中，$\widetilde{D}$ 为 D 列单位化后的矩阵，测量矩阵 $\boldsymbol{\Phi}$ 和系数矩阵 $\boldsymbol{\Psi}$ 之间的互相关系数为

$$\mu(\boldsymbol{D}) = \max_{i \neq j}\left\{ \frac{|d_i^{\mathrm{T}} d_j|}{\| d_i \| \| d_j \|} \right\} = \max_{i \neq j}\left\{ |\widetilde{d}_i^{\mathrm{T}} \widetilde{d}_j| \right\} = \max_{i \neq j}|g_{ij}| \tag{4-24}$$

令 $\mu_{\max}$ 表示 $\widetilde{D}$ 中任意两列的内积最大值，即 $\mu_{\max} = \mu(\boldsymbol{D}) = \max\limits_{i \neq j}|g_{ij}|$。且定义

$$\mu_{\mathrm{ave}} = \frac{\sum\limits_{i \neq j}|g_{ij}|}{m(m-1)} \tag{4-25}$$

式（4-25）为 Gram 矩阵中非对角元素的相关系数均值。假设 $\boldsymbol{D}$ 的列向量之间完全不相关，则 $\mu_{\max} = \mu_{\mathrm{ave}} = 0$，即 Gram 矩阵的非对角元素均为 0。这种情况实际中不可能实现，所以定义一个近似的公式

$$G = \widetilde{D}^{\mathrm{T}}\widetilde{D} = \boldsymbol{\Psi}^{\mathrm{T}}\boldsymbol{\Phi}^{\mathrm{T}}\boldsymbol{\Phi}\boldsymbol{\Psi} \approx I \tag{4-26}$$

将式（4-26）进行变换，得

$$\boldsymbol{\Psi}\widetilde{D}^{\mathrm{T}}\widetilde{D}\boldsymbol{\Psi}^{\mathrm{T}} = \boldsymbol{\Psi}\boldsymbol{\Psi}^{\mathrm{T}}\boldsymbol{\Phi}^{\mathrm{T}}\boldsymbol{\Phi}\boldsymbol{\Psi}\boldsymbol{\Psi}^{\mathrm{T}} \approx \boldsymbol{\Psi}I\boldsymbol{\Psi}^{\mathrm{T}} = \boldsymbol{\Psi}\boldsymbol{\Psi}^{\mathrm{T}} \tag{4-27}$$

将对称矩阵 $\boldsymbol{\Psi}\boldsymbol{\Psi}^{\mathrm{T}}$ 进行特征值分解 $\boldsymbol{\Psi}\boldsymbol{\Psi}^{\mathrm{T}} = V\boldsymbol{\Lambda} V^{\mathrm{T}}$，则

$$V\boldsymbol{\Lambda} V^{\mathrm{T}}\boldsymbol{\Phi}^{\mathrm{T}}\boldsymbol{\Phi}V\boldsymbol{\Lambda}V^{\mathrm{T}} \approx V\boldsymbol{\Lambda} V^{\mathrm{T}} \Rightarrow \boldsymbol{\Lambda}V^{\mathrm{T}}\boldsymbol{\Phi}^{\mathrm{T}}\boldsymbol{\Phi}V\boldsymbol{\Lambda} \approx \boldsymbol{\Lambda} \tag{4-28}$$

定义 $\boldsymbol{\Gamma} = \boldsymbol{\Phi}V$，则式（4-28）可变换成

$$\boldsymbol{\Lambda}\boldsymbol{\Gamma}^{\mathrm{T}}\boldsymbol{\Gamma}\boldsymbol{\Lambda} \approx \boldsymbol{\Lambda} \tag{4-29}$$

定义均方误差为

$$E = MSE = \| \boldsymbol{\Lambda} - \boldsymbol{\Lambda}\boldsymbol{\Gamma}^{\mathrm{T}}\boldsymbol{\Gamma}\boldsymbol{\Lambda} \|_F^2 \tag{4-30}$$

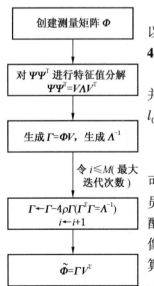

能够满足该式的 $\boldsymbol{\Gamma}$ 即为所求，如果 $\boldsymbol{\Gamma}^{\mathrm{T}}\boldsymbol{\Gamma} = \boldsymbol{\Lambda}^{-1}$，则 $E = 0$。所以这个问题可以转化成最小化问题。整体步骤如图 4-21 所示。

图 4-21　基于梯度迭代的优化方法

4.1.6　常见重构算法

数据的重构算法是压缩感知的核心。在测量信号是 K 稀疏的并且测量矩阵满足一定条件下，信号 x 可以由测量值 y 通过求解 l_0 范数问题精确重构：

$$\hat{x} = \arg \min \| x \|_0 \quad \mathrm{s.t.} \ \boldsymbol{\Phi}x = y \tag{4-31}$$

但 Donoho 指出，因为需要穷举 x 中非零值的所有 C_N^K 种排列可能，最小 l_0 范数问题是一个 NP-hard 问题。因此，有研究人员就提出了一系列求得次最优解的算法，这其中主要包括正交匹配追踪（OMP）算法、基追踪（BP）算法以及专门处理二维图像问题的最小全变分（TV）法等。下面简要介绍几种常见重构算法。

1. 正交匹配追踪算法

正交匹配追踪算法在每一步迭代中将信号投影到由所有与被选择的原子张成的子空间上，对所有被选原子的稀疏进行更新，

以使产生的残差与被选原子都正交。算法步骤如下。

输入：传感矩阵 $\boldsymbol{\Theta}$，采样向量 y，稀疏度 K。

输出：s 的 K 稀疏逼近 $\hat{s}$。

初始化：残差 $R_0 f = y$，索引集 $\Lambda_0 = [\ ]$，传感矩阵 $\boldsymbol{\Theta}_0 = [\ ]$，$k = 1$。

步骤1：找出残差 $R_{k-1}f$ 和传感矩阵每一列内积中最大值所对应脚标 n_k，即

$$n_k = \arg \max_j |\langle R_{k-1}f, \theta_j \rangle| \quad \theta_j \in \boldsymbol{\Theta}/\boldsymbol{\Theta}_k$$

步骤2：更新索引集 $\Lambda_k = \Lambda_{k-1} \cup \{n_k\}$，传感矩阵 $\boldsymbol{\Theta}_k = [\boldsymbol{\Theta}_{k-1}, \theta_{n_k}]$。

步骤3：由最小二乘法，得到 $\hat{s}_k = (\boldsymbol{\Theta}_k^H \boldsymbol{\Theta}_k)^{-1} \boldsymbol{\Theta}_k^H y$。

步骤4：计算残差 $R_k f = y - \boldsymbol{\Theta}_k \hat{s}_k$。

步骤5：$k = k+1$，重复步骤1~4，直至找到变换域所有 K 个最重要的分量。

2. 基追踪算法

匹配追踪算法由于每一步都执行局部最优化，其结果可能是错误的。基追踪算法在全局准则下做极小化，可避免贪婪追踪可能产生的错误。其通过最小化 l_1 范数将信号稀疏问题定义为一类有约束的极值问题，进而转化为线性规划问题进行求解。基追踪算法的主要缺点是：算法计算复杂度很高，只对高斯白噪声的重构去噪效果明显，对于含脉冲噪声信号的恢复效果较差，不能满足信号处理的要求。

3. 最小全变分法

研究人员提出了一系列求次最优解算法，全变分法就是其中的一种。考虑信号在通常情况是缓变信号，只是在突出时有偶尔的快速变化，也就意味着通常情况满足 $x_i \approx x_{i+1}$。为此，定义总变差为

$$\| \boldsymbol{D}x \|_1 = \sum_{i=1}^{N-1} |\boldsymbol{D}_i x| = \sum_{i=1}^{N-1} |x_{i+1} - x_i| \tag{4-32}$$

其中，$x \in \boldsymbol{R}^N$，$\boldsymbol{D} \in \boldsymbol{R}^{(N-1) \times N}$ 为双对角矩阵，$\boldsymbol{D}_i$ 为双对角矩阵 $\boldsymbol{D}$ 第 i 行元素。

$$\boldsymbol{D} = \begin{bmatrix} -1 & 1 & 0 & \cdots & 0 & 0 & 0 \\ 0 & -1 & 1 & \cdots & 0 & 0 & 0 \\ \vdots & \vdots & \vdots & & \vdots & \vdots & \vdots \\ 0 & 0 & 0 & \cdots & -1 & 1 & 0 \\ 0 & 0 & 0 & \cdots & 0 & -1 & 1 \end{bmatrix}$$

总变差函数对于快速变化的 x 给予大的值。这样，重构问题便转化为

$$\min_x \| \boldsymbol{D}x \|_1, \text{ s.t. } \boldsymbol{\Phi}x = y \tag{4-33}$$

为了求解这个最小值，可以引入增广拉格朗日函数：

$$L(x, \lambda, \mu) = \| \boldsymbol{D}x \|_1 - \lambda^T(\boldsymbol{\Phi}x - y) + \frac{\mu}{2}(\boldsymbol{\Phi}x - y)^T(\boldsymbol{\Phi}x - y) \tag{4-34}$$

可采用迭代算法求解满足式（4-34）的 x，迭代时，待定参数 λ 和 μ 可按式（4-35）和式（4-36）选取，式中参数上标 k 表示第 k 次迭代值。

$$\lambda^{k+1} = \lambda^k - \mu^k(\boldsymbol{\Phi}x^{k+1} - y) \tag{4-35}$$

$$\mu^{k+1} \geqslant \mu^k \tag{4-36}$$

增广拉格朗日函数与标准拉格朗日函数的区别是增加了一个描述噪声性能的二次惩罚

函数。

有学者提出了一种 TVAL3 算法，它考虑了重构问题的一种变体形式

$$\min_{x,\ w} \| w \|_1, \ \text{s. t.} \ \boldsymbol{\Phi} x = y, \ \boldsymbol{D} x = w \tag{4-37}$$

相应的增广拉格朗日函数为

$$L(w_i, x) = \sum_i \Big[\| w_i \|_1 - v_i^{\mathrm{T}}(\boldsymbol{D}_i x - w_i) + \frac{\beta_i}{2} \| \boldsymbol{D}_i x - w_i \|_2^2 \Big] - \lambda^{\mathrm{T}}(\boldsymbol{\Phi} x - y) + \frac{\mu}{2} \| \boldsymbol{\Phi} x - y \|_2^2 \tag{4-38}$$

参数 v_i 的求解方法类似，即

$$v_i^{k+1} = v_i^k - \beta_i^k (D_i x^{k+1} - w_i^{k+1}) \tag{4-39}$$

为了求解满足式（4-38）最小的变量 w_i 和 x 的取值，可以在迭代求解中采用变量交替最小化方法。

假设 $w_{i,\ k}$ 和 x_k 分别表示在第 k 次迭代运算中满足式（4-38）的近似最优解，并且对所有的 $j=0,\ 1,\ \cdots,\ k,\ w_{i,\ j}$ 和 x_j 都已知，这样 $w_{i,\ k+1}$ 可以由下式求得

$$\min_{w_i} L(w_i, x_k) = \sum_i \Big[\| w_i \|_1 - v_i^{\mathrm{T}}(\boldsymbol{D}_i x_k - w_i) + \frac{\beta_i}{2} \| \boldsymbol{D}_i x_k - w_i \|_2^2 \Big] -$$
$$\lambda^{\mathrm{T}}(\boldsymbol{\Phi} x_k - y) + \frac{\mu}{2} \| \boldsymbol{\Phi} x_k - y \|_2^2 \tag{4-40}$$

在保留 x_k 不变情况下，式（4-35）的求解可以简化为求式（4-36）的解

$$\min_{w_i} \sum_i \Big[\| w_i \|_1 - v_i^{\mathrm{T}}(\boldsymbol{D}_i x_k - w_i) + \frac{\beta_i}{2} \| \boldsymbol{D}_i x_k - w_i \|_2^2 \Big] \tag{4-41}$$

为求解式（4-41），先引入两个引理。

引理 1　设 $x \in \boldsymbol{R}^P$，则函数 $f(x) = \| x \|_1$ 的偏导数为

$$\big[\partial f(x) \big]_i = \begin{cases} \mathrm{sgn}(x_i) & x_i \neq 0 \\ \{a \| a | < 1, \ a \in \boldsymbol{R}\} & \text{其他} \end{cases}$$

引理 2　设 $\beta > 0, v、y \in \boldsymbol{R}^Q$，满足 $\min\limits_x \Big[\| x \|_1 - v^{\mathrm{T}}(y - x) + \frac{\beta}{2} \| y - x \|_2^2 \Big]$ 的解为

$$x^* = \max\Big\{ \Big| y - \frac{v}{\beta} \Big| - \frac{1}{\beta}, \ 0 \Big\} \mathrm{sgn}\Big(y - \frac{v}{\beta} \Big) \tag{4-42}$$

根据引理 2，式（4-41）的最优解为

$$w_{i,\ k+1} = \max\Big\{ \Big| \boldsymbol{D}_i x_k - \frac{v_i}{\beta_i} \Big| - \frac{1}{\beta_i}, \ 0 \Big\} \mathrm{sgn}\Big(\boldsymbol{D}_i x_k - \frac{v_i}{\beta_i} \Big) \tag{4-43}$$

在求出 $w_{i,\ k+1}$ 后，x_{k+1} 可通过求解以下函数得到：

$$\min_x L(w_{i,\ k+1}, x) = \sum_i \Big[\| w_{i,\ k+1} \|_1 - v_i^{\mathrm{T}}(\boldsymbol{D}_i x - w_{i,\ k+1}) + \frac{\beta_i}{2} \| \boldsymbol{D}_i x - w_{i,\ k+1} \|_2^2 \Big] -$$
$$\lambda^{\mathrm{T}}(\boldsymbol{\Phi} x - y) + \frac{\mu}{2} \| \boldsymbol{\Phi} x - y \|_2^2 \tag{4-44}$$

在保留 $w_{i,\ k+1}$ 不变情况下，式（4-44）的求解可以简化为求式（4-45）的解

$$\min_x \Gamma_k(x) = \sum_i \Big(-v_i^{\mathrm{T}}\boldsymbol{D}_i x + \frac{\beta_i}{2} \| \boldsymbol{D}_i x - w_{i,\ k+1} \|_2^2 \Big) - \lambda^{\mathrm{T}}\boldsymbol{\Phi} x + \frac{\mu}{2} \| \boldsymbol{\Phi} x - y \|_2^2 \tag{4-45}$$

式（4-45）的梯度为

$$d_k(x) = \sum_i \left[\beta_i \boldsymbol{D}_i^{\mathrm{T}}(\boldsymbol{D}_i x - w_{i,\,k+1}) - \boldsymbol{D}_i^{\mathrm{T}} v_i \right] + \mu \boldsymbol{\Phi}^{\mathrm{T}}(\boldsymbol{\Phi} x - y) - \boldsymbol{\Phi}^{\mathrm{T}}\lambda \quad (4\text{-}46)$$

令 $d_k(x) = 0$，即得到满足 $\min\limits_x \Gamma_k(x)$ 的值 x_{k+1}^*

$$x_{k+1}^* = \left(\sum_i \beta_i \boldsymbol{D}_i^{\mathrm{T}} \boldsymbol{D}_i + \mu \boldsymbol{\Phi}^{\mathrm{T}} \boldsymbol{\Phi} \right) \left[\sum_i (\boldsymbol{D}_i^{\mathrm{T}} v_i + \beta_i \boldsymbol{D}_i^{\mathrm{T}} w_{i,\,k+1}) + \boldsymbol{\Phi}^{\mathrm{T}}\lambda + \mu \boldsymbol{\Phi}^{\mathrm{T}} y \right] \quad (4\text{-}47)$$

其中，$\left(\sum_i \beta_i \boldsymbol{D}_i^{\mathrm{T}} \boldsymbol{D}_i + \mu \boldsymbol{\Phi}^{\mathrm{T}} \boldsymbol{\Phi} \right)^+$ 为矩阵 $\sum_i \beta_i \boldsymbol{D}_i^{\mathrm{T}} \boldsymbol{D}_i + \mu \boldsymbol{\Phi}^{\mathrm{T}} \boldsymbol{\Phi}$ 的 Moore-Penrose 伪逆。

由于直接计算式（4-47）涉及矩阵伪逆计算，运算量巨大，实际求解时可以引入一步最陡下降思想进行近似，令

$$x_{k+1} = x_k - \alpha_k d_k \quad (4\text{-}48)$$

其中，d_k 为 x_k 处的梯度，记为 $d_k(x_k)$，其值由式（4-46）求解。α_k 由式（4-49）或式（4-50）估算

$$\alpha_k = \frac{s_k^{\mathrm{T}} s_k}{s_k^{\mathrm{T}} z_k} \quad (4\text{-}49)$$

$$\alpha_k = \frac{s_k^{\mathrm{T}} z_k}{z_k^{\mathrm{T}} z_k} \quad (4\text{-}50)$$

其中，$s_k = x_k - x_{k-1}$，$z_k = d_k(x_k) - d_k(x_{k-1})$。

至此，得到了利用 TVAL3 算法实现数据重构的步骤，具体步骤如下。

步骤 1：参数初始化，允许误差 tol、v_i^0、β_i^0、λ^0、μ^0、w_i^0、x^0，令 $\|x^{k+1} - x^k\| > tol$。

步骤 2：赋值 $w_{i,\,0}^{k+1} = w^k$，$x_{i,\,0}^{k+1} = x^k$，计算满足增广拉格朗日函数最小的 w_i^{k+1} 和 x^{k+1}。

步骤 3：更新 v_i^{k+1} 和 λ^{k+1}。

步骤 4：选择新的惩罚参数，$\beta_i^{k+1} \geqslant \beta_i^k$ 和 $\mu^{k+1} = \mu^k$。

数据重构采用 TVAL3 算法，总变差选择范数定义的总变差，初始参数设置如下：

第一惩罚因子　　$\mu^0 = 2^8$

第二惩罚因子　　$\beta^0 = 2^5$

算法停止误差　　$tol = 10^{-6}$

最大迭代次数　　300

图 4-22 与图 4-23 所示为同一稀疏信号采用不同重构算法时重构误差与压缩比，以及 CPU 运行时间与压缩比之间的关系。其中，测试环境见表 4-2。

表 4-2　测　试　环　境

处　理　器	内存	硬盘	操作系统	仿真工具
Intel（R）Core（TM）2 Duo CPU，E7500，2.93 GHz	21.02 G	14.27 G	7.87	Matlab R2010

由图 4-22 和图 4-23 可见，在 5 种算法之中，TVAL3 算法都具有较优的性能，尤其是在 CPU 运行时间测试中，TVAL3 算法性能平稳，说明算法具有良好特性。

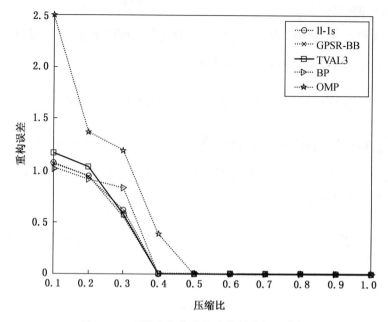

图4-22　不同重构算法的重构误差与压缩比

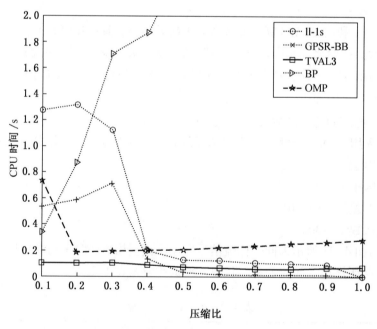

图4-23　不同重构算法的CPU运行时间与压缩比

最小全变分法假定图像梯度∇f是稀疏的，因此可以通过强制它的l_1范数也就是图像全变分$\iint |\nabla f(x)| \, \mathrm{d}x$达到极小而实现。对于离散的图像，梯度向量可利用水平和垂直的有限差分来计算。记$\tau_1 = (1, 0)$，$\tau_2 = (0, 1)$，则

$$D_k f(p) = f(p) - f(p - \tau_k) \quad k = 1, 2 \tag{4-51}$$

离散的全变分范数为复值的 l_1 范数：

$$\| f \|_v = \sum_p \sqrt{\left| D_1 f(p) \right|^2 + \left| D_2 f(p) \right|^2} = \| \boldsymbol{\Phi} f \|_1 \tag{4-52}$$

其中，$\boldsymbol{\Phi}$ 为一个复值的分解算子，$\boldsymbol{\Phi} f = D_1 f + j D_2 f$。

4. 正则化正交匹配追踪

正则化正交匹配追踪（ROMP）是 OMP 算法的一种改进方法。它与 OMP 的最大不同之处就在于从传感矩阵 $\boldsymbol{\Theta}$ 中选择列向量的标准，OMP 每次只选择与残差内积绝对值最大的那一列，而 ROMP 则是先选出内积绝对值最大的 K 列（若所有内积中不够 K 个非零值，则将内积值非零的列全部选出），然后再从这 K 列中按正则化标准再选择一遍，即为本次迭代选出的列向量（一般并非只有一列）。正则化标准就是选择各列向量与残差内积绝对值的最大值不能比最小值大两倍以上且能量最大的一组，满足此条件的子集并非只有一组。算法步骤如下。

输入：传感矩阵 $\boldsymbol{\Theta}$，采样向量 y，稀疏度 K。

输出：s 的 K 稀疏逼近 $\hat{s}$。

初始化：残差 $R_0 f = y$，索引集 $\boldsymbol{\Lambda}_0 = [\ ]$，传感矩阵 $\boldsymbol{\Theta}_0 = [\ ]$，$k = 1$。

步骤 1：找出残差 $R_{k-1} f$ 和传感矩阵每一列内积绝对值最大的 K 个值（若所有内积中不够 K 个非零值，则将内积值非零的列全部选出），将这些值对应 $\boldsymbol{\Theta}$ 的列序号 n_k 构成集合 J，即

$$n_k = \arg\max_j \left| < R_{k-1} f, \theta_j > \right| \quad \theta_j \in \boldsymbol{\Theta} \setminus \boldsymbol{\Theta}_k$$

步骤 2：在集合 J 中寻找使各列向量与残差内积绝对值的最大值不大于最小值两倍以上的子集 J_0，选择所有满足要求的子集 J_0。

步骤 3：更新索引集 $\boldsymbol{\Lambda}_k = \boldsymbol{\Lambda}_{k-1} \cup J_0$，传感矩阵 $\boldsymbol{\Theta}_k = [\boldsymbol{\Theta}_{k-1}, \theta_{n_k}]$。

步骤 4：由最小二乘法，得到 $\hat{s}_k = (\boldsymbol{\Theta}_k^{\mathrm{H}} \boldsymbol{\Theta}_k)^{-1} \boldsymbol{\Theta}_k^{\mathrm{H}} y$。

步骤 5：计算残差 $R_k f = y - \boldsymbol{\Theta}_k \hat{s}_k$。

步骤 6：$k = k+1$，重复步骤 1~4，直至找出变换域所有 K 个最重要的分量。

5. 压缩采样匹配追踪

压缩采样匹配追踪（CoSaMP）是 D. Needell 继 ROMP 之后提出的又一个具有较大影响力的重构算法。CoSaMP 也是对 OMP 的一种改进，每次迭代选择多个原子，除了原子的选择标准，它有一点不同于 ROMP：ROMP 每次迭代中已经选择的原子会一直保留，而 CoSaMP 每次迭代选择的原子在下次迭代中可能会被抛弃。算法步骤如下。

输入：传感矩阵 $\boldsymbol{\Theta}$，采样向量 y，稀疏度 K。

输出：s 的 K 稀疏逼近 $\hat{s}$。

初始化：残差 $R_0 f = y$，索引集 $\boldsymbol{\Lambda}_0 = [\ ]$，传感矩阵 $\boldsymbol{\Theta}_0 = [\ ]$，$k = 1$。

步骤 1：找出残差 $R_{k-1} f$ 和传感矩阵每一列内积绝对值最大的 $2K$ 个值，将这些值对应 $\boldsymbol{\Theta}$ 的列序号 n_k 构成集合 J_0，即

$$n_k = \arg\max_j \left| < R_{k-1} f, \theta_j > \right| \quad \theta_j \in \boldsymbol{\Theta} \setminus \boldsymbol{\Theta}_k$$

步骤 2：更新索引集 $\boldsymbol{\Lambda}_k = \boldsymbol{\Lambda}_{k-1} \cup J_0$，传感矩阵 $\boldsymbol{\Theta}_k = [\boldsymbol{\Theta}_{k-1}, \theta_{n_k}]$。

步骤 3：由最小二乘法，得到 $\hat{s}_k = (\boldsymbol{\Theta}_k^{\mathrm{H}} \boldsymbol{\Theta}_k)^{-1} \boldsymbol{\Theta}_k^{\mathrm{H}} y$。

步骤 4：从 $\hat{s}_k$ 中选出绝对值最大的 K 项记为 $\hat{s}_{tk}$，对应的 $\boldsymbol{\Theta}_k$ 中 K 列记为 $\boldsymbol{\Theta}_{tk}$，对应的 $\boldsymbol{\Theta}$ 的列序号记为 $\boldsymbol{\Lambda}_{tk}$，更新索引集 $\boldsymbol{\Lambda}_k = \boldsymbol{\Lambda}_{tk}$。

步骤 5：计算残差 $R_{k-1}f = y - \boldsymbol{\Theta}_{tk}\hat{s}_{tk}$。

步骤 6：$k = k+1$，重复步骤 1~4，直至找出变换域所有 K 个最重要的分量。

6. 分段正交匹配追踪

分段正交匹配追踪（StOMP）是 OMP 的另一种改进算法，每次迭代可以选择多个原子。此算法的输入参数中没有信号稀疏度 K，因此相比于 ROMP 及 CoSaMP 有独到的优势。算法步骤如下。

输入：传感矩阵 $\boldsymbol{\Theta}$，采样向量 y，迭代次数 S，门限参数 t_s。

输出：s 的 K 稀疏逼近 $\hat{s}$。

初始化：残差 $R_0 f = y$，索引集 $\boldsymbol{\Lambda}_0 = [\ ]$，传感矩阵 $\boldsymbol{\Theta}_0 = [\ ]$，$k = 1$。

步骤 1：找出残差 $R_{k-1}f$ 和传感矩阵每一列内积绝对值中大于门限 t_s 的值，将这些值对应 $\boldsymbol{\Theta}$ 的列序号 n_k 构成集合 $\boldsymbol{J}_0$，即

$$n_k = \underset{j}{\mathrm{argmax}} \left| \langle R_{k-1}f, \ \theta_j \rangle \right| \quad \theta_j \in \boldsymbol{\Theta} \setminus \boldsymbol{\Theta}_k$$

步骤 2：更新索引集 $\boldsymbol{\Lambda}_k = \boldsymbol{\Lambda}_{k-1} \cup \boldsymbol{J}_0$，传感矩阵 $\boldsymbol{\Theta}_k = [\boldsymbol{\Theta}_{k-1}, \ \theta_{n_k}]$，若 $\boldsymbol{\Lambda}_k = \boldsymbol{\Lambda}_{k-1}$ 即无新列被选中，则停止迭代。

步骤 3：由最小二乘法，得到 $\hat{s}_k = (\boldsymbol{\Theta}_k^{\mathrm{H}} \boldsymbol{\Theta}_k)^{-1} \boldsymbol{\Theta}_k^{\mathrm{H}} y$。

步骤 4：计算残差 $R_k f = y - \boldsymbol{\Theta}_k \hat{s}_k$。

步骤 5：$k = k+1$，重复步骤 1~4，直至找出变换域所有 K 个最重要的分量。

7. 广义正交匹配追踪

广义正交匹配追踪（GOMP）算法可以看作 OMP 算法的一种推广。OMP 每次只选择与残差相关最大的一个，而 GOMP 则是简单地选择最大的 S 个。之所以这里表述为"简单地选择"是相比于 ROMP 之类算法的，不进行任何其他处理，只是选择最大的 S 个而已。算法步骤如下。

输入：传感矩阵 $\boldsymbol{\Theta}$，采样向量 y，稀疏度 K，每次选择的原子个数 S。

输出：s 的 K 稀疏逼近 $\hat{s}$。

初始化：残差 $R_0 f = y$，索引集 $\boldsymbol{\Lambda}_0 = [\ ]$，传感矩阵 $\boldsymbol{\Theta}_0 = [\ ]$，$k = 1$。

步骤 1：找出残差 $R_{k-1}f$ 和传感矩阵每一列内积中最大的 S 个值，将这些值对应 $\boldsymbol{\Theta}$ 的列序号 n_k 构成集合 $\boldsymbol{J}_0$，即

$$n_k = \underset{j}{\mathrm{argmax}} \left| \langle R_{k-1}f, \ \theta_j \rangle \right| \quad \theta_j \in \boldsymbol{\Theta} \setminus \boldsymbol{\Theta}_k$$

步骤 2：更新索引集 $\boldsymbol{\Lambda}_k = \boldsymbol{\Lambda}_{k-1} \cup \boldsymbol{J}_0$，传感矩阵 $\boldsymbol{\Theta}_k = [\boldsymbol{\Theta}_{k-1}, \ \theta_{n_k}]$。

步骤 3：由最小二乘法，得到 $\hat{s}_k = (\boldsymbol{\Theta}_k^{\mathrm{H}} \boldsymbol{\Theta}_k)^{-1} \boldsymbol{\Theta}_k^{\mathrm{H}} y$。

步骤 4：计算残差 $R_k f = y - \boldsymbol{\Theta}_k \hat{s}_k$。

步骤 5：$k = k+1$，重复步骤 1~4，直至找出变换域所有 K 个最重要的分量。

图 4-24 至图 4-26 分别所示为稀疏度为 $K = 20$、$K = 32$、$K = 50$ 情况下，5 种重构算法中测量数 M 与重构成功率的关系图。

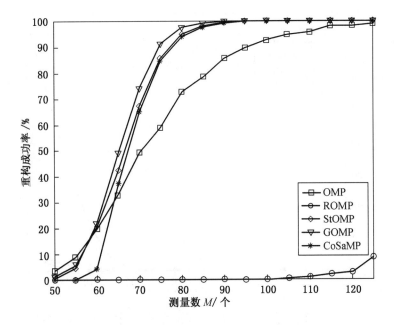

图 4-24 不同重构算法在 $K=20$ 时测量数与重构成功率关系图

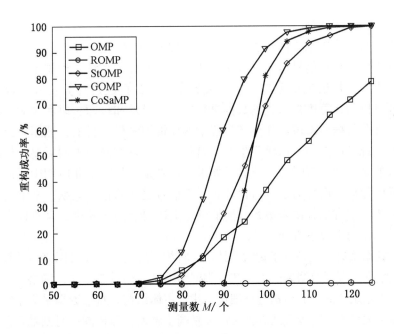

图 4-25 不同重构算法在 $K=32$ 时测量数与重构成功率关系图

由图 4-24 至图 4-26 可见，在稀疏度 K 相同时，广义正交匹配追踪（GOMP）算法的重构成功率比较高；在不同的稀疏度 K 下，不同的重构算法中随着 K 增大，重构成功需要的测量数 M 越大。

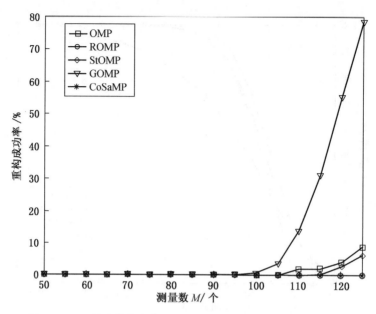

图 4-26　不同重构算法在 $K=50$ 时测量数与重构成功率关系图

4.2　数据采集系统

4.2.1　数据采集系统的组成

一般说来，数据采集系统由传感器、信号调理电路、数据采集电路三部分组成。数据采集系统的基本任务是把信号送入计算机或相应的信号处理系统，根据不同的需要进行相应的计算和处理。它将模拟量采集、转换成数字量后，再经过计算机处理得出所需的数据。同时，还可以用计算机将得到的数据进行储存、显示和打印，以实现对某些物理量的监视，其中一部分数据还将被用作生产过程中的反馈控制量。目前，数据采集有各种数据采集卡或采集系统可供选择，以满足生产和科研试验等各方面的不同需要，但由于数据源以及用户需求的多样性，有时并不能满足要求。特别是在某些工业应用中，需要同时高速采集多个通道的数据，而且为了分析比较各通道信号之间的相互关系，常常要求所有通道的采集必须同步。现有的数据采集系统能够满足上述要求的比较少，且价格十分昂贵，体积和重量较大，使用十分不方便。

矿山生产数据采集系统是基于物联网技术，将数据采集终端通过网络与计算机组连接起来，实时采集数据、管理数据的矿山生产专用网络系统。通过感知层、网络层、应用层的设计，对数据采集系统各部分的结构进行细化，建立主体结构。对于数据采集系统，多通道之间的数据同步至关重要。同步有两点含义：一是同步触发，即在同一时刻触发采集，各通道数据的第一点完全吻合；二是时钟同步，即采样时钟一致，各通道数据之间的间距相同。

4.2.2　采集系统设计原则

由于数字信号处理理论的快速发展，在工业生产、科学技术等诸多领域的研究都需借助于数字处理方法。数字处理的首要条件是把研究对象数字化，所以数据采集与处理技术越来越受到广泛的重视。在瞬态信号检测、图像处理、工业过程控制等领域更是对数据采集处理技术提出了很高的要求。因此，设计采集系统需要满足以下基本原则。

1. 硬件设计的基本原则

（1）良好的性价比。系统硬件设计中，一定要注意在满足性能指标的前提下，尽可能地降低价格，以便得到高的性能价格比，这是硬件设计中优先考虑的一个主要因素。因为系统在设计完成后，主要的成本便集中在硬件方面，当然也成为产品争取市场的关键因素之一。

（2）安全性和可靠性。选购设备要考虑环境的温度、湿度、压力、振动、粉尘等要求，以保证在规定的工作环境下，系统性能稳定、工作可靠。要有超量程和过载保护，保证输入、输出通道正常工作。要注意对交流电以及电火花等的隔离。

（3）较强抗干扰能力。有完善的抗干扰措施，是保证系统精度、工作正常和不产生错误的必要条件。例如，强电与弱电之间的隔离措施、对电磁干扰的屏蔽、正确接地、高输入阻抗下的防止漏电等。

2. 软件设计的基本原则

（1）结构合理。程序应该采用结构模块化设计。这不仅有利于程序的进一步扩充或完善，也有利于程序的后期修改和维护。

（2）操作性能好，使用方便，具备良好的人机界面。

（3）具有一定的保护措施和容错功能。系统应设计一定的检测程序，如状态检测和诊断程序，以便系统发生故障时，便于查找故障部位。对于重要的参数要定时存储，以防止因掉电而丢失数据。

（4）提高程序的执行速度，尽量减小占用系统的内存。

（5）给出必要的程序说明，便于后期程序维护。

4.2.3 数据采集系统的主要性能指标

1. 系统分辨率

系统分辨率是指数据采集系统可以分辨的输入信号的最小变化量。通常用最低有效位值（LSB）占系统满刻度信号的百分比表示，或用系统可分辨的实际电压数值来表示，有时也用信号满刻度值可以划分的级数来表示。

2. 系统精度

系统精度是指当系统工作在额定采集速率下，每个离散子样的转换精度。模数转换器的精度是系统精度的极限值。系统精度是系统的实际输出值与理论输出值之差，它是系统各种误差的总和。通常用满度值的百分数来表示。

3. 采集速率

采集速率是指在满足系统精度指标的前提下，系统对输入模拟信号在单位时间内所完成的采样次数，或者说是系统每个通道、每秒钟可采集的子样数目。

4. 动态范围

动态范围是指某个物理量的变化范围。信号的动态范围是指信号的最大幅值和最小幅值之比的分贝数。采集系统的动态范围通常定义为所允许输入的最大幅值 V_{imax} 与最小幅值 V_{imin} 之比的分贝数，动态范围通常用下式表示：

$$I_i = 20\lg \frac{V_{imax}}{V_{imin}} \tag{4-53}$$

瞬时动态范围是指对大动态范围信号的高精度采集时，某一时刻系统所能采集到的信号的不同频率分量幅值之比的最大值，即幅值最大频率分量的幅值 A_{fmax} 与幅度最小频率分

量的幅值 A_{fmin} 之比的分贝数。瞬时动态范围通常用下式表示：

$$I = 20 \lg \frac{A_{\text{fmax}}}{A_{\text{fmin}}} \qquad (4\text{-}54)$$

5. 非线性失真（谐波失真）

非线性失真是指给系统输入一个频率为 f 的正弦波时，其输出中出现很多频率为 kf（k 为正整数）的新的频率分量的现象。该系数用来衡量系统产生非线性失真的程度，通常用下式表示：

$$H = \frac{\sqrt{A_2^2 + A_3^2 + \cdots + A_k^3}}{\sqrt{A_1^2 + A_2^2 + A_3^2 + \cdots + A_k^3}} \times 100\% \qquad (4\text{-}55)$$

式中　A_1——基波振幅；

　　　A_k——第 k 次谐波的振幅。

4.3　数据采集系统分类

实际的数据采集系统往往需要同时测量多种物理量（多参数测量）或同一种物理量的多个测量点（多点巡回测量）。因此，多路模拟输入通道更具有普遍性。按照系统中数据采集电路是各路共用一个还是每路各用一个，多路模拟输入通道可分为集中采集式（简称集中式）和分布采集式（简称分布式）两大类型。

4.3.1　集中式采集技术

集中式采集多路模拟输入通道的典型结构有分时采集型和同步采集型两种，如图 4-27 所示。

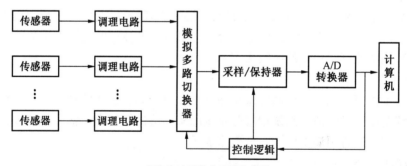

(a) 多路分时采集分时输入结构

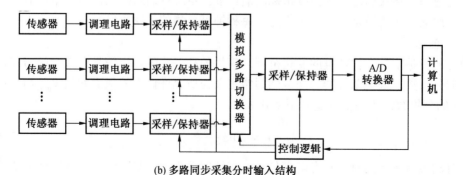

(b) 多路同步采集分时输入结构

图 4-27　集中式数据采集系统结构图

4.3.2 分布式采集技术

分布式数据采集系统是数据采集技术、计算机技术和通信技术综合和发展的产物。分布式采集的特点是每一路信号一般都有一个 S/H 和 A/D，因而也不再需要模拟多路切换器 MUX。每一个 S/H 和 A/D 只对本路模拟信号进行数字转换（即数据采集），采集的数据按一定顺序或随机地输入计算机，根据采集系统中计算机控制结构的差异可以分为单机采集系统和网络式采集系统，如图 4-28 所示。

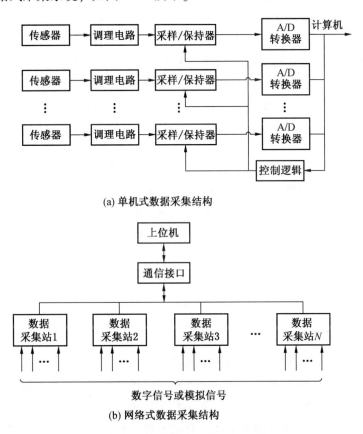

(a) 单机式数据采集结构

(b) 网络式数据采集结构

图 4-28 分布式数据采集系统结构图

处于分散部位的数据采集点相当于小型的集中数据采集系统，位于被测对象的附近，可独立完成数据采集和预处理任务，并将采集的数据转换为数字信号的形式传送给上位机，采用数据传输的方法可以克服模拟信号传输的固有缺陷。分布式数据采集系统的主要特点如下：

（1）系统适应能力强。因为可以通过选用适当数量的数据采集点来构成相应规模的系统，所以无论是大规模的系统，还是中小规模的系统，分布式结构都能够适应。

（2）系统可靠性高。由于采用了多个数据采集点，若某个数据采集点出现故障，只会影响某项数据的采集，而不会对系统的其他部分造成任何影响。

（3）系统实时响应性好。由于系统各个数据采集点之间是真正"并行"工作的，所以系统的实时响应性较好。

（4）分布式数据采集系统使用数字信号传输代替模拟信号传输，有利于克服常模干扰和共模干扰。因此，这种系统特别适用于在恶劣的环境下工作。

（5）分布式降低了网络和主机负载，便于横向扩展。

分布式数据采集与集中式数据采集相比设计上较为复杂，重点要考虑站点间数据同步的准确性和效率。集中式设计相对简单，重点考虑的是网络和主机效率。目前在大规模的数据采集场合，一般都采用分布式数据采集技术。

4.3.3 分布式数据采集中的时间同步

分布式数据采集系统由多个数据采集节点组成，各个数据采集节点都具有各自的本地时钟。各本地时钟系统的计时机制中微小的差异和偏移都会导致各数据采集节点数据采集的不同步。矿山物联网要进行分布式测量，生产环境需通过多样泛在式的传感器对矿山环境、生产设备、工作人员等进行实时监测、感知、保障，实现矿井及时定位、事故问题反应等功能。而这些功能的实现和正常工作，必须要保证各传感器或节点间具有准确、统一的时钟同步。物联网时间同步概念的提出，可充分满足矿井系统中对生产自动化和信息化的高标准要求。

目前国际通用时间标准主要有世界时、原子时和世界协调时。分布式数据采集系统各数据采集节点的时间均同步于某一时间标准，从而实现分布式数据采集系统的时钟同步。时钟同步最早被称为对钟，即把分布在各地的系统时钟统一起来。时钟同步可通过同步的要求将同步方式分为时间同步和频率同步，频率同步仅保持各节点的时钟频率相同，时间同步既要保持各节点的时钟频率相同，也要保证各节点的时钟相位相同。

常用的时间同步方案主要有 GPS 时钟同步技术、网络时间协议（NTP）、IRIG-B 码时钟同步技术、基于 AD9548 的时钟同步方案等。下面对以上几种时间同步方案进行简要介绍。

1. GPS 时钟同步技术

GPS 时钟同步技术是基于授时中心的时钟同步方案的典型设计。GPS 时钟同步技术是通过 GPS 卫星与地面 GPS 接收设备进行多次通信，然后计算出 GPS 接收设备与对应卫星的距离、卫星发出信号传递到 GPS 接收设备所产生的时延参数等信息，通过这些参数信息修正 GPS 接收设备输出的秒脉冲频率和含有地理位置和时间等信息的 GPS 报文。秒脉冲的输出和时间信息的输出实际上采用了串口报文和脉冲时钟的同步方法。用户通过串口接收设备可以解析出 GPS 接收设备输出的信息，从而为分布式数据同步采集系统或其他系统提供准确的时间信息。

GPS 时钟同步技术实现过程中通过接收卫星发射的信号，使用了串口报文授时和脉冲对时技术，所以具有以下特点：

（1）覆盖范围广阔，工作时间长。

（2）采用了脉冲对时方式提高了授时精度，军用 GPS 接收模块可达到 10 ns 的时钟同步精度，民用 GPS 模块也可提供小于 1 μs 的时钟同步精度。

（3）GPS 接收模块使用了多种现行结构简单的接口作为数据交换，有利于与其他设备对接，方便使用，且 GPS 接收模块具有体积小、功耗低等特点。

（4）民用 GPS 信息的获取比较方便，只需将 GPS 接收设备的天线置于上空无遮挡的地方即可。

2. 网络时间协议

网络时间协议（NTP），最初开发的目的是为了实现因特网上所有计算机之间的同步，其主要开发者是美国的 David L. Mills 教授。NTP 以 GPS 提供的 UTC 时间作为参考标准，采用了层次式时钟分布模型，基于 UDP 实现，灵活性很高，可以适应多种网络环境。NTP 同步过程中需要很少的网络开销，并通过一定的措施保证了网络安全，可以实现精确可靠的时间同步，成为互联网上应用最广泛的时间同步方法，在以太网计算机对时、电力系统对时等领域得到广泛应用。该协议具有如下特点：

（1）NTP 协议报文的网络通信开销小，节约网络带宽。

（2）使用 RJ-45 通用标准接口，报文传送速率快。

（3）NTP 时钟同步技术的工作模式种类丰富，从时钟装置可以根据实际情况，选择相应的工作模式，配置比较灵活。

（4）NTP 报文数据丰富，不仅包含丰富的时间信息，还给出了各主时钟装置的同步性能等级，即 Stratum 值。

（5）利用硬件时间戳可以减少因操作系统的不确定性抖动造成的影响，提高了时钟同步精度。

（6）利用相关算法，可以淘汰同步精度较低的主时钟装置，并获得质量较高的对时报文。

3. IRIG-B 码时钟同步技术

IRIG-B 码是为了实现靶场间的信息交换而制定的一种时间标准码。其时间标准有两大类：一类是并行时间码格式；另一类是串行时间码格式，共有 A、B、D、E、G、H 六种，它们的主要差别见表4-3。IRIG-B 码时钟同步技术具有如下特点：

（1）协议简单，便于软件的实现；通信接口简单，便于硬件的实现且适用于传输。

（2）信息量大，授时精度高。

（3）通过对调制载波进行计数获取时间信息，所以抗干扰能力强。

表4-3 6种串行时间码比较

格式	时帧周期	码元速率	信息位数	时间信息
IRIG-A	0.1 s	100 B/s	34	天、时、分、0.1 秒
IRIG-B	1 s	100 B/s	30	天、时、分、秒
IRIG-D	1 h	1 B/m	16	天、时
IRIG-E	10 s	10 B/s	26	天、时、分、10 秒
IRIG-G	0.01 s	10000 B/s	38	天、时、分、0.1 秒、0.01 秒
IRIG-H	1 m	1 B/s	23	天、时、分

5 矿山物联网数据传输技术

5.1 动态自组织数据传输技术

井下环境复杂、干扰严重，不同应用场合对监测的质量要求也不同，如工作面或突出场合，对数据的传输时延等有一定特殊限制。如何在一定约束条件下保证数据传输的服务质量，从而适应不同工作场景，是矿山物联网数据流在井下传输中需要解决的一个问题。服务质量所涉及的内容很多，包括时延、数据传输率、误码率、跳数、带宽等，这些参数通常相互独立，常常是在减少一个值的同时，另一个值却增大了，所以很难将这些参数统一起来考虑，这大大增加了问题的难度。如何能折中考虑各种参数的影响，并快速准确地找到其最优解，是人们研究的热点问题之一。

人工神经网络（ANN）是由若干简单处理单元（也称神经元）按照不同方式相互连接而构成的非线性动力系统，是对人脑或自然神经若干基本特性的抽象和模拟，具有高度的并行性和高速的信息处理能力，如图 5-1 所示。在现代技术的发展过程中，神经网络理论应用得越来越广泛。

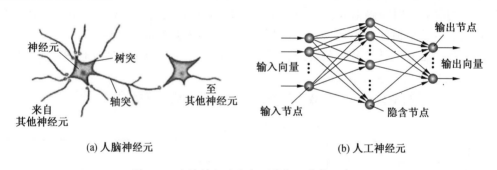

（a）人脑神经元　　　　　　　　　　（b）人工神经元

图 5-1　人脑神经元和人工神经元结构示意图

同一无线接入点覆盖内的矿山物联网监测数据之间构成了一种能互相通信的传感节点，实际上就是一种无线传感网络，其中移动检测仪相当于传感和路由节点，兼有传感和路由功能，固定检测仪或无线接入点相当于 Sink 节点。由于移动检测仪的行走，传感器节点在这样一种网络中是动态、非线性的。而神经网络也是由相互间连接的动态节点组成，只不过监测网络中的基本单元是固定和移动检测仪。神经网络的基本单元是神经元，但这两种网络都可以实现自组织，因此可以使用神经网络理论来研究由检测仪构成的无线传感网络，这样神经网络中的一些智能特性就可以应用到传感网络中，从而改善传感网络的性能。

利用递归神经网络，可应用于传感节点故障诊断；利用自组织特征映射神经网络，可用来测量 QoS，并将其应用在路由技术中，实现时延、吞吐量、误码率和占空比 4 个参数至 QoS 映射。但对于井下特殊的工作环境，由于无线通信的低效使用，无线带宽资源丰富，吞吐量和占空比不足以作为限定条件，同时，对于移动检测仪来说，解决数据传输的时延和误码率，保障非正常环境下数据的高效和可靠传输更有意义。因此，可将 QoS 约束限定为时延和误码率这两个条件，网络学习按照 Kohonen 算法进行。同时，为了突出路由能适应不同参数比重的聚类结果，可对 SOM 网络执行阶段输入信号进行加权，形成基于多权值调整的动态自组织路由技术。

5.1.1　网络带权图与最小路径树

对于一个由 N 个移动检测仪构成的无线传感器网络，网络中每个移动检测仪有若干条链路同其他节点相连，网络可以用图的方式描述为 $G(V, E)$。其中，$V = \{v_1, v_2, \cdots, v_N\}$ 是网络节点集，它对应图的每一个顶点；$E = \{w_{ij}\}$ 是网络链路的集合，每条链路对应一条弧 (v_i, v_j)，w_{ij} 为该弧的权值或距离，如图 5-2 所示。在无线传感网络里，假定所有链路均是对称的，也就是说如果节点 A 可以到达节点 B，那么节点 B 也可以到达节点 A，那么很容易证明 $w_{ij} = w_{ji}$。

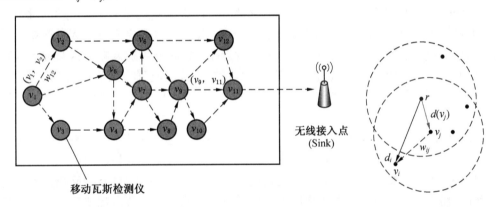

图 5-2　移动检测仪网络带权图　　　　图 5-3　最小路径树构造

通信中的路由问题可以看成网络优化中的最短路径问题，是在已知网络 $G(V, E)$ 中，根据给定约束条件，寻求一条从汇聚节点（用 r 表示）到网络中每一节点 v_i 的最优路径。定义 $d(v_i)$ 为节点 v_i 到汇聚节点的距离，$\boldsymbol{\Gamma}(v_i)$ 为节点 v_i 单跳可到达的邻域节点集合，$\boldsymbol{T} = \boldsymbol{V} - \{r\}$ 为集合 $\boldsymbol{V}$ 的一个子集。在最优路径上，$d(v_i)$ 应该为最小。

根据以上定义，可以利用以下算法计算出每一个节点到汇聚节点的距离：设 W 是描述节点间距离的二维数组，数组中元素 w_{ij} 表示节点 i 与节点 j 之间的距离，当两个节点间的距离超过通信范围时，w_{ij} 是一个极大数。数组 D 记录每个节点对应的 $d(v_i)$，初始值为 0，当节点与汇聚节点的距离超过通信范围时，$d(v_i)$ 是一个极大数。

（1）节点距离初始化。当两个节点距离超过通信范围时，距离 d 是一个极大数，这里设为 ∞。

令 $d(r) = 0$，$d(v_i) = \begin{cases} w_{ri} & v_i \in \boldsymbol{\Gamma}(r) \\ \infty & v_i \notin \boldsymbol{\Gamma}(r) \end{cases}$。

（2）在集合 $\boldsymbol{T}$ 中，寻找到汇聚节点距离最小的节点 v_j，即

$$d(v_j) = \min\{d(v_i) \mid v_i \in \boldsymbol{T}\}$$

然后更新集合 T 中元素组成，令 $T = T - \{v_j\}$。

（3）对任意 $v_i \in T \cap \Gamma(v_j)$，计算 $d_i = d(v_j) + w_{ji}$，如图 5-3 所示。如果 $d_i < d(v_i)$，那么 $d(v_i) = d_i$。

（4）如果 $|T| > 0$，重复步骤（2），否则 $|T| = 0$，算法结束。

以上算法实现中，第一步每一个节点被初始化一个到达基站的初始距离，在接下来步骤中，这个距离根据邻居节点值进行更新。当没有新节点被更新时，算法结束。

通过以上算法，可以计算出每一个节点到汇聚节点的最小距离，这样就会形成汇聚节点到事件区域中每一节点的完整路由路径，而且能保证每一条路径均是距离最短最优路径。但这样的路径只是距离意义上的最优，并没有考虑其他因素（如服务质量）影响，为此需要把服务质量这一指标融入最优路径求解上去。最简单的方法，就是找出服务质量和节点间距离的关系。

5.1.2　服务质量与节点距离

按照上述方法建立网络拓扑结构时，需要先知道任意两节点 v_i、v_j 间的权值 w_{ij}。为此，w_{ij} 的测量方法必须给出。为了简化问题求解，可以假定 w_{ij} 为节点 v_i、v_j 间的跳数。根据这个假设，若节点 v_i 和 v_j 为相邻节点，则 $w_{ij} = 1$。显然，这种定义方式太过简单，尤其是当移动检测仪处于井下工作面时，强大环境背景噪声影响不可被忽略，这会导致链路的失效，以及节点能耗的增加和通信可信度的降低。在这种情况下，从节点 v_j 到汇聚节点 r 的最优路径就可能是一条新的路径 p'，而不是原来的 p。因此，可通过修改 w_{ij} 来解决这个问题。

本文选用的 QoS 定义依照两个参数：时延和丢包率。选择这两个参数来定义 QoS 主要是基于以下两点考虑：一是时延可以反映出链路的带宽和节点的通信能力；二是丢包率可以反映出环境干扰的影响。由于移动检测仪的分布特性，QoS 的测量要能反映整个簇内网络的特性，而不是仅仅反映某两点之间的通信质量。因此，任一节点都要测试每一条邻居链路的质量。测量方法是通过发送特殊数据包 "ping"，一旦一个节点测量出了邻居链路的 QoS，就可以利用获得的这个 QoS 值来修改链路之间的距离。式（5-1）表明了通过节点 v_j 计算节点 v_i 到基站 r 的距离的方法。

$$d(v_i) = d(v_j) + w_{ij} \cdot q \tag{5-1}$$

其中，变量 q 表示节点 v_j 到节点 v_i 之间的服务质量，其值来源于一个神经网络的输出。

由于 $w_{ij} = 1$，因此

$$d(v_i) = d(v_j) + q \tag{5-2}$$

这里的 q 相当于一种广义的权向量。式（5-2）建立了服务质量与节点距离之间的关系，当数据从源节点选择最小路径路由到汇聚节点时，事件上就是选择了 q 最小所对应的路由，这里的 q 最小路由实际上就是最佳服务质量路由。因此在 q 函数的选择上要保证它是一个增函数，使得较小的输入量对应较小的 q 输出。由于避开了较差服务质量的路径，从而保证了监测数据的有效和可靠传输。

5.1.3　自组织特征映射与服务质量

定义服务质量是时延和丢包率的函数，但显然它们之间不是一个简单的代数关系，为了找出它们之间的对应关系，可以借助自组织神经网络。

　　自组织神经网络是一种基于无监督学习的人工神经网络，其功能是将输入向量赋值空间划分为若干子空间，每个子空间对应于网络若干输出中的某一个。当输入向量属于某个子空间时，相应输出端的取值为1，而其他输出端的取值为0。这样，根据网络的输出，便能立即判断输入向量属于哪一个子空间。现在研究得比较充分且得到广泛应用的自组织神经网络是SOM。

　　SOM由芬兰科学家T. Kohonen提出，这种网络出发点是模仿动物和人大脑皮层中具有自组织特性的神经信号传送过程。随着研究工作的进展，原来十分复杂的仿生学习算法逐渐变得简明精炼，同时对于学习算法的各种策略和参数选择也有更加透彻的理解。SOM作为一种自组织神经网络，其主要功能是实现数据压缩、编码和聚类。SOM网络结构如图5-4所示，它由两层神经元组成。第一层为输入层，由 m 个神经元组成，作为传感器感知信息的输入端，这里输入的是描述传感器邻居链路间服务质量优劣的时延和丢包率两个指标，分别用变量 x_1^p 和 x_2^p 表示，其中指数 p 表示第 p 次测量值，$p=1,2,\cdots,P$。第二层为竞争层，由 n 个输出神经元组成，且形成一个二维平面阵列。输入层神经元与竞争层神经元之间由突触连接束实现全连接。每一个竞争层神经元（j）通过一个连接权向量 $w_j=[w_{j1},w_{j2},\cdots,w_{jm}]$ 与输入层神经元相连。

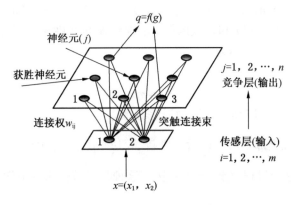

图5-4　SOM网络结构

　　SOM网络的运行过程可以分为两个阶段：训练阶段和执行阶段。由于训练阶段需要很高的计算开销，因此这个过程不适合在移动检测仪上运行，而必须在一个单独的中央处理单元上进行，称之为离线处理。相反地，执行阶段不需要高的计算开销，因此这个阶段可以在每个移动检测仪上在线运行。正是因为SOM网络的这个特点，可以把SOM神经网络应用到移动流传输的路由设计当中。

　　1. 训练阶段

　　在这个阶段，首先对网络初始化。连接权 $\{w_{ij}\}$ 赋予 $[0,1]$ 区间内的随机值，并确定学习率 $\eta(t)$ 的初始值 $\eta(0)[0<\eta(0)<1]$ 和总学习次数 T。然后，来自竞争层的神经元通过对输入模式 $x=(x_1,x_2,\cdots,x_m)$ 的反复学习，捕捉住各个输入模式中所含的模式特征。对于某一个输入向量，最终只有一个神经元被激活。为了确定哪一个神经元将被激活，输入向量将和存储在每一个神经元上的连接权向量进行比较，计算连接权向量 w_j 与输入模式 $x=(x_1,x_2,\cdots,x_m)$ 之间的距离，即计算Euclid距离：

$$d_j = \| x - w_j \|_2 \quad j = 1, 2, \cdots, n \tag{5-3}$$

只有连接权最接近输入向量，即 d_j 最小对应神经元获胜，设获胜神经元为 g，其权向量为 w_j^*，即

$$\| x - w_j^* \|_2 = \min_j \{ \| x - w_j \|_2 \} \tag{5-4}$$

对于归一化的单位向量 x 和 w_j，将式（5-4）展开，并利用单位向量的特点，可得

$$\| x - w_j^* \|_2 = \sqrt{(x - w_j^*)^{\mathrm{T}} (x - w_j^*)} = \sqrt{x^{\mathrm{T}}x - 2w_j^{\mathrm{T}*}x + w_j^{\mathrm{T}*}w_j^*} = \sqrt{2(1 - w_j^{\mathrm{T}*}x)} \tag{5-5}$$

由式（5-5）可见，欲使两单位向量的 Euclid 距离最小，则需使两向量的内积最大，即

$$w_j^{\mathrm{T}*}x = \max_j w_j^{\mathrm{T}}x \tag{5-6}$$

于是，归一化向量的 Euclid 最小距离问题就转化为最大内积问题。

以获胜的神经元 g 为中心，确定 t 时刻的权值调整邻域 $N_{j*}(t)$。一般初始邻域 $N_{j*}(0)$ 较大，训练过程中 $N_{j*}(t)$ 随训练时间逐渐收缩。

对优胜邻域 $N_{j*}(t)$ 内的所有节点连接权向量，按式（5-7）进行更新。

$$w_{ij}(t+1) = w_{ij}(t) + \eta(t, N) \cdot [x_i^p - w_{ij}(t)] \quad i = 1, 2, \cdots, m \quad j \in N_{j*}(t) \tag{5-7}$$

式中 $\eta(t, N)$——训练时间 t 和邻域内第 j 个神经元与获胜神经元 g 之间的拓扑距离 N 的函数，称为学习率。

可选择

$$\eta(t, N) = \eta(t)\mathrm{e}^{-N} \tag{5-8}$$

式中 $\eta(t)$——t 的单调下降函数，称为退火函数。

等到 P 个输入模式全部学习一遍后，更新学习率 $\eta(t) = \eta(0)\left(1 - \dfrac{t}{T}\right)$，并令 $t = t + 1$ 开始新一轮的学习，这个过程直至 $t = T$ 停止。这种学习被称为竞争学习。

2. 执行阶段

在这个阶段，连接权向量固定不变。来自竞争层的每个神经元（i）根据已定义的相似度准则，计算输入向量 $x = (x_1, x_2, \cdots, x_m)$ 和自己的连接权向量 w_j 之间的相似度。最后，一个最相似神经元 g 获胜，此时神经元 g 有最大激活值 1，而其他神经元被抑制而取 0 值。

为了突出输入参量中某个参数的作用，可采用加权的输入向量，即

$$x = (p_1 x_1, p_2 x_2, \cdots, p_m x_m) \tag{5-9}$$

式中 $p_1, p_2, \cdots, p_m$——加权系数。

在数据流传输过程中，若超限（大于 4%）则优先选用延时最小路径传输数据。为此，在采集下一个数据的间隔期间，路由动态切换为最小延时路由，即将 x 向延时小的低 q 值神经元映射。

3. 服务质量定义

神经元 g 表示对输入模式的分类结果，可根据数据分类结果，将 x 中某一项参数较少的输入向量对应 q 较小值，其余部分 q 值依次增加。

$$q = f(g) \tag{5-10}$$

5.1.4　动态自组织路由算法

SOM 网络实现了数据的保序映射，通过寻找一个较小的集合存储输入向量的一个大集合，实现了对原始空间较好的近似。基于 SOM 神经网络的数据流传输的多参数动态自组织路由算法（QoS 路由），实现了多参数向 QoS 的汇聚，并将汇聚结果应用到路径树的构建当中，实现了信息按照 QoS 最优路径从源节点向汇聚节点传输。算法主要步骤如下。

（1）信息收集，产生节点训练样本。

对于矿井不同工作区域，如大巷、工作面、硐室，在任意两个节点处于不同通信距离和噪声功率下，采集描述服务质量的数据样本集，作为 SOM 神经网络的训练样本使用。

（2）初始化。

构建一个两层 SOM 神经网络，对初始权向量 w_j 赋值小随机数并进行归一化处理，并要求 w_j 各不相同，建立初始优胜邻域 $N_{j^*}(0)$，学习率 $\eta(t)$ 赋初始值。

（3）节点训练与相似性匹配。

以一定概率从输入样本空间取样本 x^p 并进行归一化处理，离线对所获的节点训练样本在单独处理器上进行训练，计算 x^p 与 w_j 的内积，从中选出内积最大获胜节点 j^*。以 j^* 为中心确定 t 时刻权值调整域，对优胜邻域 $N_{j^*}(t)$ 内的所有节点调整权值，直至学习率 $\eta(t)$ 衰减到 0 或某个预定的正小数。训练次数要以能正确区分样本集为准。然后，根据训练结果确定 QoS 与获胜神经元的对应关系 $q=f(g)$。最后，将获得的 SOM 权向量矩阵和所定义的服务质量函数存入每一个移动检测仪中。

（4）节点链路 QoS 估计。

每一个移动检测仪在每一测量周期周期性发送 "ping" 数据包来测试邻居链路间的链路质量，从而得到关于描述链路质量时延和丢包率的一组输入向量集。之后，本地运行自组织神经网络汇聚算法，求出获胜神经元，得到关于链路质量描述的 q 值。例如，如果某一个输入向量样本与神经元 (j) 权向量非常相似，神经元 (j) 被激活，根据已定义 QoS 输出函数，可以得到关于 QoS 的一个估计值 q。

（5）信息路由。

估算节点到汇聚节点的最小距离。定义 T 为网路中除汇聚节点之外的其余节点，首先寻找到汇聚节点距离最小节点 v_j，然后更新集合 T 中元素组成，令 $T=T-\{v_j\}$。对任意 $v_i \in T \cap \Gamma(v_j)$，计算 $d_i=d(v_j)+q$，如果 $d_i<d(v_i)$，那么 $d(v_i)=d_i$，重复这个过程直至 $|T|=0$，算法结束。信息按照估算后的最小路径从源节点路由到汇聚节点。

在数据流传输过程中，优先选用延时最小路径传输数据。x 调整为 $(p_1x_1, p_2x_2, \cdots, p_mx_m)$，重新计算 q 值，并在下一个采集数据的间隔期间，路由动态切换为最小延时路由，即将 x 向延时小的低 q 值神经元映射。

图 5-5 所示为动态自组织路由算法流程图。

5.1.5　路由性能测试

1. 路由性能评价指标

路由性能评价指标很多，这里选择平均时延、网络的生存周期和可靠性 3 个指标来进行评价。

平均时延是指从数据从源节点到汇聚节点平均经过的时间。

网络生存周期是指所有节点不断轮流作为源节点向汇聚节点发送数据，直到网络可靠

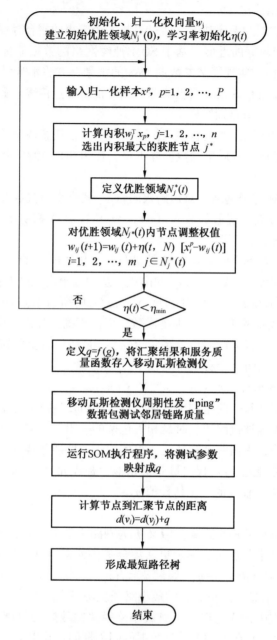

图 5-5 动态自组织路由算法流程图

性小于给定阈值时网络总共运行的时间。

可靠性是指成功传输数据到汇聚节点的个数与总节点的比值，即

$$\varphi = \frac{\text{成功传输数据到汇聚节点的个数}}{\text{总的传输数据的源节点个数}} \qquad (5\text{-}11)$$

2. 无线通信能耗及电波传输模型

目前国内外对隧道或井下巷道有限空间无线传输机理及模型进行了一定研究。国外，Moise Ndoh 等对矿井具有粗糙墙壁大巷的无线传输模型进行了分析，并在某金矿进行实

验。中国矿业大学的张申教授提出了用于描述矩形隧道中无线传输规律的帐篷定律并建立了矩形隧道中无线信道模型，中国矿业大学（北京）的孙继平教授采用金属波导法分析了圆形、拱形及弯曲隧道中电磁波的传输特性，对采煤工作面的无线传输通用截止频率进行了分析，并进行了实验测试，实验结果见表 5-1 和表 5-2。根据实验结果，在平直隧道中，频率越高，越有利于电磁波的传输；在弯曲隧道中，频率越高，越不利于电磁波的传输。

表 5-1 平直隧道中频率对衰减率的影响

频率/MHz	40	60	150	470	900	1700	4000
衰减/(dB·km^{-1})	301	217	113	9.8	2	1.6	0.7

表 5-2 弯曲隧道中频率对衰减率的影响

频率/MHz	200	415	1000	2000	4000
衰减/(dB·km^{-1})	47.3	57.5	67.6	74.1	80.2

考虑到矿井大巷的宽度仅为几米左右，同时移动检测仪采用可功率控制的通信方式，并设定移动检测仪之间的通信距离为 30 m，这样，可以选择自由空间传播和多路衰减模型来近似描述无线电波传播方式。如果接收、发送节点之间的距离小于某个临界值，则使用自由空间模型；反之，如果接收、发送节点之间的距离大于此临界值，则使用双路径模型。临界值 d_c 定义如下：

$$d_c = \frac{4\pi\sqrt{L}h_r h_t}{\lambda} \tag{5-12}$$

式中　L——传输损耗；

　　　h_t——发射天线高度；

　　　h_r——接收天线高度；

　　　λ——波长。

根据移动检测仪产品实际参数，天线为全向天线，无线通信频率为 2.4 GHz，其他参数值如下：

$$G_t = G_r = 1 \qquad h_t = h_r = 1\text{m} \qquad L = 1 \quad \text{（系统无损耗）}$$

其中，G_t 和 G_r 分别是发送者和接收者的天线增益。则

$$\lambda = \frac{3 \times 10^8}{2.4 \times 10^9} = 0.125 \text{ m}$$

使用这些参数值，可以计算出临界值 $d_c = 100.5$ m。由于 $d_c > 30$ m，因此本文只要考虑自由空间模型。

根据无线电波自由空间传播模型，假设发射端信号的发射功率为 P_t，发射端和接收端之间的距离为 d，则在接收端收到的信号功率为

$$P_r(d) = \frac{P_t G_t G_r \lambda^2}{(4\pi)^2 d^2 L} \tag{5-13}$$

根据式（5-13），可以估算接收到的每个数据包的信号能量。

为了描述无线通信硬件能量消耗情况，下面引入无线通信能耗模型，信息发送者在运行发送电路和功率放大器时要消耗能量，信息接收者在运行接收电路时也要消耗能量，如图5-6所示。

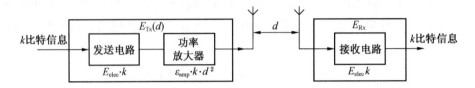

图5-6　无线通信能耗模型

应用上述模型，发送一个长为 k bit 的信息通过距离 d，能量消耗为

$$E_{Tx}(k,\ d) = E_{elec} \cdot k + \varepsilon_{amp} \cdot k \cdot d^2 \tag{5-14}$$

为了接收这个信息，需要消耗能量

$$E_{Rx}(k) = E_{elec} \cdot k \tag{5-15}$$

本实验中，通信信道带宽设为 1 Mb/s，通信速率为 250 Kb/s。每个传感器节点要发送的观测信息长为 2000 b，运行发送和接收器件能耗 $E_{elec} = 50$ nJ/b，发送功率放大器能耗 $\varepsilon_{amp} = 100$ pJ/(b·m²)。

3. 仿真环境

使用 12 个移动检测仪随机分布在 3 m×100 m 的长方形平面区域，传感器最大通信距离为 30 m。

在仿真的初始阶段，每个移动检测仪具有相同的初始能源 0.5 J，数据包大小为 2000 bit，ping 数据大小为 32 bit。每个节点都使用能源控制，其发送和接收所消耗的功率分别按式（5-14）和式（5-15）计算。发送频率选择 2.4 GHz，发送速率为 250 kbit/s，调制方式为 QPSK。

4. SOM 建模

仿真中设计的 SOM 是一个两层结构。第一层有两个神经元，分别代表着时延和丢包率。第二层由 9 个神经元组成，组成了一个 3×3 矩阵。

1）样本设计

为了构建二维的神经网络映像，需要关于输入样本（时延和丢包率）的集合。这个样本集应该能包括通信中所有可能遇到的 QoS 环境。为此，必须构建相应的测试环境，来得到这个样本集。

为了获得在不同噪声功率谱密度 N_0 下，描述任一对选择的传感器节点（如 v_i 和 v_j）间链路服务质量的数据，这里采用的方法是节点 v_i 周期性地发送一个 ping 报文给节点 v_j，由于要求节点 v_j 收到这个报文后给节点 v_i 发送一个 ACK，因此节点 v_i 可以通过这个收到的 ACK 获得关于 v_i 和 v_j 之间链路 QoS 描述的数据。在实际应用中，可以通过改变节点之间的距离和噪声功率的方法来获得相关数据。这里，采用仿真方法获得相关数据。构建如图 5-7 所示的误码率测量电路，调制方式采用 QPSK。

图 5-7 中，方形框内元件是用来描述无线信道特性的。其中，增益 $g = \lambda/(4\pi d)$ 用来描述无线电波路径损耗，由于接收端收到的信号功率按照 $\lambda^2/(4\pi d)^2$ 衰减，因此电压衰减

量按 $\lambda/(4\pi d)$ 进行，d 的取值范围为 10~30 m，每次增加 2 m；增益 n 用来描述接收端加性高斯白噪声影响，n 的取值范围为 $0.1\times10^{-3} \sim 1\times10^{-3}$ W/Hz，每次增加 0.1×10^{-3} W/Hz。实验测量结果如图 5-8 所示。由图 5-8 可见，不论是节点间通信距离的增大或是信道接收端噪声功率谱密度的增加，都会造成通信质量的下降，从而使得丢包率增加。

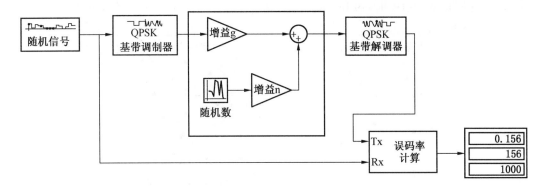

图 5-7 误码率测量电路

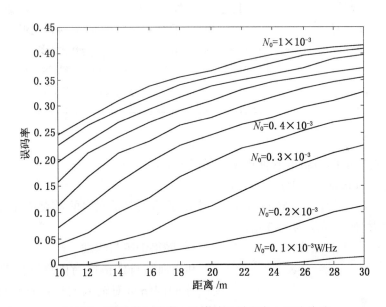

图 5-8 误码率与距离、噪声功率谱密度之间的关系

在实际应用中，通信的时延主要由两部分组成：一是无线电波链路传播时延；二是信号发送和接收处理时延，这一部分取决于电路处理速度，可近似认为是一常数。因此，本文主要考虑第一部分，它和节点间距离远近有关。设传感器网络两节点间距离为 d，则时延定义为

$$t = \frac{d}{c} + \varepsilon \cdot t_0 \tag{5-16}$$

式中 c——电磁波传播速度；

ε——[0，1] 之间均匀分布的随机变量；

t_0 ——一固定时延，这里取 $1 \times 10^{-8} s$。

将 d 的值代入式（5-7），可得到在不同距离下的通信时延。计算时，d 按照 10~30 m 的范围进行取值，每次增加 2 m。

将计算得到的时延和仿真测量得到的误码率进行两两组合，就得到了所需要的输入样本集合，它的分布情况如图 5-9 所示。

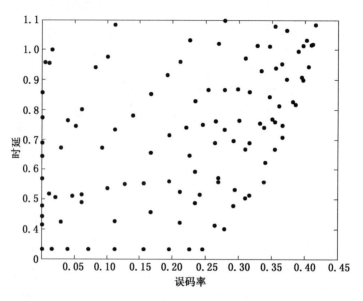

图 5-9 样本数据的分布

2）网络创建

这一部分可以借助 Matlab 软件实现，代码如下：

net = newsom（minmax（P），[3，3]）；

其中，P 为输入样本集，Minmax（P）指定了输入向量元素的最大值和最小值，[3，3] 表示创建网络的竞争层为 3×3 结构。

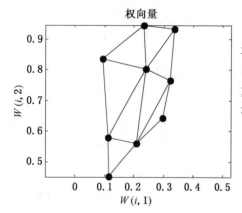

图 5-10 样本分布（训练步数 1000）

相应的分类结果如图 5-11 所示。

3）网络训练与测试

利用训练函数 train 对网络进行训练，直到经过训练的网络可对输入向量进行正确分类为止。网络训练步数对网络性能的影响比较大，需要反复测试，图 5-10 所示为训练步数等于 1000 时的神经元权值分布，相应的权向量矩阵为

$$W = \begin{bmatrix} 0.1145 & 0.4513; & 0.1131 & 0.5784; \\ 0.0939 & 0.8344; & 0.2085 & 0.5608; \\ 0.2398 & 0.8036; & 0.2329 & 0.9447; \\ 0.2951 & 0.6418; & 0.3207 & 0.7640; \\ 0.3355 & 0.9311 \end{bmatrix}$$

利用训练好的网络对输入样本数据进行分类，

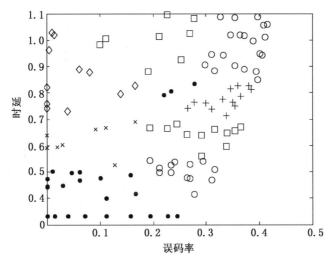

图 5-11　样本聚类结果

4）服务质量函数

输入样本经训练后，被 SOM 网络分割为若干个子集，每一个子集与输出层的一个神经元相连。这个过程相当于把输入样本进行了特征映射，同一映射的样本应该具有相似的特性（时延和丢包率），也就是说具有相似的服务质量。因此，可以把同一个子集中的样本指定为同一个 QoS 值。直观的做法是定义一个函数 f，把子集所映射的神经元 g 看成描述 QoS 大小 q 的自变量，即 $q = f(g)$。为了计算方便，可以将 QoS 值量化为几个等级，等级数取决于分类结果。由于本例中一共分成了 9 类，因此 q 也被量化为 9 个等级，取值为 1~9。其中，最大值 9 对应链路质量最差情况，而最小值 1 则对应链路质量最好情况。

5. 性能评估

将训练好的 SOM 权向量矩阵存储到每一个移动检测仪之后，就可以验证在路由选择中引入神经网络后对网络性能的影响。考虑到 GEAR 是无线传感网络中的一种高效的位置和能量感知的地理路由协议，由于其利用节点的地理位置信息建立查询消息到达目的区域的路径，因此非常适合矿井使用。但由于 GEAR 算法采用的是一个局部优化算法，终端节点缺乏足够的拓扑信息，因此适用于节点移动性不强的应用环境。仿真时，将所设计的路由与 GEAR 路由分别从平均时延、网络生存时间和可靠性 3 个方面进行比较，并研究它们间的性能差异。

1）平均时延

图 5-12 比较了平均时延。由图 5-12 可见，在通信量比较低时，两者性能相似。随着通信量的增加，由于 GEAR 路由选择通信节点时只依据地理位置和能量系数，没有考虑节点间的时延，因此基于 SOM 的 QoS 路由性能要优一些。

2）网络生存时间

图 5-13 比较了不同路由下的网络生存时间。网络生存时间对一个传感器网络来说是非常重要的一个指标。从图 5-13 可见，在这一方面，GEAR 和基于 SOM 的 QoS 路由性能相似。这说明基于 QoS 机制的路由在解决实时应用中的时延问题时同样平衡了能耗问题。

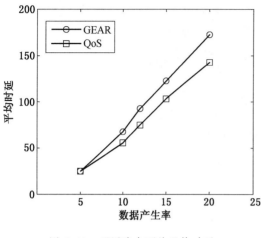

图5-12 不同路由下的平均时延

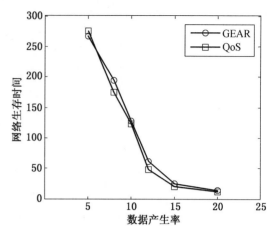

图5-13 不同路由下的网络生存时间

3）可靠性

实时通信中一段时间内到达目的地的数据包正确率也是一个很重要的指标。图5-14比较了一段时间内的数据包传送率。当所给定的时间期限比较长时，两种方案都达到了非常高的数据传送率。但是当网络时限值进一步增大时，GEAR传送率将会急剧减小。

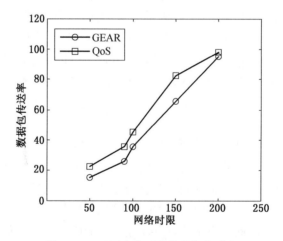

图5-14 不同路由下的数据包传送率

5.2 分层数据传输技术

5.2.1 矿井巷道传感器网络部署方法

煤矿井下巷道多为长带状区域，随机部署节点容易使部分区域的节点稀疏，从而导致网络链状路由断开，使整个网络失效。假如在巷道100 m处的节点稀疏，则该处节点担任了整个网络的连通作用，所以能耗较大，容易过早死亡产生瓶颈现象。该瓶颈节点一旦死亡，则0~100 m处的网络不能和Sink节点通信，所以整个长带状网络也就基本失效。为了能全面地采集和检测煤矿井下情况，延长网络使用时间，根据矿井巷道的特殊性，需要研究无线传感器网络节点具体的部署方案。

煤矿巷道数据流为靠近 Sink 节点的地方数据流量大，大体方向呈棒槌形，如图 5-15 所示。

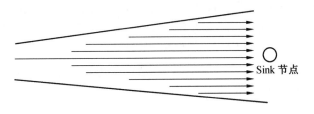

图 5-15 数据流形态图

传输数据需要消耗能量，靠近 Sink 节点的区域传输信息量大，能耗较多。为了均衡总体能耗，使网络生存时间延长，假如部署的传感器节点是均匀分布的话，那么也与数据流的形状是一样的才能保证消耗均衡，如图 5-16 所示。

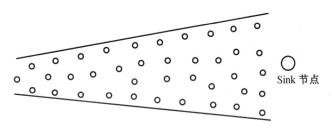

图 5-16 节点部署图

应用到煤矿井下实际的巷道上，其巷道数据流方向是一头小一头大的形状，但是煤矿巷道两边是平行的，传感器节点均匀分布必使能耗不均，也就需要在靠近 Sink 节点的区域适当增加传感器节点的密度，即数据传输量增加，节点密度相应增加，这样整个网络节点的能量消耗分布相对均衡，较好地避免 Sink 节点附近的簇头节点因较多进行数据转发而过早死亡的现象。

分层网络模型如图 5-17 所示，网络中节点分为多个层，Sink 节点位于监测区域边缘。某节点到 Sink 节点的距离记为 d_{CH}。当 $0 \leq d_{CH} < d$ 时，Sink 节点就会发出信息告诉该区域节点位于第 1 层，节点则要标记自己所在的层次；当 $0 \leq d_{CH} < 2d$ 时，节点位于第 2 层，向外分别为第 3、4…层。网络建立路由首先便是执行分层算法。分层算法的实质是根据节点所在的地理位置对传感器节点进行分类。分层算法完成后，使每个节点得到唯一的所在层参数，这个参数会逐层递增，数据由高层向低层传输，即簇头选择的方向只会向靠近 Sink 节点的簇头进行传输，为数据路由提供了一个强有力的路由方向选择依据。

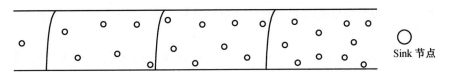

图 5-17 分层网络部署示意图

5.2.2　分层数据传输算法

分层数据传输算法的簇首选择分为两步：第一步以节点的剩余能量为主要参数选出临时簇头节点，剩余能量多的成为簇首的概率比较大；第二步以簇内通信平均最小可达功率为次要参数选出最终簇头节点，处于两个或多个簇重叠区域内的普通节点也可通过最小可达功率来选择最终加入某个合适的簇。该协议能选出分布比较均匀的簇首节点。

改进的 HEED-分层多跳算法，简记为 HEED-HMHA，该分簇算法借鉴 HEED 的簇头选择算法。算法的具体步骤如下。

第一步：分层阶段。

Sink 节点首先发送一个应答消息来确定所有传感器节点的位置，根据其地理位置将其划分到不同的层次，然后将分层结果发送到每个传感器节点。节点则需记下自己所属的层数，以方便以后数据传输。

第二步：初始化阶段。

设置网络中初始簇头比例 C_{prob}，即期望的簇头节点在所有传感器节点中的百分比，一般网络中选择簇头比例是 3%~5%。

网络中各个节点成为簇头的概率记为 CH_{prob}，其计算公式如下：

$$CH_{prob} = \max(C_{prob}E_{residual}/E_{max}, P_{min}) \tag{5-17}$$

式中　　E_{max}——节点初始分配能量；

$E_{residual}$——节点当前剩余能量。

为了防止簇头选择过程中迭代收敛速度过慢，规定 CH_{prob} 最小值为 P_{min}。第一轮簇头选择时所有节点的剩余能量是相同的，即成为簇头的概率是相同的，开始时按照节点剩余能量是选择不出簇头节点的，所以第一轮的簇首选择可以由基站根据地理位置来直接指定，其他普通节点按到邻近簇头节点的可达功率最小来选择加入。

然后计算节点所在簇内普通节点的个数 M，以及簇内最小平均可达功率：

$$AMRP = \frac{\sum_{i=1}^{M} MinP\omega r_i}{M} \tag{5-18}$$

$MinP\omega r_i$ 表示在一个簇内节点 v_i 到簇首的最小功率水平，v_i 从 v_1 到 v_M；平均最小可达功率 $AMRP$ 是某个节点为首的簇内所有 M 个节点的最小功率可达水平，每个节点用最小的可达功率来到达它所在的簇首节点。$AMRP$ 提供了一个很好的通信代价的判断，也可以帮助位于重叠簇中的普通节点加入最合适的簇。

第三步：确定临时簇头。

若某一节点成为簇头的概率小于 1，即 $CH_{prob} < 1$，且没有邻居节点宣布为临时簇首节点，则将自身成为簇头的概率 CH_{prob} 乘以 2 进入下一个迭代过程。

第四步：确定最终簇头。

若收到一个节点的广播临时簇头消息，则直接加入该簇；若收到多个节点的广播临时簇头消息，则比较簇内可达功率，加入簇内可达功率最小的簇。

若没有收到广播簇头消息，则一直迭代，直到成为簇头的概率大于或等于 1，即 $CH_{prob} \geq 1$。节点广播自己成为临时簇头的消息给邻居节点，如果其邻节点中没有其他的临时簇头或者它们的簇内平均可达功率都比自己的大，则该临时簇头宣布自身为最终的簇头。HEED-HMHA 算法的簇头选择流程如图 5-18 所示。

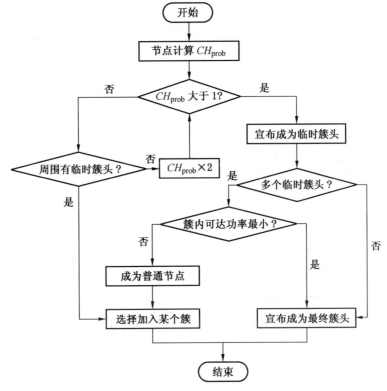

图 5-18 簇头选择流程图

第五步：传输数据阶段。

各层内簇头节点确定之后，簇成员节点开始传送它收集到的数据到所属簇的簇首。HEED 算法在选择好簇头之后是和 LEACH 协议一样，簇首和 Sink 节点之间直接通信，在煤矿井下多巷道的情况下，会造成离 Sink 节点远的簇首节点消耗能量过多，提前死亡。在本文中我们采用层间簇首多跳的方式将融合数据传送到汇聚节点，第 K 层（$K>1$）的簇头融合接收到的数据，并传送到第 $K-1$ 层的簇头，以此类推。最后，位于第一层的簇首节点将所有的数据进行融合，然后传送到 Sink 节点。在簇首进行下一跳传输时，选择下一层中剩余能量最多的簇首作为下一跳节点。

普通节点将自身采集到的数据传输到 Sink 节点，其能量消耗为该普通节点发送数据到簇首节点所消耗的能量，该簇首节点接收和融合处理耗能，然后发送数据到下一层簇首节点所消耗的能量，这样逐层发送接收，直到第一层数据将融合后的数据发送到 Sink 节点所消耗的能耗总和。

HEED-HMHA 路由协议的基本流程如图 5-19 所示。按照 HEED-HMHA 算法，转发节点均为簇首节点，普通节点 v_a 的簇首为 v_b，节点 v_f、v_i、v_h 为第一层簇首节点，v_d、v_c 为第二层簇首节点，v_b 为第三层簇首节点，目的节点 v_j 则是 Sink 节点。权值为下层节点的剩余能量与总能量的差值。选择从源节点到目的节点按最小路径传输即是选择了剩余能量最多的簇首节点进行传输，进一步均衡了能耗。

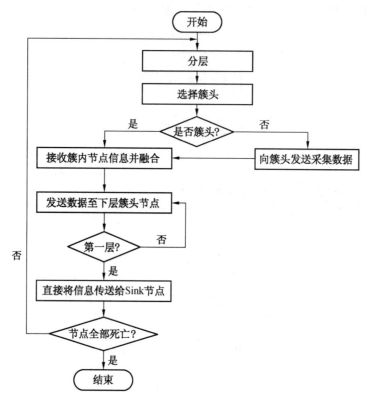

图 5-19　HEED-HMHA 算法流程图

5.2.3　路由性能测试

为了验证算法的有效性，本文使用 MATLAB 仿真平台进行仿真，将分层多跳算法 HEED-HMHA 与已有的 HEED 路由算法，按照上述部署原则进行部署，然后通过仿真进行比对，分析其性能。网络模型由 150 个传感器节点组成，其他仿真参数设置见表 5-3。

表 5-3　仿 真 参 数 设 置

参 数 名 称	参 数 值	参 数 名 称	参 数 值
节点初始能量	0.5 J	发送信息长	4000 b
发送 1 bit 能耗	$E_{elec} = 50$ nJ	成为簇头的概率	$C_{prob} = 10\%$
接收 1 bit 能耗	$E_{elec} = 50$ nJ	成为簇头概率的最小值	$P_{min} = 0.2\%$
放大功率能耗	$E_{fs} = 10$ pJ/$(bit \cdot m^2)$	Sink 节点数	1 个
数据融合消耗能量	5 nJ/bit		

无线传感器网络中传感器节点采用电池供电，能量不能维持很长时间，且一般不能补充。通常情况下，评价一个路由协议性能如何主要看其能否高效利用能量，故仿真重点为节点的能耗和网络的存活时间。本文用在相同的时间内所有节点的剩余能量的总和来表示网络的总能量，但无线传感器网络的总剩余能量不能反映每个节点的能量剩余状况，而簇首节点作为传输的重要中间节点，它的剩余能量的多少对网络生存时间具有关键作用，故此处采用每轮中簇首节点的平均剩余能量作为评价指标。

图 5-20 所示为监测区域为 200 m×4 m 的矩形空间中的簇首节点平均剩余能量随着轮数变化的仿真图。从图 5-20 中可以看出，两种协议随着轮数的增加其平均能量消耗大体上都是减小的，但是 HEED-HMHA 路由协议的簇首相比于 HEED 协议具有更高的剩余能量。随着运行轮数的增大，两者的差距整体上增加。但图中显示大约在 1500 轮之后，HEED 簇首的平均剩余能量呈增加的趋势，这是因为在 HEED 协议中，远离 Sink 节点的节点已经全部死亡，只剩靠近汇聚节点的一些节点，而靠近 Sink 节点的节点消耗能量一直较小，所以后来的平均剩余能量有增加的趋势，但此时已经不能够全面监测。总之，HEED-HMHA 协议的网络消耗更加均衡，具有更好的能量效率。

图 5-21 和图 5-22 所示为在不同监测区域内，两种协议网络生存时间的比较。从图中可以看出，两种协议网络节点的死亡时间都很集中，随着在节点数不变的情况下监测区域变长，两种协议稳定期都下降了，即节点出现死亡的时间更早了；但同时 HEED-HMHA 协议与 HEED 协议的差距更加明显。

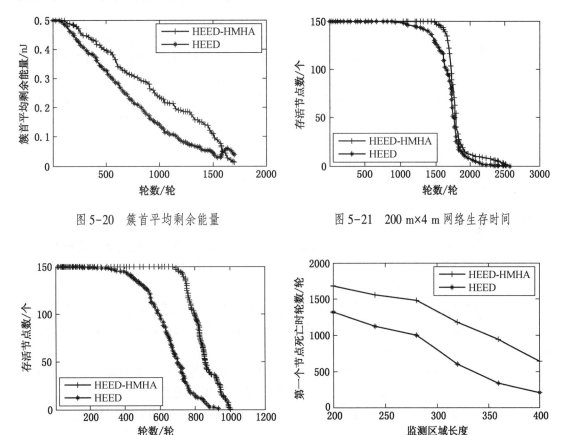

图 5-20 簇首平均剩余能量

图 5-21 200 m×4 m 网络生存时间

图 5-22 400 m×4 m 网络生存时间图

图 5-23 网络稳定生存周期

图 5-23 所示为监测区域从 200 m×4 m 变化到 400 m×4 m 时，网络稳定生存周期的变化。横坐标表示监测区域的变化，纵坐标为监测区域中第一个节点死亡时的轮数。从图 5-23 中可以看出，随着网络区域范围的变大，两者的差异更大，改进的 HEED-HMHA 协议具有更好的性能。

6　矿山物联网数据处理技术

6.1　物联网数据处理技术研究现状

物联网数据的感知与处理就是通过采集、检索、变换等处理过程，从异构的、无规则的、海量的、冗余的数据中逐步提取出精简的、有用的信息的过程。判断一个物联网实时性优劣的关键在于能否对海量的数据进行高效的处理。目前关于物联网实时数据感知与处理技术的研究大多是基于数据融合、压缩、过滤及云计算等方向上进行的。

1. 数据融合

物联网数据融合技术多数是与路由技术结合在一起的，通过在节点路由过程中加入数据融合机制，减少数据量，降低能耗，节约通信成本，从而提高实时性。数据融合技术可以把在不同位置的多个同类或不同类传感器提供的局部环境的不完整信息加以融合，消除传感器之间可能存在的冗余和矛盾信息并加以互补，降低其不确定性，以形成对系统环境的相对完整一致的感知描述，从而提高智能系统的决策、规划和反应的快速性和正确性，降低决策风险，得出更为准确、可靠的结论。

2. 数据压缩

在物联网中的数据压缩技术中，主要进行与时间相关的数据量的压缩或者通过压缩与空间相关的数据量的方法来提高实时性。

3. 数据过滤

由于物联网终端具有易遭受攻击、数据不确定的特点，故引入虚假信息过滤机制，保障数据的安全性和可靠性，与此同时，缩小数据冗余，提高网络实时性。

4. 应用大数据与云计算的数据处理

随着大数据与云计算技术的迅速发展，各大互联网公司率先将物联网与云计算联络起来，将感知层的感知数据经过网络层的传输到达云计算后台，从而利用云计算的超强处理能力，实现物联网海量数据的查询、过滤、融合功能。

现阶段针对网络的数据处理主要有以上几个分支，国内外专家学者对此提出和改进了许多方法，取得了一定的效果。然而物联网环境下的网络实体类型繁多，功能不同，因此优化网络结构，提高实时性的研究不能对所有网络一概而论，必须进行合理分类。

6.2　矿山物联网数据融合处理技术

数据融合是在 20 世纪 70 年代出于军事目的而提出并发展起来的，国内相关的研究起步较晚，到 20 世纪 80 年代末才开始出现相关报道，到 90 年代末出现了一批研究成果和相关著作，其成果也主要应用在军事领域。近年来，随着检测技术与信息技术的发展和完善，已经被应用于许多工程领域，取得了一些令人瞩目的成效，越来越受到人们的重视。

数据融合还属于智能信息处理技术，智能信息处理技术通过应用中间软件提供跨行业、跨系统的信息协同及共享和互通功能。尽管目前为止关于数据融合还没有一个统一的定义，但人们将一般数据融合的显著特点概括为：提高信息的可信度和目标的可探测性，扩展空间搜索范围和瞬时的搜索范围，降低推理模糊程度，改进探测性能，增加目标特征矢量的维数，提高空间分辨率，增强系统的容错能力和自适应性，从而提高整个系统的性能。以上可总结为数据的冗余性与互补性。

1. 数据的冗余性

每一传感器以不同精度感知目标环境中相同的特征，从多个传感器中提取的信息自然存在着冗余，因此这些信息的融合肯定会减少信息的不确定性，提高对象特征感知的准确度。在某些传感器发生故障或失灵时，多传感器提供的冗余信息可以提高系统的可靠性。

2. 数据的互补性

多传感器可以获取仅用单个传感器所不能获得的目标环境特征，扩展了单个传感器的性能。一般情况下，单个传感器只能获得目标对象空间的一个子集，而多传感器的数据融合可以最大限度地获得目标的状态、特征等完整的信息集合，进而产生有意义的新的信息，而这一新的信息是任何单一传感器所无法获得的。

正因为多传感器数据融合所获得的信息具有冗余性、互补性，使得多传感器数据融合系统具有较强的鲁棒性。从广义上讲，多传感器数据融合可推广到多设备融合、多系统融合。需要指出的是，这里的传感器是一个广义的概念，不但包括传统意义上的各种传感器系统，也包括与观测环境相匹配的各种信息获取系统，甚至包括人或动物的感知系统。

以此来看，矿山多传感器数据融合系统与单传感器信号处理或低层次的多传感器数据处理方式相比较，具有其独特的优势：

（1）扩大了系统覆盖范围，可以更加准确地获得被测对象或矿山环境的信息，并且相比于任何单一传感器获得的信息具有更高的精度与可靠性。

（2）通过各传感器的相辅相成，获得单一传感器所不能获得的独立的特征信息，降低了对单个传感器的性能要求。

（3）依照系统的先验知识，通过数据融合处理，可以完成分类、识别、决策等单一传感器无法做到的任务。

（4）提高了系统可靠性与鲁棒性。因为一般矿山的数据是从多个（种）传感器得到，当一个或多个传感器失效或出现错误，系统依然能够继续工作。

6.2.1　数据融合的结构模型

从多传感器系统的信息流通形式和综合处理层次上看，状态融合的结构模型主要有 4 种，即集中式、分布式、混合式和多级式。集中式融合结构模型如图 6-1 所示，分布式融合结构模型如图 6-2 所示，混合式融合结构模型如图 6-3 所示。

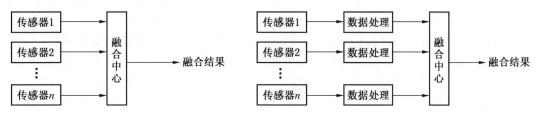

图 6-1　集中式融合结构模型　　　　　　图 6-2　分布式融合结构模型

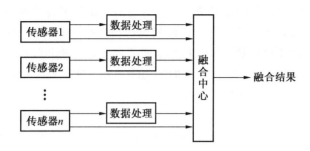

图 6-3　混合式融合结构模型

6.2.2　数据融合原理与融合方法

数据融合要靠各种具体的融合方法来实现。目前数据融合方法的研究主要从以下几个方面展开。

1. 直接对数据源操作的方法

1）加权平均法

加权平均法是一种最简单和最直观的数据融合方法，该方法将多个传感提供的数据进行加权，平均后作为融合值。这种方法的特点是能实时处理动态的原始传感器的检测数据，但调整和设定权系数的工作量很大，并带有一定的主观性。

2）神经网络方法

神经网络方法模仿人脑的结构和工作原理完成多传感器的数据信息融合。首先根据数据系统要求和信息融合形式来选择神经网络的拓扑结构，对各传感器的输入信息进行综合处理作为一个总体输入向量，并将此向量映射定义为相关单元的映射函数，通过神经网络与环境的交互作用把环境的统计规律反映到网络本身的结构中，最后对传感器的输出信息进行学习，确定权值的分配，完成知识获取和数据融合，进而对输入模式做出解释。神经网络有很强的非线性处理能力，不需要系统的物理模型，并具有自组织、自学习、并行性和容错性的特点，能够很好地满足多传感器数据融合技术的要求。

但是，神经网络的模型结构、网络层次和节点数的选择都需要人为地进行调整，同时存在泛化能力差的问题，这些因素将直接影响融合效果。

2. 基于对象的统计特性和概率模型的方法

1）卡尔曼滤波法

卡尔曼滤波法使用测量模型的统计特性递推，确定出统计意义下的最优融合数据估计，此方法主要用于动态环境中底层次冗余传感器测量信息的实时融合。当系统具有线性动力学模型，且系统噪声是白噪声时，卡尔曼滤波为数据融合提供了唯一的统计意义下的最优估计。卡尔曼滤波的递推特性，使系统处理不需要大量的数据存储和计算，然而当采用单一的卡尔曼滤波器对多传感器组合系统进行数据融合时，存在很多严重的问题：在组合信息大量冗余的情况下，计算量将以滤波器维数的三次方剧增，实时性差；而且在传感器故障增加时，当某一系统出现故障而没有来得及被检测出时，故障数据会污染整个系统，进而降低系统的可靠性。

2）贝叶斯估计法

贝叶斯估计法是静态数据融合中常用的方法，其本质为概率分布，适用于具有可加高斯噪声的不确定信息处理。每一个源的信息均被表示为一概率密度函数，贝叶斯估计法利用设定的各种条件对融合信息进行优化处理，它使传感器信息依据概率原则进行组合，以条件概率表示测量出的不确定性。多贝叶斯估计把每个传感器作为一个贝叶斯估计，将各单个传感器的联合概率分布结合成一个联合后验概率分布函数，通过求解使联合分布函数的似然函数最大的解，进而获得多传感器信息的最终融合值。该方法的缺陷是贝叶斯估计需要事先确定先验概率。

3）统计决策理论法

统计决策理论法把信息的不确定性体现为可加噪声，从而不确定性的适应范围更广。融合时必须先对不同传感器观测到的数据经过一个鲁棒性综合检测，以检验数据的一致性，经过一致性检验的数据通过鲁棒极值决策规则进行融合。

3. 基于规则推理的数据融合方法

1）D-S 证据法

D-S 证据理论是由 Dempster 首先提出、由 Shafer 进一步发展起来的一种不精确推理理论，是贝叶斯估计法的扩展。基于 D-S 证据数据融合方法首先计算各个证据的基本概率赋值函数、信任度函数和似然函数，然后用 D-S 组合规则计算所有证据联合作用下的基本概率赋值函数、信任度函数和似然函数，最后根据一定的决策规则，选择联合作用下支持度最大的假设获得最后的结果。与贝叶斯方法相比，该方法无须知道先验概率，但它要求各证据间相互独立，且需要事先进行基本概率赋值，从而限制了它的使用范围。

2）产生式规则法

产生式规则法是人工智能中常用的控制方法，在数据融合中主要用于知识系统的目标识别。产生式系统一般由产生式规则、总体数据库和控制结构部分组成。该方法推理较明了，易于系统解释，但产生式规则法中的规则一般要通过对具体使用的传感器的特性及环境进行分析后归纳出来，不具有一般性；系统更换或增减传感器时，其规则要重新产生，所以这种方法的系统扩展性较差。

3）模糊理论法

模糊理论法的基本思想是把普通集合中的绝对隶属关系灵活化，使元素对集合的隶属度从原来只能取 {0，1} 这两个数中的值扩充到可以取 [0，1] 区间的任意数值，因此适用于传感器信息的不确定性的描述和处理。模糊数据融合方法是将模糊理论应用到数据融合中，将多传感器数据融合过程中的不确定性直接表示在推理过程中，是一种不确定推理过程。此方法首先对多传感器的输出模糊化，将所测得的物理量进行分级，用相应的模糊子集表示，并确定这些模糊子集的隶属函数，每个传感器的输出值对应一个隶属函数，然后使用多值逻辑推理，根据模糊集合理论的演算，将这些隶属函数进行综合处理，最后将结果清晰化，计算出非模糊的融合值。

目前模糊数学作为一种处理不精确信息的工具，正在数据融合中发挥着重要作用，但用模糊理论进行信息融合时，模糊规则不易确立，隶属度函数难以确定，这是该方法的不足之处。

4）粗糙集方法

粗糙集（RS）理论是波兰华沙理工大学 Pawlak 教授于 1982 年提出来的一种研究不完整数据和不确定性知识的强有力的数学工具，能有效地分析和处理不精确、不一致、不完整等各种不完备信息，并从中发现隐含的知识，揭示潜在的规律。粗糙集融合方法是把每次传感器采集的数据看成一个等价类，利用粗糙集理论的属性约简、核和相容性等概念，对大量的传感器数据进行分析，去除冗余信息，求出最小不变核，找出对决策有用的决策信息，进而得到最快的融合算法。

粗糙集方法的优点在于不需要预先给定检测对象的某些属性或特征，而是直接从给定问题的知识分类出发，通过不可分辨关系和不可分辨类确定对象的知识约简，导出问题的决策规则。当一些传统的融合方法需要的条件都无法满足时，采用基于粗糙集理论的融合方法许多情况下可以解决问题。粗糙集在数据融合中的应用主要体现在两个方面：一是基于粗糙集理论及其各种推广模型进行数据的特征信息的提取；二是将粗糙集理论与其他融合技术集成进行混合数据融合。

目前粗糙集已经成为人工智能领域的一个新的学术热点，在知识获取、知识分析和决策分析等方面得到了广泛的应用，在数据融合领域得到了重视。

6.3 矿山物联网大数据处理技术

煤炭企业为了保障安全生产，不仅提出了各种先进的管理方法，制定了各种规章制度，还投入了大量资金购进各种保障安全生产的系统或设备。实践表明，这些系统和设备虽然在一定程度上提高了煤炭企业的安全生产水平，但并没有形成系统的煤矿安全生产保障体系，还存在逻辑和功能上的条块分割问题：一是缺乏一个具有技术前瞻性并具有弹性的系统架构技术来指导这些系统的构建以及系统间信息、功能的互联互通；二是缺少有效的技术手段处理煤矿安全生产保障体系所产生的海量数据以及高效的处理方法。

物联网、大数据及云计算是一种新兴的用于解决系统架构和互通、数据处理及计算的热门技术。将这些技术应用到煤矿安全生产保障系统中，有望解决目前所面临的问题。

6.3.1 物联网、大数据及云计算技术

大数据不是突然产生的概念，而是经济社会发展到现阶段的必然产物。在大数据概念产生之前，已经有了"信息爆炸""海量数据"等提法。事实上，早在 20 世纪 60 年代，美国白宫就提出成立一个统一大型数据库，把政府部门所有的数据库连接、集中、整合在一起，从而提高数据的准确性和一致性。2009 年，奥巴马就任美国总统，任命了美国历史上第一位首席信息官和首席技术官，并建立了统一的数据开放门户网站 Data. gov，全面开放政府拥有的公共数据，鼓励更多的创新型应用，提高政府的效率和效能。美国麦肯锡全球研究院于 2011 年 6 月发布《大数据：创新、竞争和生产力的前沿》的研究报告，指出"大数据时代已经到来"，数据正成为与物质资产和人力资本相提并论的重要生产要素，各界对"大数据"的关注达到一个新的高度。麦肯锡称：数据，已经渗透到当今每一个行业和业务职能领域，成为重要的生产因素。人们对于海量数据的挖掘和运用，预示着新一波生产率增长和消费者盈余浪潮的到来。

此后，全球 IT 巨头纷纷把长期部署的海量数据设备、数据分析、商务智能等硬件、软件与服务，以"大数据"这一概念推向战略前沿。近两年来，IBM、甲骨文、EMC、SAP 等国际 IT 巨头已经花费巨资用于收购相关数据管理和分析厂商，以实现大数据领域的技术整合。美国政府于 2012 年 3 月宣布"大数据研究和发展计划"，以提高对大数据的收集与分析能力，增强国家竞争力，此举引发了世界各国政府对大数据的高度关注。从

此，大数据进入广大公众视野。

《互联网进化论》一书中提出"互联网的未来功能和结构将与人类大脑高度相似，也将具备互联网虚拟感觉、虚拟运动、虚拟中枢、虚拟记忆神经系统"的观点，并绘制了一幅如图 6-4 所示的互联网结构图。

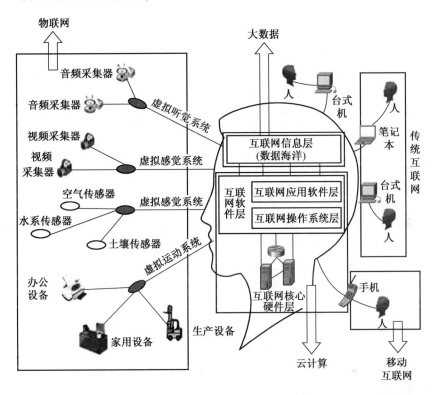

图 6-4　互联网虚拟大脑结构图

根据这一观点，可以将目前互联网分为大数据、云计算、物联网和移动互联网、传统互联网 4 种类型。

6.3.2　矿山建设与大数据

物联网产生大数据，大数据服务于物联网。所以说什么是大数据呢？大体来讲，大数据是指一个体量及数据类别特别大的数据集，大数据处理技术是指从不同类型的海量数据中，快速获得有价值信息的技术。目前所说的大数据不仅指数据本身的规模，也包括采集数据的工具、平台和数据分析系统。全球均比较认可的"大数据"的定义：为了更经济高效地从高频率获取的、大容量的、不同结构类型的数据中获取有价值的数据而设计的新一代架构和技术。此定义也能够概括为 4 个特点，即高容量、多样性、速度，以及价值，包括基础架构、数据管理、分析挖掘和决策支持 4 个层面。当然也有其他不同的观点，IBM对于大数据的定义便是规模性（Volume）、多样性（Variety）、高速性（Velocity）和真实性（Veracity）的"4V 理论"，NetApp 大中华区总经理认为大数据应包括 A、B、C 三个要素：大分析（Analytic）、高带宽（Bandwidth）和大内容（Content）。

从实质上来讲，大数据并不是简单解决数据大及结构类型复杂的问题，而是在于如何把废弃的数据整合成有价值的"黄金"。大数据中包括的全部事实、经验、信息都是

"集"的对象和内容。采集到的原始数据往往是些"零金碎玉"，没有什么逻辑，不一定能直接用现在掌握的科学技术解释，需要集成融合各个侧面的数据，才能挖掘出前人未知的大价值。因此，对海量数据进行分析，从而获取更多智能化、深层次、商业价值高的信息，才能最终为创业决策提供有价值的信息。开展大数据研究和应用，切忌"盲人摸象""坐井观天"，一定要各个方面协作。

1. 基于大数据的煤矿数据管理

一个矿山在其建设过程中对于数据的管理是至关重要的，数据一旦具有了价值就会被使用，如果由专门的机构来对矿山的大数据进行管理，有效地使用数据，充分发挥数据的价值，对矿山智能化水平的提升将会产生十分有利地推进作用。不仅仅是矿山建设，其实大数据就在我们身边，我们身边的电脑、电视甚至手机都是数据产生的源头，只要这些连接互联网，当我们使用这些终端时就会产生数据，单纯看这些数据或许并不具备价值，但是经过分析、归纳和整理后，一些零散的数据就会形成有价值的信息，比如用互联网登录的网站信息、登录网上商城浏览过的信息、车辆行驶的路径、手机上网的位置信息等，这些信息不论对于政府机关的行政管理，还是对于商业企业的市场经营，都是有参考价值的。如果把城市中人们生产生活所产生的各类数据全部进行归类整理，形成大数据信息，那么数据信息的价值将是大到难以估算的。

2. 基于大数据的煤矿重大灾害预警

煤矿灾害预警是避免瓦斯、水害、火灾、冲击地压等事故发生，减少人员伤亡和财产损失的有效措施。但至今为止，人们还无法完全预测煤与瓦斯突出、冲击地压等事故发生的规律，还不能准确预警煤与瓦斯突出、冲击地压、水害、火灾等矿山事故。因此，研究基于大数据的煤矿事故预警方法，将大数据用于煤与瓦斯突出、冲击地压、水害、火灾等煤矿事故预警，具有十分重要的理论价值和实践意义。

1）基于大数据的煤与瓦斯突出预警

研究表明，煤与瓦斯突出事故发生前，瓦斯涌出量、环境温度等会发生变化，并伴有声音、电磁辐射和红外辐射等。因此，通过大数据研究瓦斯涌出量（根据瓦斯浓度、风量、落煤量等计算）、环境温度（风速、地面进风温度、设备开停、排出风量、地面进风温度、机电设备开停等）、微震、地音、电磁辐射、瓦斯含量、瓦斯压力、采掘位置、赋存条件、地质构造等与煤与瓦斯突出事故的关系，提出预警模型，就可以进行煤与瓦斯突出预警。

2）基于大数据的煤自然发火预警

研究表明，煤自然发火时的温度、乙烯浓度、乙炔浓度等会发生变化。因此，通过大数据研究周围的温度、湿度、气味、乙烯浓度、乙炔浓度、链烷比、烯烷比、氧气浓度以及煤种、煤自燃倾向性和发火期等，结合采煤方法及工艺、通风方式等与煤自然发火的关系，建立预警模型，就可以进行煤自然发火预警。

3）基于大数据的水害预警

研究表明，水害事故发生前，涌水量、水位等会发生变化。因此，通过大数据研究涌水量（监测水流量、水位、排水量等）、水压、水温、水质、生物趋势、环境温度、环境湿度、声音、水文地质、气象条件等与水害事故的关系，建立预警模型，就可以进行水害预警。

3. 大数据的特点

大数据是一种基于大量信息处理问题的新方法，具有如下特点：

（1）研究全体数据，而不是随机样本，数据集体量巨大。

（2）研究事件间的相关关系，而不是因果关系，只需要结果，不需要研究过程。

（3）研究对象多样，数据类型繁多，涵盖数字、文字、语音、图形、图像，从监测数据到网络日志、视频、图片、地理位置信息等。

（4）处理速度快，在短时间内可从各种类型的数据中快速获取有价值的信息。

6.3.3　矿山建设与云计算

1. 云计算的基本概念及云服务分类

从根本上讲，云计算与大数据的区别就是静与动的区别：云计算强调的是计算过程，这是动态的特点；而大数据则是计算的对象，是静的特征。如果与实际相结合，前者强调的是计算能力，或者看重存储能力。即便如此，也并不意味着云计算与大数据就如此泾渭分明互不相干。大数据需要处理大数据的能力（数据获取、清洁、转换、统计等能力），其实就是强大的计算能力；另外，云计算的动也是相对而言，比如基础设施（即服务中的存储设备）提供的主要是数据存储能力。如果把数据比作财富，那么大数据就相当于宝藏，而云计算就是挖掘和利用宝藏的利器。

从专业角度叙述，大数据又通过云计算的方式，将这些数据筛选处理分析，提取出有用的信息，这就是所谓的大数据分析技术。物联网、移动互联网等是大数据的来源，而大数据分析则是为物联网和移动互联网提供有用的分析，获取价值。也就是说，云计算主要为数据资产提供了保管、访问的场所和渠道，数据才是真正有价值的资产。大数据应用起源于互联网，并不断向以数据生产、流通和利用为核心的各个产业渗透。目前国内很多城市的金融、矿山、零售、电信、公共管理、医疗卫生等领域都在积极地探索和使用大数据。

1）云计算的基本概念

从概念上讲，云计算作为一种基于互联网的新型服务模式和计算模式，具有虚拟化、伸缩性、多租户等特点，为解决矿山建设中大规模分布式数据管理、面向服务应用集成、快速资源部署等问题提供了有力的支撑手段，可以助力智能矿山的建设和发展。

云计算与大数据两者之间有很多的交集，谷歌、亚马逊公司等都拥有大量大数据并能够进行云处理。EMC总裁基辛格强调大数据应用必须在云设施上运行（即大数据离不开云）。同时，支撑大数据以及云计算的底层准则是一样的，即规模化、自动化、资源配置、自愈性，这些都是底层的技术准则。因此基辛格才会认为大数据和云之间存在很多密不可分的地方。

而智能矿山建设则是以多应用、多行业、复杂系统组成的综合体。多个应用系统之间存在信息共享、交互的需求。各种不同的应用系统需要共同抽取数据综合计算和呈现综合结果。如此众多繁复的系统自然需要多个强大的信息处理中心进行各种信息的处理和计算。

在智能矿山的建设过程中，通常会有很多种智慧化应用需求，云计算的优势就在于：一是可以让计算资源得到充分利用，其中包括价格昂贵的服务器以及各种网络设备，工作人员的共享使成本降低；二是可以把昂贵的固定资产投入转化为相对低廉的运行维护投入；三是可以为每项智慧化应用按需配置计算资源；四是便于统一更新维护。随着当前信息化进程不断加快，新一代信息技术发展日新月异，经济社会发展对信息服务的需求持续增长。

2）云计算分类

（1）按服务类型分类。所谓云计算的服务类型，就是指其为用户提供什么样的服务；通过这样的服务，用户可以获得什么样的资源；用户该如何去使用这样的服务。目前业界普遍认为，从服务类型的角度，云计算可分为3类，之后会详细介绍。

（2）按服务方式分类。云计算作为一种革新性的计算技术，虽然具有许多现有技术所不具备的优势，但是也不可否认地带来了一系列的挑战，如安全、可靠性、监管等，首当其冲的就是安全问题。对于那些对数据安全要求很高的企业（如银行业、保险行业、军事企业等）来说，客户信息是最宝贵的财富，安全自然而然是首要问题。其次就是可靠性问题，如银行希望其每一笔交易都能快速、准确地完成。针对这一系列问题，按照云计算提供者与使用者的所属关系为划分标准，将云计算分为3类，即公有云、私有云和混合云。用户可根据自身需求，选择适合自身的云计算模式。

①公有云。公有云是由各种企业和用户共享使用的一个云环境。在公有云中，用户所需的服务由一个独立的、第三方云供应商提供。该供应商也同时为其他用户服务，这些用户共享这个云供应商所拥有的资源。

②私有云。私有云是由某个企业独立构建和独立使用的云环境，是为一个企业或组织所专用的云计算环境，只有用户是这个企业或组织的内部成员，才能共享使用该云计算环境所提供的所有资源，公司或组织以外的用户无法访问这个云计算环境提供的服务。

③混合云。指公有云和私有云的混合。

3）云计算特性

从上面的定义可以看出，云计算有两方面的含义：一方面描述了基础设施，用来构造应用程序的平台，如果把应用程序类比作PC机上的应用程序，基础设施的地位相当于PC机上的操作系统；另一方面描述了建立在基础设施上的"云应用"。云计算能够提供了一个可供动态分配的资源池，资源虚拟化和高可用的计算平台。云计算实现技术的特性如下：

（1）硬件基础设施搭建在大规模的廉价的服务器集群上。

（2）虚拟化。

（3）高可靠性。

（4）通用性。

（5）高可扩展性。

（6）按需服务。

4）云服务分类

目前，普遍认为云计算的落地方式主要有3种，即基础设施即服务（IaaS）、平台即服务（PaaS）和软件即服务（SaaS）。

IaaS面向企业用户，提供包括服务器、存储、网络和管理工具在内的虚拟数据中心，可以帮助企业削减数据中心的建设成本和运维成本。PaaS面向应用程序开发人员，提供简化的分布式软件开发、测试和部署环境，它屏蔽了分布式软件开发底层复杂的操作，使得开发人员可以快速开发出基于云平台的高性能、高扩展性的 Web 服务。SaaS 面向个人用户，提供各种各样的在线软件服务。这 3 类服务具有一定的层级关系，在数据中心的物理基础设施之上，IaaS 通过虚拟化技术整合出虚拟资源池，PaaS 可在 IaaS 虚拟资源池上进一步封装分布式开发所需的软件栈，SaaS 可在 PaaS 上开发并最终运行在 IaaS 资源池上。可见，Iaas、PaaS、SaaS 3 种服务，几乎覆盖了整个 IT 产业生态系统。随着云计算的发展，IT 产业将面临新一轮的调整。云服务分类关系与区别如图 6-5 所示。

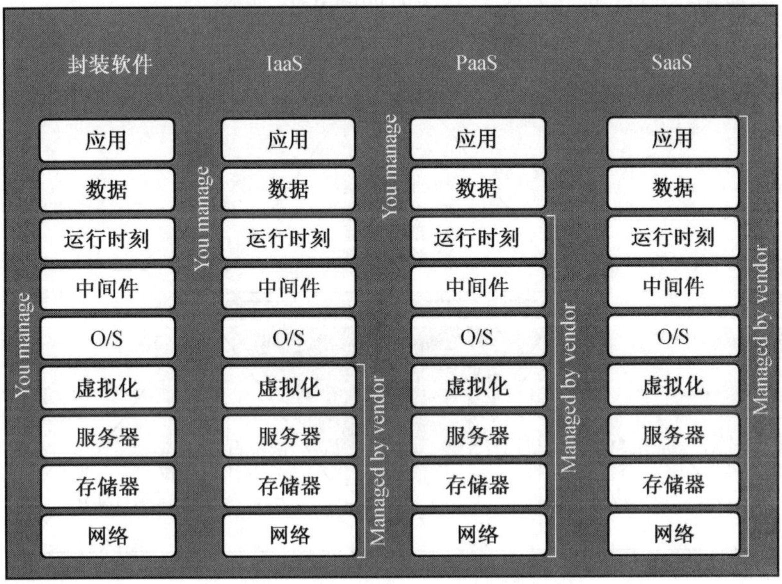

图 6-5 云服务分类关系与区别图

（1）IaaS。IaaS 是指将 IT 基础设施能力通过互联网提供给用户，并根据用户对资源的实际使用量或占用量进行计费的一种服务。IaaS 以服务的形式提供虚拟硬件资源，如虚拟主机、存储、网络、数据库管理等资源。用户无需购买服务器、网络设备、存储设备，只需通过互联网租赁即可搭建自己的应用系统。

IaaS 为用户提供按需付费的弹性基础设施服务，其核心技术是虚拟化，包括服务器、存储、网络的虚拟化以及桌面虚拟化等。虚拟化技术改变了 IT 平台的构建方式和 IT 服务的提供方式：其一，虚拟化技术能将一台物理设备动态划分为多台逻辑独立的虚拟设备，为充分复用软硬件资源提供了技术基础；其二，通过虚拟化技术能将所有物理设备资源形成对用户透明的统一资源池，并能按照用户需要生成不同配置的子资源，从而大大提高资源分配的弹性、效率和精确性。

（2）PaaS。PaaS 是指将软件研发的平台作为一种服务，以 SaaS 的模式提交给用户面向广大互联网应用开发者，其核心技术是分布式并行计算。PaaS 的技术范畴一直是业界讨论的热点。经典的 PaaS 定义仅指适用于特定应用的分布式并行计算平台（如谷歌和微软），这也是业界目前所高度关注的。因此，PaaS 也是 SaaS 模式的一种应用。但是，PaaS 的出现可以加快 SaaS 的发展，尤其是加快 SaaS 应用的开发速度。PaaS 能将现有各种业务能力进行整合，具体可以归类为应用服务器、业务能力接入、业务引擎、业务开放平台，向下根据业务能力需要测算基础服务能力，通过 IaaS 提供的 API 调用硬件资源，向上提供业务调度中心服务，实时监控平台的各种资源，并将这些资源通过 API 开放给 SaaS 用户。

从服务层级上看，PaaS 在 IaaS 之上、SaaS 之下，实际上 PaaS 的出现要比 IaaS 和 SaaS 晚。某种程度上说，PaaS 是 SaaS 发展的一种必然结果，它是 SaaS 企业为提高自己的影响力、增加用户满意度而做出的一种努力和尝试。SaaS 企业把支撑应用开发的平台发布出来，软件开发商根据自身需求，利用平台提供的能力在线开发、部署，然后快速推出自己的 SaaS 产品和应用。PaaS 的三大业务驱动力如图 6-6 所示。

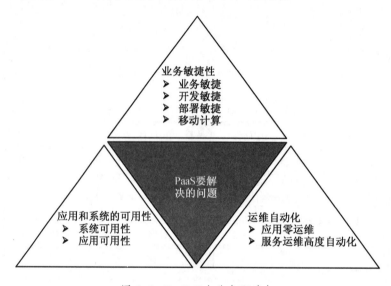

图 6-6　PaaS 三大业务驱动力

云计算 PaaS 为软件开发者特别是 Web 应用开发人员提供了极大的便利。以 VMware 公司推出的一款开源的 PaaS 平台 CloudFoundry 为例，主要体现在以下几个方面：

①隐藏了基础设施方面的工作，使用 PaaS 的开发人员不再需要关心基础设施的创建和维护。

②按需付费，使用者不再需要为了可能面临的应用访问高峰而储备多余的硬件资源。使用 PaaS 的应用完全可以根据使用量来进行付费。

③开发的便利，PaaS 平台内置了大量流行的框架以及各种类型的数据库、消息中间件等服务。开发人员无须再对这些框架和服务进行配置，完全可以直接拿来使用。

④方便实际测试，如果没有云平台，那么测试需要另外搭建一套模拟系统来进行测试。而成熟的 PaaS 平台提供了一套和实际部署非常类似的测试平台以供使用人员进行测试。

⑤方便运维，具有监控和自动扩展功能的 PaaS 可以最大限度地脱离人工维护的因素。利用平台自身的监控管理功能，就可以完成大量本来需要人力维护的工作。

⑥开源。首先 CloudFoundry 拥有最大的开源 PaaS 社区，在社区中有大量的资源和志愿者愿意提供帮助。而同时 CloudFoundry 是基于 Apache 2.0 许可证，任何人都可以修改作为商用，并且可以闭源。因此使用者完全可以自行对 CloudFoundry 进行定制，建立一个私有的 CloudFoundry。

（3）SaaS。SaaS是一种通过Internet提供软件的模式，是终端用户最直接、最常见的云计算服务，通过浏览器把服务器端的程序软件传给千万用户，供用户在线使用。

SaaS云供应商为用户搭建信息化所需要的所有网络基础设施及软件、硬件运作平台，并负责所有前期的实施、后期的维护等一系列服务，同时以免费或按需使用的形式向用户收费，而用户则根据自己的实际需要，向SaaS提供商租赁软件服务，而不必担心软件安装与维护等问题，且可节省大量开支。

SaaS的实现方式主要有两种：一种是通过PaaS平台来开发SaaS；另一种是采用多租户构架和元数据开发模式，使用Web2.0、StructS、Hibernate等技术来实现SaaS中各层的功能。具有代表性的主要有GoogleApps、Saleforce CRM、Office WebApps、Zolo、Email等。

2. 云计算关键技术

云计算的主要特点是可以进行大数据、密集型并行计算，同时也可以进行移动计算。一般情况下，组成云计算的关键技术主要是围绕虚拟化技术、分布式并行计算技术和海量数据存储技术及云计算平台的管理技术这几项展开。

1）虚拟化技术

虚拟化可以称作云计算最为重要的技术基础，虚拟化技术实现了CPU、内存、硬盘等硬件资源的逻辑抽象表示，虚拟化后的计算资源可以根据用户的需求快速、灵活地部署，大大提高了资源的利用率。早在20世纪60年代末，IBM就在其大型主机上实现了硬件分区，可以将一台昂贵的大型机逻辑上分成多个独立运行的计算机，各自运行自身的操作系统，达到充分利用计算资源的目的。随着X86体系结构的服务器的崛起和快速的性能提升，分布式计算技术的飞速发展，迫切需要解决物理基础架构利用率低而成本高昂、IT的管理和维护成本上升、故障恢复及安全保护不足等问题，因此虚拟化技术再次被启用并发扬光大。

实际上，虚拟化是云计算相对独立的一种技术，具有悠久的历史。从最初的服务器虚拟化技术，到现在的网络虚拟化、文件虚拟化、存储虚拟化，业界已经形成了形式多样的虚拟化技术。云计算的持续走热，更是促进了虚拟化技术的广泛应用。

（1）服务器虚拟化。

服务器虚拟化是最近国内外研究的一个非常热门的领域。在复杂的IT环境中，冗余的硬件设备使公司机房饱和，每一件新购入的设备也会带来额外的能源开销。将物理服务器转化为虚拟服务器，是确保机房环境稳定及IT开销在可控制范围内的行之有效的方法。

对服务器的虚拟化主要包括处理器（CPU）虚拟化、内存虚拟化和I/O虚拟化3部分。虚拟化技术可以通过两个方向来帮助服务器更加合理地分配资源，一种方向就是把一个物理的服务器虚拟成若干个独立的逻辑服务器，这个方向的典型代表就是分区；另一个方向就是把若干个分散的物理服务器虚拟为一个大的逻辑服务器，这个方向的典型代表就是网络。

服务器虚拟化的优点有以下几点：

①节省能源。虚拟化技术可以将多个不同应用的服务器整合到一台物理机上，充分利用多核多线程CPU的性能，从而达到节能环保的目的。

②节省空间。由于网站应用的不断增加，服务器数量也呈爆炸性的增长，IDC空间压力陡增。虚拟化技术将服务器整合后可以节省大量的机架空间，降低IDC成本。

③最大限度地保证业务连续。应用虚拟化技术后，一旦某台物理设备出现损坏，所有的虚拟机可以迁移到集群中的其他设备上。

④缩短新系统的部署时间。

⑤减少硬件支出。

⑥资源调整灵活。

（2）存储虚拟化。

存储虚拟化技术就是把不同的存储设备进行映射，映射的结果是成为单独唯一的存储资源，这样就能透明化地对用户进行呈现，让客户能够进行互相操作。利用虚拟化技术的特性，用户通过利用自己的设备，将 SAN 中的资源进行统一，利用一些常见的技术，将这个大的存储体先进行切割，再进行分配，以便保证现有投资的安全。同时根据不同企业的业务需求，服务器的动态情况可以通过储存池进行透明的变化呈现，甚至能够在存储区域网与存储区域网之间实现虚拟化。

随着时间的积累，数据中心通常配备多种类型的存储设备和存储系统，这一方面加重了存储管理的复杂度，另一方面也使得存储资源的利用率极低。存储虚拟化应运而生，它通过在物理存储系统和服务器之间增加一个虚拟层，使物理存储虚拟化成逻辑存储，使用者只访问逻辑存储，从而实现对分散、不同品牌、不同级别的存储系统的整合，简化了对存储的管理。

（3）网络虚拟化。

一般而言，随着应用的增长，数据中心的网络系统变得十分复杂，这时需要引入网络虚拟化技术对数据中心资源进行整合。网络虚拟化有两种不同的形式：纵向网络分割和横向节点整合。当多种应用承载在一张物理网络上时，通过网络虚拟化的分割功能（纵向分割），可以将不同的应用相互隔离，使得不同用户在同一网络上不受干扰地访问各自不同应用。纵向分割实现对物理网络的逻辑划分，可以虚拟化出多个网络。对于多个网络节点共同承载上层应用的情况，通过横向整合网络节点并虚拟化出一台逻辑设备，可以提升数据中心网络的可用性及节点性能，简化网络架构。

与服务器虚拟化类似，网络虚拟化旨在在一个共享的物理网络资源之上创建多个虚拟网络，同时每个虚拟网络可以独立地部署以及管理。网络虚拟化概念及相关技术的引入使得网络结构的动态化和多元化成为可能，被认为是解决现有网络体系僵化问题、构建下一代互联网的最好方案。

（4）桌面虚拟化。

桌面虚拟化将用户的桌面环境与其使用的终端设备解除耦合。服务器上存放的是每个用户的完整桌面环境。用户可以使用不同的具有足够处理和显示功能的终端设备，通过网络访问该桌面环境。桌面虚拟化的最大好处就是能够使用软件从集中位置来配置 PC 及其他客户端设备。系统维护部门可以在数据中心，而不是在每个用户的桌面管理众多的企业客户机，这就减少了现场支持工作，并且加强了对应用软件和补丁管理的控制。

（5）应用虚拟化。

应用虚拟化为应用程序提供了一个虚拟的运行环境，在这个环境中，不仅拥有应用程序的可执行文件，还包括它所需要的运行环境。从本质上来说，应用虚拟化是把应用对底层的系统和硬件的依赖抽象出来，从而解除应用与操作系统和硬件的耦合关系。应用程序运行在本地的应用虚拟化环境中，这个环境为应用程序屏蔽了底层可能与其他应用产生冲突的内容，如动态链接库等。这简化了应用程序的部署或升级，因为程序运行在本地的虚拟环境中，不会与本地安装的其他程序产生冲突，同时带来应用程序升级的便利。

2）分布式并行计算

分布式处理是云计算的一个关键环节，它可以部署在虚拟化之上，解决云计算数据中心大规模服务器群的协同工作问题，由分布式文件系统、分布式计算、分布式数据库和分布式同步机制 4 部分组成。在云计算出现以前，业界就不乏对分布式处理的理论研究和系统实现。自 2003 年起，谷歌公司接连在计算机系统研究领域的顶级会议和杂志上发表一系列论文，揭示其内部分布式数据处理方法，正式揭开了人们把分布式处理作为云计算基础架构进行研究的序幕。

3）分布式数据存储技术

云存储技术也叫分布式存储技术，由于云平台必须要求高性能以及高可靠性，所以在面向海量医疗数据存储的时候必须要采用分布式存储技术，将数据分块分区域存储，但是由于要求高性能，所以要求系统采用冗余存储的方式，即时通过备份多个副本的方式进行存储，这样既能保证数据的安全性也能保证数据的高效性。

因此，云计算的数据存储技术具有高吞吐率和高传输率的特点。云计算系统中广泛使用的数据存储系统是谷歌开发的 GFS 和 Hadoop 团队开发的 HDFS。

4）分布式海量数据管理

云计算基础在于海量数据的存储，核心在于数据。一般情况下，分布式存储为用户提供了相应的并行访问接口，但是如果直接在文件系统上对数据进行操作往往会有很大的延时性以及操作的困难性，因此需要对数据存储进行合理的优化。

3. 云计算资源调度

云计算资源包括云环境中所有的 IT 资源，云计算资源调度就是对云环境中所有 IT 资源进行科学的整合和高效的调度分配以满足云用户的需求。首先是对云计算环境中的实体资源的整合，借助虚拟化技术建立统一的标准将云环境中的 IT 资源进行抽象虚拟并对这些虚拟资源统筹管理。建立高效的云计算资源调度机制，将虚拟资源和实体资源进行分配和调度以使整个云环境负载均衡，资源高效利用，云用户的 QoS 要求得到满足。简言之，就是在云计算资源所能提供的服务能力和云用户的 QoS 要求之间建立一个平衡。

资源调度是以优化资源结构和提高资源利用率为目的，而对资源进行科学有效的测量和分析及调节和使用的行为。以分布式计算和网格计算为基础发展来的云计算在资源调度研究上存在很多不足，分布式计算和网格计算的资源调度研究已相对成熟，因此对云环境下的资源调度研究有一定的借鉴性。同时，云环境下的资源也具有自身的特点，必须根据其特点对资源调度算法和资源调度策略进行研究。

1）分布式计算中的资源调度

分布式计算将大的问题划分解成很多小问题，再把这些小问题分配给不同的计算机求解，并行处理后得到最终结果。分布式环境下的资源调度由资源匹配与任务调度两部分组成。资源匹配是将应用需求和可用资源进行匹配，任务调度决定应用占用资源的具体时间。

分布式环境下的资源调度的研究有两类：一类是相互独立的任务调度；另一类是存在

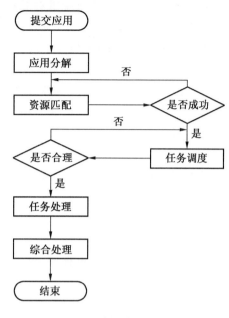

图 6-7 分布式资源调度流程

相互依赖关系的任务调度。对相互独立的任务调度采用动态调度策略；存在相互依赖关系的多任务调度问题是强 NP 完全问题，采用有向无回路图进行描述，对这类任务调度采用静态调度策略。在分布式环境中，根据应用要求和相关数据的依赖关系，将任务分解为多个相互依赖的子任务，这样提高分布式环境的协作能力与并行处理能力。分布式资源调度的流程如图 6-7 所示。

2）网格计算中的资源调度

网格资源种类多、数据量大、地域分布广，因此对网格环境的资源进行有效的管理十分重要。网格资源管理包括资源管理和用户管理，资源管理包括资源信息、资源定位、资源预约、资源分配和资源迁移以及资源更新等，用户管理包括用户信息等。网格计算实质是把一个应用请求分解为多个子任务，接着为每一个子任务寻找最优的物理机资源，最后根据处理机的实际情况进行任务执行和资源调度，其中资源的调度决定着网格计算的整体性能。在网格资源调度的过程中两方面必须重点考虑：如何将用户任务定位到资源是资源调度问题；如何在物理主机上使用资源是资源调度分配问题。网格资源调度过程如图 6-8 所示。

网格资源调度的简要流程如下：

（1）用户提交作业，网格系统将作业分解成多个子任务。

（2）分析模块分析资源状况（处理能力等），获取可使用的资源集。

（3）网格资源调度系统根据调度策略对任务集和资源集进行匹配，调度模块完成资源调度，将任务分配到相应的资源上进行执行。

（4）将执行结果反馈给用户，结束。

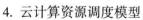

图 6-8 网格资源调度过程

4. 云计算资源调度模型

研究云计算中资源调度必须深入研究云计算的体系结构和资源调度模型。云计算资源体系结构由底层到上层广义地把云计算分为资源层、平台层和应用层，其中资源层又分为虚拟资源和物理资源，如图 6-9 所示。

位于云计算资源体系结构模型底层是资源层，它是云计算资源体系结构最基本的组成部分，是云计算上层提供服务的基础。资源层分为物理资源和虚拟资源，物理资源是由分布在不同地域数据中心的物理资源基础设施所组成的，包括存储器、数据库、网络设备、计算机等；虚拟资源是通过虚拟化技术将物理资源虚拟成的动态资源池。

平台层是云计算的核心层，它主要负责提供开发、测试、部署和运行分布式软件的平台环境以及对云环境的管理。主要包括中间件、资源管理、数据管理、用户管理、安全管

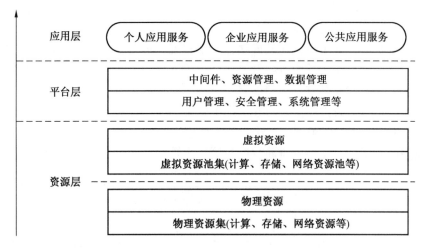

图 6-9　云计算资源体系结构

理、系统管理等。用户管理功能包括环境配置、用户账号管理、资源使用计费；安全管理是通过身份认证、授权访问、安全审计和综合防护等措施来负责保障服务设施的整体安全；资源管理是通过对虚拟资源情况的实时监测来达到使云计算资源使用均衡的目的，各个资源节点故障监测和恢复也是通过资源管理来实现的；任务管理的功能是对用户所提交的任务找到相应的资源进行部署和管理，同时负责管理任务调度的生命周期。

应用层包括企业应用、个人应用和公共应用 3 种服务。

云计算资源调度是完成云计算资源调度模型中的第一级和第二级，其中第一级负载是解决用户任务与虚拟机资源的分配问题，第二级调度是解决虚拟机资源与真正的物理机资源映射问题。先完成云用户的任务请求与虚拟机资源的动态匹配，然后根据匹配获得的虚拟机映射物理机。具体过程如图 6-10 所示。

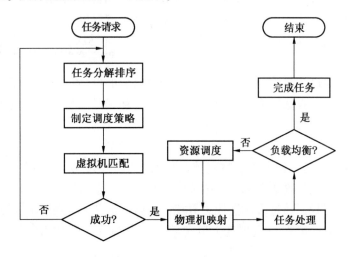

图 6-10　云计算资源调度过程

5. 云计算中资源调度算法分析

资源调度策略及算法根据不同的优化目标，可以划分成 3 个部分：基于性能的资源调度、基于成本的资源调度、基于性能和成本的资源调度，如图 6-11 所示。根据算法特点可分为另外 3 类。第一类是传统的调度算法，其中包括最小完成时间、轮循调度算法等。这类算法的特点是研究起步早，比较成熟，易于实现，但对复杂问题的处理性能差。第二类是启发式智能调度算法，其中有蚁群算法、遗传算法、人工神经网络算法以及粒子群算法等智能算法。这类算法具有寻优性能好、自适应性强等优点，但这类算法搜索最优解相对复杂。第三类是其他改进算法，是在第二类资源调度算法的基础上引入经济学模型、优先级、QoS 约束等改进的资源调度算法，其实质也是第二类算法。这类算法考虑云计算的实际，有较强的实用性，实现的难易程度与第二类算法相当。

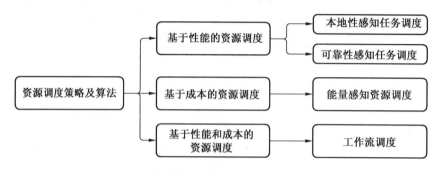

图 6-11　资源调度策略及算法分类

　　由于这些智能算法应用十分广泛，接下来将对常见的几种启发式智能资源调度算法进行详细的介绍和对比。

1）蚁群算法

蚁群算法（ACO）是近年来才提出的一种基于种群寻优的启发式搜索算法，由意大利学者 Marco Dorigo 等于 1991 年首先提出。该算法受到了自然界中真实蚁群集体行为的启发，利用真实蚁群通过个体间的信息传递、搜索从蚁穴到食物间的最短路径的集体寻优特征，来解决一些离散系统中优化的困难问题。多样性是蚁群的探索能力，确保觅食行为不会陷入无限循环；正反馈是蚁群的学习适应能力，正反馈机制使相对最优路径信息保存下来。

蚁群算法与其他进化算法相似，通过对候选解组成的群体进化来寻求最优解。作为一种随机优化算法，蚁群算法不需要任何先验知识，最初只是随机地选择搜索路径，随着对解空间的了解，搜索更加有规律性，并逐渐得到全局最优解。

2）遗传算法

遗传算法（GA）是一种模仿生物遗传过程的搜索进化算法，适用于寻找复杂问题的最优解。遗传算法模拟生物进化过程，初始化种群，根据环境设置适应度函数、遗传选择、染色体交叉与变异，通过多次迭代去寻找最优解。遗传算法搜索广度大，从包含初始化的种群中开始搜索，能在一定程度上避免陷入局部最优；通过引入性能评价指标函数（适应度函数）进行选择，简化了搜索过程；通过染色体的交叉变异，优化了搜索效率；在解决动态复杂问题时，可扩展性强，易于组合其他算法求解复杂搜索问题。与此同时，遗传算法的缺点也较为明显，算法早期求解效率高，但不能避免限于局部最优，全局搜索能力表现差；随着后期迭代次数的增加，算法效率大幅降低，算法收敛速低下；搜索过程没有反馈机制，搜索具有一定的盲目性。

3）人工神经网络算法

人工神经网络算法（ANN）的研究起源于 19 世纪末，由 Waldeger 等人创建的神经元学说。人工神经网络模拟人类大脑皮层神经元工作原理，抽象人类神经系统的工作机制。人工神经网络是由大量的神经元相互连接而成的自适应非线性动态系统，大量神经元互相连接形成神经网络，通过感觉器官和神经接受来自身体内外的各种信息，传递至中枢神经系统内，经过对信息的分析和综合，再通过运动神经发出控制信息，实现全面协调系统复杂的活动。人工神经网络通过学习能够自身适应环境、认识事物、总结规律等。具有很强的自组织与自适应特性，通过后天的训练和学习可以进一步加强功能；泛化能力强，有很好的预测能力和控制能力；非线性映射能力强，输入与输出的映射关系直接清晰，使系统的设计难度降低；具有高度并行性，能并行处理多种任务，并行分布存储数据并且有良好的容错性。人工神经网络的不足是很难做到像人脑一样在处理问题时精确，算法后期收敛速度慢。

4）粒子群优化算法

粒子群优化算法（PSO）是 1995 年由 Kennedy 博士与 Eberhart 博士在研究鸟群在觅食过程中的迁徙路径与群聚时提出的一种全局搜索优化算法。粒子优化群算法基于群体智能的算法，模拟鸟群在觅食过程中鸟群通过反复离散与聚合最终向最近的食物源靠近。粒子群优化算法通过粒子之间的协作与竞争实现对复杂空间的最优解搜索，每个粒子以一定的速度在多维搜索空间中运动，通过自身历史经验与群体经验调整自己的运动方向与速度，并向自身历史最优解和群体最优解靠近，实现对最优解的搜索。粒子群算法有以下特点：

（1）粒子群算法的初始化是一个随机的粒子群，通过所有粒子迭代求解。

（2）粒子群算法由适应度函数值就可以确定范围，对目标函数依赖性较低。

（3）粒子群算法属于一种群体搜索方法，具有潜在的自适应性。

算法的初始化是随机的赋予一组解，之后通过求解粒子适应值，更新粒子的位置，再根据粒子的历史最优值以及群体的历史最优值，动态调整粒子运动的方向和速度，然后迭代求解直到满足收敛条件，最终求得最优解。粒子群算法是随机连续性算法，算法结构简洁、收敛速度快、参数较少、实现容易、鲁棒性强。粒子群优化算法也存在以下缺点：参数的确定不易，目前缺少一套通用的标准来确定粒子群算法中的参数，需要根据以往经验进行多次测试来确定最好的参数；对于离散范围的求解较为困难，参数值的调整可以让粒子向最优位置靠拢，但在粒子群优化算法的后期，参数的细小变化都有可能导致算法的局部搜索能力变差，最终给运算结果带来很大影响，所以粒子群算法的主要不足就是在算法参数的准确性上。

6.3.4 矿山架构与平台搭建

煤炭行业物联网应用分为 4 个层次，如图 6-12 所示。每个层次的职能和要实现的目标各不相同。对于地方煤矿，有的矿业集团物联网层由县（市）煤炭行业物联网来承担。

1. 数字矿山的基本概念与架构

数字矿山是对真实矿山整体及相关现象的统一认识与数字化再现，即将矿山生产、安全、矿山地理、地质、矿山建设等综合信息全面数字化，其目的是利用信息技术及现代控制理论与自动化技术去动态详尽地描述与控制矿山安全生产与运营的全过程。以高效、安

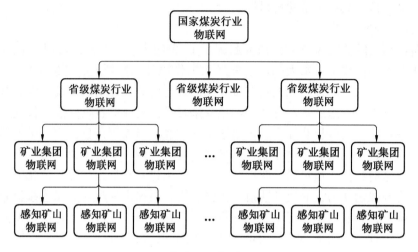

图 6-12　煤炭行业物联网 4 级层次

全、绿色开采为目标，保证矿山经济的可持续增长，保证矿山自然环境的生态稳定。为此，提出了几种不同类型的数字矿山模型，如吴立新教授提出的 5 层同心圆模型（图 6-13a）；僧德文先生提出的 7 层模型（图 6-13b）等。这些数字矿山模型有力地推动了数字矿山概念的发展与普及，起到了非常积极的作用。

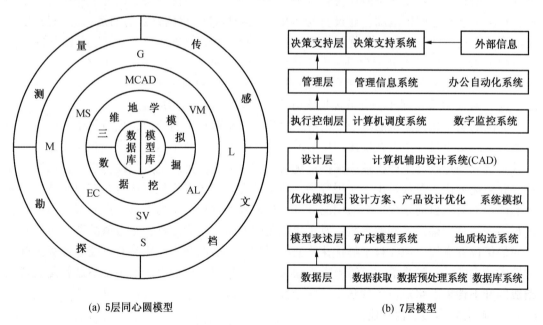

(a) 5 层同心圆模型　　　　　　　　(b) 7 层模型

图 6-13　数字矿山模型

2. 矿山综合自动化的概念及其目标

浙江大学中控定义的流程工业综合自动化为：流程工业综合自动化技术就是将企业生产过程中的控制、优化、运行、计划与管理等程序作为一个整体进行控制与管理，提供整体解决方案，以实现企业的优化运行、优化控制与优化管理，从而实现企业信息化，提高企业的核心竞争力。流程工业对综合自动化技术的需求主要关注 4 个方面的问题：①安全，即需要用高可靠性的控制系统、检测和执行机构对设备与装置的运行提供保障，进而对关键设备进行故障诊断与健康维护；②低成本，即通过先进的设备工艺技术及工艺参数以降低能耗和原料消耗，以及通过先进的建模技术、控制技术和实时优化技术来提高产品的合格率；③高效率，即通过先进的计划调度与排产技术和流程模拟技术来提高设备的利用率和劳动生产率；④高竞争力，即通过数据和信息的综合集成，如先进的管理技术（包括 ERP、CRM、SCM 等）、电子商务、价值链分析技术等，以促进企业价值的增值，最终提高企业的综合竞争力。

在上述概念与目标中未提及地质与环境的影响，这是由于普通的流程工业对地质、环境的依赖较小。我国著名自动化专家柴天佑院士提出：矿山综合自动化是应用企业资源计划系统（ERP）/生产执行系统（MES）/过程控制系统（PCS）3 层框架结构，将先进的控制技术、计算机技术等信息技术与先进的金矿生产工艺技术、现代管理技术相结合，提出矿山企业综合自动化系统现代集成制造系统的体系结构与整体设计技术。这就是将矿山生产成本控制与管理、物料控制与管理、设备监控与管理、生产调度与生产数据统计分析等技术应用于矿山经营与生产管理过程，研发以生产调度与统计、物料、生产过程成本、设备、质量、地测等的实时管理为中心的 MES 和以财务管理为中心的 ERP；通过 MES 承上启下作用和计算机网络与数据库支撑系统将 PCS、MES、ERP 和企业网服务系统集成，实现企业的信息流、物流、价值流优化集成，实现矿山的优化控制、优化运行和优化管理。

尽管数字矿山与矿山综合自动化这两个概念是不同专业领域的专家针对信息时代的矿山建设分别提出的，但是，数字矿山与矿山综合自动化在整体概念上和要实现的目标上是一致的。当然，这两个概念的融合也是最符合逻辑的。

3. 煤矿大数据可视化管理总体架构设计

基于云计算平台和分层设计理念，建立了煤矿物联网一体化信息平台体系架构，如图 6-14 所示。

（1）感知层主要实现煤矿井下、井上信息的采集与感知。感知层分为无线传感网络部分和有线监控网络部分，无线传感网络是基于低功耗传感器和无线自组网技术工作的，具有移动性强、运维方便等优点，可实现对井下甲烷、一氧化碳、氧气、温度、湿度、浓度等环境信息及机电设备运行状态信息的感知以及对作业人员的实时定位等。有线网络主要实现井下语音通信、视频监控等原始数据的传输。

（2）通信传输层主要包括平台的整体传输网络，是井上井下数据进行可靠、长距离传输所依赖的基础设施。井上传输网络通常由卫星网络、有线局域网络和 3G/4G 无线网络组成。井下传输网络对设备的防水、防爆性能要求较高，通常由光纤环网、以太网络、总线、一级分站、二级分站等部分构成。

（3）信息服务层主要实现对数据的存储和格式化描述，并向上层应用提供服务访问接口。井下数据经通信传输层传送至信息中心后，依托云计算平台进行集中处理，解决异构系统融合、中性访问、端对端服务等问题，具体包括虚拟服务、信息服务、应用服务、安全服务及文件储存的提供等。

（4）应用层是一体化信息平台的业务层，通过提供不同的应用来满足用户不同的业务需求。一体化信息平台基于云计算平台，将环境监测、机电设备监控、井下人员定位等各种应用集于一体，为用户提供简洁明了的访问界面和个性化服务。

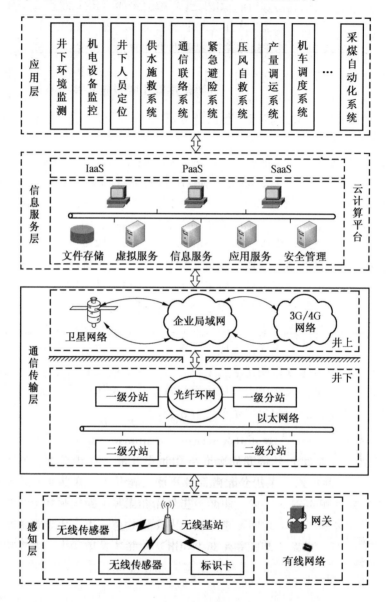

图 6-14　煤矿物联网一体化信息平台体系架构

4. 煤矿大数据可视化管理平台功能模块设计

煤矿可视化管理平台以煤矿综合自动化系统和信息管理系统为基础，平台功能结构如图 6-15 所示。

1）数据集成模块

数据集成是把不同来源、格式、特点、性质的数据在逻辑上或物理上有机地集中，从而为煤炭企业提供全面的数据共享。数据集成模块将来自于不同部门、不同系统和不同格式的数据进行整合与梳理，同时规范平台中的所有数据。数据集成的核心任务是要将互相

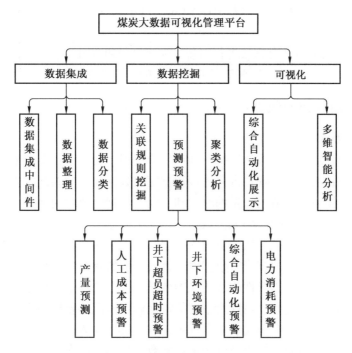

图6-15 煤矿大数据可视化管理平台功能结构图

关联的分布式异构数据源集成在一起，使用户能够以透明的方式访问这些数据源。

2）数据挖掘模块

大数据管理和应用的目标是：一方面可以更加精准地把握公司生产、安全和运行等方面的情况；另一方面可以对未来生产和安全的发展以及可能遇到的问题进行预测。在数据集成功能的基础上，数据挖掘是平台的核心功能。在数据挖掘阶段，首先分析发现数据与系统之间的关系，以此为基础展开数据的分类与预测，最后再进行聚类分析，发现数据中的"黄金"。

3）可视化展示模块

为了发现煤矿数据中的"黄金"，还需要将数据提炼成信息，然后再将信息升华为知识。在数据集成和数据挖掘的基础上，还需要将从数据中挖掘出的"黄金"形象表达出来。为了优化表达数据挖掘的结果，系统将可视化技术引入到数据管理中来，采用可视化展示的方式在平台上充分、直观地展示出数据挖掘的结果。

5. 云计算平台搭建的关键

建设云计算平台是一个涉及软件资源、硬件资源管理、优化、分配等复杂的系统化工程。为搭建矿山云计算平台，至少需要解决如下关键问题：

（1）理清矿山云计算中数据与应用的关系。

（2）建立能够实现矿山云计算集成与共享平台体系。

（3）以已有软硬件资源为基础，基于虚拟化技术研究并搭建云存储模式，实现海量数据的合理组织。

（4）采用虚拟化技术搭建矿山软硬件资源的应用平台。

（5）以SOA为基本框架搭建服务虚拟化的矿山云计算平台，给出服务管理、搜索调用机制，对多元、异构、海量矿山数据的访问通过不同粒度的数据服务和计算服务来实现，并发布这些服务。

（6）采用计算服务对已有算法进行封装，实现计算组件共享。

（7）采用 Silverlight、Flex 实现基于 RIA 技术的客户端方法。

6.4　矿山物联网数据处理算法

6.4.1　数据的预处理

首先，数据预处理是整个数据挖掘与知识发现过程中的一个重要步骤。这是由于不完整、含噪声和不一致的数据是现实世界大型数据库或数据仓库的共同特点，而数据的预处理能有效地提高数据质量，节约大量的时间和空间。数据预处理的常规方法有如下几种。

一是数据清洗，即去掉噪声和无关数据。

二是数据集成，就是将多个数据源中的数据结合起来存放在同一个数据存储器的技术和过程，数据源可以是多个数据库、数据立方体或一般的数据文件。

三是数据变换。就是采用线性或非线性的数学变换方法将多维数据压缩成较少维数的数据，消除它们在时间、空间、属性及精度等特征表现方面的差异。常见的数据变换方法有数据平滑、数据聚集、数据概化、数据规范化以及属性构造。

四是数据归约。数据归约技术可以用来得到数据集的归约表示，它接近于保持原数据的完整性，但数据量比原数据小得多。与非归约数据相比，在归约的数据上进行挖掘，所需的时间和内存资源更少，挖掘将更有效，主要方法包括数据立方体聚集、维归约、数据压缩、数值归约、离散化和概念分层等。

1. 自相关函数

在离散随机过程 $\{y_t\}$ 中，元素 $y_t(t = 0, 1, 2\cdots)$ 属于随机变量，而平稳的随机过程具有期望和方差均为常量的特点，分别表示为 μ、σ_y^2。

自相关函数是描述随机过程在不同时刻的值与值之间依赖性的一个量度，定义为

$$R(t_1, t_2) = E[y_{t_1}, y_{t_2}]$$

随机过程 $\{y_t\}$ 的自协方差函数定义为

$$\gamma_k = \text{cov}(y_t, y_{t-k}) = E(y_t - \mu)(y_{t-k} - \mu) \tag{6-1}$$

当 $k = 0$ 时，$\gamma_0 = \text{Var}(y_t) = \sigma_y^2$。

自相关系数定义为

$$\rho_k = \frac{\text{Cov}(y_t, y_{t-k})}{\sqrt{\text{Var}(y_t)}\sqrt{\text{Var}(y_{t-k})}} = \frac{\text{Cov}(y_t, y_{t-k})}{\sigma_y^2} = \frac{\gamma_k}{\sigma_y^2} = \frac{\gamma_k}{\gamma_0} \tag{6-2}$$

当 $k = 0$ 时，有 $\rho_0 = 1$。

2. 偏自相关函数

偏自相关函数是描述随机过程结构特征的另一种方法。用 ϕ_{kj} 表示 k 阶自回归过程中第 j 个回归系数，则 k 阶自回归模型表示为

$$x_t = \phi_{k1}x_{t-1} + \phi_{k2}x_{t-2} + \cdots + \phi_{kk}x_{t-k} + u_t \tag{6-3}$$

其中，ϕ_{kk} 是最后一个回归系数，u_t 是真实值与预测值之间的误差。若把 ϕ_{kk} 看作滞后期 k 的函数，则称 ϕ_{kk} 为偏自相关函数。

因为偏自相关函数中每一个回归系数 ϕ_{kk} 恰好表示 x_t 与 x_{t-k} 在排除了其中间变量 x_{t-1}、x_{t-2}、…、x_{t-k+1} 影响之后的相关系数，所以偏自相关函数由此得名。

用 ϕ_{kj} 表达 Yule-Walker 方程 $\rho_k = \phi_1\rho_{k-1} + \phi_2\rho_{k-2} + \cdots + \phi_p\rho_{k-p}$，得

$$\rho_j = \phi_{k1}\rho_{j-1} + \phi_{k2}\rho_{j-2} + \cdots + \phi_{kk}\rho_{j-k} \tag{6-4}$$

用矩阵形式表示上式

$$\begin{bmatrix} \rho_1 \\ \rho_2 \\ \vdots \\ \rho_k \end{bmatrix} = \begin{bmatrix} 1 & \rho_1 & \rho_2 & \cdots & \rho_{k-1} \\ \rho_1 & 1 & \rho_1 & \cdots & \rho_{k-2} \\ \vdots & \vdots & \vdots & & \vdots \\ \rho_{k-1} & \rho_{k-2} & \rho_{k-3} & \cdots & 1 \end{bmatrix} \begin{bmatrix} \phi_{k1} \\ \phi_{k2} \\ \vdots \\ \phi_{kk} \end{bmatrix} \tag{6-5}$$

则

$$\phi = P - \rho' \tag{6-6}$$

将 $k = 1$，$2\cdots$ 代入上式连续求解，可求得偏自相关函数为

$$\begin{cases} \phi_{11} = \rho_1 \\ \phi_{k+1,\,k+1} = \left(\rho_{k+1} - \sum_{j=1}^{k} \rho_{k+1-j}\phi_{kj} \right)\left(1 - \sum_{j=1}^{k} \rho_j\phi_{kj} \right) - 1 \\ \phi_{k+1,\,j} = \phi_{kj} - \phi_{k+1,\,k+1} \cdot \phi_{k,\,k+1-j} \end{cases} \tag{6-7}$$

6.4.2 希尔伯特-黄变换（HHT）理论

1998 年，黄锷等人提出经验模态分解（EMD）的概念，并将之与希尔伯特变换理论相结合，引入希尔伯特谱的概念和希尔伯特谱分析的方法，从频谱的概念展示原信号的特质，该过程称之为希尔伯特-黄变换（HHT）。

1. 经验模态分解基本概念

EMD 分解是 HHT 的核心算法，可以将其看作一个"筛选"过程，其能够依据信号特点自适应的将非线性、非平稳信号提取出多个满足一定条件的本征模态函数和一个残余项，基于本征模态函数具有独特的优势，可以对其进行希尔伯特变换，进而求解出各分量的瞬时频率。经验模态分解流程如图 6-16 所示。原信号经过分解后可以表达为

$$x(t) = \sum_{k=1}^{n} \text{imf}_k(t) + r_n(t) \tag{6-8}$$

式中　　$x(t)$——原信号；

$\text{imf}_k(t)$——第 k 个本征模态函数；

$r_n(t)$——残余项（也称为趋势项）。

本征模态函数严格定义了以下两个基本条件：

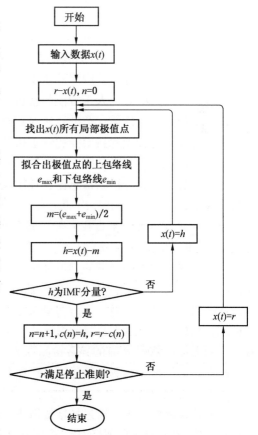

图 6-16　经验模态分解流程图

（1）在整个数据集中，信号极值点的数目与过零点数目必须相差不大于1。

（2）在任何时刻，由信号极大值构造的上包络线和由极小值构造的下包络线的均值在局部为零。

2. IMF 筛选准则

在 EMD 分解过程中使用不同的 IMF 筛选停止准则，将会得到不同的 IMF 集，那么，需要根据数据的特征选取合适的停止准则。目前，筛选过程中判断分量是否属于 IMF 的主要判断准则为柯西准则、中值准则和固定筛选次数标准。其中柯西准则最初由黄锷在 1998 年提出，定义 SD 为公式（6-9），每次求出的 $h_k(t)$ 都与上次求出的 $h_{k-1}(t)$ 函数进行对比判断。中值标准由 Flandrin 于 2004 年提出，将 SD 定义为由信号极值定义的上下包络线的均值，当 SD 小于预定值时，则筛选过程停止。

$$SD = \sum_{t=0}^{T} \frac{[h_{k-1}(t) - h_k(t)]^2}{h_{k-1}^2(t)} \tag{6-9}$$

目前，对于筛选准则还未定义统一严格的数学标准，但是它们都是经过研究学者不断的实践磨砺得到的实用方法准则，使得各分量尽可能接近 IMF 的基本定义。对于制定具有理论支撑的筛选准则，仍然是 HHT 的一个意义重大的研究方向。

6.4.3　机器学习相关算法

机器学习是研究计算机怎样模拟或实现人类的学习行为，以获取新的知识或技能，重新组织已有的知识结构使之不断改善自身的性能。它是人工智能的核心，是使计算机具有智能的根本途径，其应用遍及人工智能的各个领域，主要使用归纳、综合而不是演绎。在过去的 10 年中，机器学习帮助我们自动驾驶汽车，有效识别语音，高效提取矿山有用数据，并极大地提高对人类基因组的认识。机器学习是当今应用十分普遍的一项技术。很多研究者也认为这是最好的人工智能的获得方式。此次最主要是想要通过机器学习算法来优化矿山原始数据，选择最合适的算法对数据进行优化来得到最优解，而且还可以预测矿山设备未来受损情况，因此需要介绍一下机器学习算法。

机器学习从本质上讲是一个多学科的领域，它吸取了人工智能、概率统计、计算复杂性理论、逼近论、凸分析、信息论、控制论、生理学、神经生物学等学科的成果。由卡内基梅隆大学的 TomMitchell 提出的定义：如果一个计算机程序针对某类任务 T 的性能用 P 来衡量并且通过经验 E 来自我完善，那么称这个计算机程序在通过经验 E 学习，针对某类任务 T，它的性能用 P 来衡量。

目前存在多种不同类型的学习算法，主要的两种类型称为监督学习和无监督学习。而这两种类型中又包括了各种不同的算法，它们可以被使用在不同的条件下，诸如线性回归、逻辑回归、神经网络、支持向量机等一些监督学习算法，这类算法具有带标签的数据和样本，比如 x^i、y^i。无监督学习算法包括 K 均值聚类、用于降维的主成分分析，以及只有一系列无标签数据 x^i 时的异常检测算法。

矿井瓦斯涌出量预测是新建或生产矿井新水平通风设计、瓦斯抽放工程设计、瓦斯防治等工作不可缺少的重要环节。在这里，以瓦斯涌出量预测为例进行说明。根据以往采集得到的数据组成数据集，通过特征提取来获得其独特的信息特征，进而就可以通过机器学习算法来构建一个模型，从而可以根据该模型来预测某一特征下的瓦斯涌出量，如图 6-17 所示。

对于这个例子，根据之前的数据预测出一个准确的输出值，对于这个例子就是瓦斯涌出量。当然这只是其中的一类问题，无论采用哪种算法，使用机器学习算法的目的都是希望得到一个最优的解，即目标是选择出可以使得建模误差的平方和能够最小的模型参数，使得代价函数最小：

$$J(\theta) = \frac{1}{m} \sum_{i=1}^{m} \frac{1}{2} \left[h_\theta x^{(i)} - y^{(i)} \right]^2 \qquad (6\text{-}10)$$

代价函数也被称为平方误差函数，有时也被称为平方误差代价函数。之所以要求计算出误差的平方和，是因为对于大多数问题，误差平方代价函数（特别是回归问题）都是一个合理的选择。还有其他的代价函数也能很好地发挥作用，但是平方误差代价函数可能是解决回归问题最常用的手段。

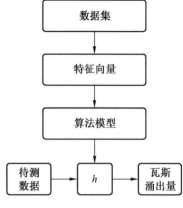

图 6-17　监督学习算法的工作方式

1. 支持向量机理论（SVM）

支持向量机是基于统计学习理论的结构风险最小化和 VC 维的原理，在模型复杂度与学习能力的中间寻找最佳的平衡点，在一定程度上避免了过拟合，主要用于对数据进行分类。支持向量机的主要算法策略为将数据通过核函数映射到高维空间，寻找最大间隔超平面，尽可能将数据分到其两侧，并在该超平面两旁设立等距平行的两个超平面，这两个超平面分别经过距离最大间隔超平面最近的点，那么这些点就构成了支持向量的函数式。

支持向量机是建立在统计学习理论基础之上的。统计学习理论是一种专门研究小样本情况下机器学习（包括模式识别）规律的理论。与神经网络方法相比，在学习复杂的非线性方程时提供了一种更为清晰，更加强大的方式。它的优点如下：

（1）坚强的理论背景使得 SVM 有很强的推广能力，可以避免过度训练。

（2）SVM 通常有解，可以使用一个标准的算法（二次规划）很快地求得解，而且这个解通常是全局最优解，因此不会出现局部能量最小点的问题。

（3）SVM 不需要事先确定网络拓扑结构，当训练过程结束时自动地确定拓扑结构。

（4）SVM 可被看作信息缩减的一种表达（一种降维）。它可以用来解决高维问题而且可以避免"维数灾难"。

2. 神经网络理论

1）神经网络算法

神经网络是一种很古老的算法，它最初产生的目的是制造能模拟大脑的机器。它能很好地解决不同的机器学习问题，而不只因为它们在逻辑上行得通。

神经网络是计算量有些偏大的算法，然而由于近些年计算机的运行速度变快，才足以真正运行起大规模的神经网络。正是由于这个原因和其他一些技术因素，如今的神经网络对于许多应用来说是最先进的技术。

神经网络是试图模拟生物神经系统而建立起来的自适应非线性动力学系统，具有可学习性和并行计算能力，可以实现分类、自组织、联想记忆和非线性优化等功能。神经网络算法的代价函数一种表达形式如下所示：

$$J(\boldsymbol{\Theta}) = -\frac{1}{m}\left\{\sum_{i=1}^{m}\sum_{k=1}^{K}y_k^{(i)}\log[h_\Theta x^{(i)}]_k + [1-y_k^{(i)}]\log[1-h_\Theta x^{(i)}]_k\right\} +$$

$$\frac{\lambda}{2m}\sum_{l=1}^{L-1}\sum_{i=1}^{s_1}\sum_{j=1}^{s_1+1}[\Theta_{ji}^{(l)}]^2 \tag{6-11}$$

代价函数看起来十分复杂，同样通过代价函数来观察算法预测的结果与真实情况的误差有多大。由于神经网络可以对各种映射进行有效的逼近，因此，各种神经网络及其相应算法在诊断推理中得到了应用。

2）神经网络模型

神经网络模型建立在很多神经元之上，每一个神经元又是一个个学习模型。这些神经元（又称激活单元）采纳一些特征作为输出，并且根据本身的模型提供一个输出。以逻辑回归模型作为自身学习模型的神经元示例，在神经网络中，参数又可被称为权重。

根据如图6-18所示的神经网络模型，其中 x_1、x_2、x_3 是输入单元，我们将原始数据输入给它们。a_1、a_2、a_3 是中间单元，它们负责将数据进行处理，然后呈递到下一层。最后是输出单元，它负责计算 $h_\Theta(x)$。

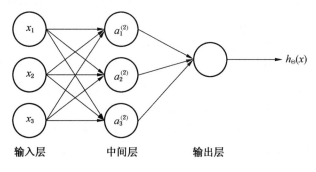

图6-18　神经网络数学模型

神经网络模型是许多逻辑单元按照不同层级组织起来的网络，每一层的输出变量都是下一层的输入变量。下面引入一些标记法来帮助描述模型：

$a_i^{(j)}$ 代表第 j 层的第 i 个激活单元。$\theta^{(j)}$ 代表从第 j 层映射到第 $j+1$ 层时的权重的矩阵，例如 $\theta^{(1)}$ 代表从第一层映射到第二层的权重的矩阵。其尺寸为：以第 $j+1$ 层的激活单元数量为行数，以第 j 层的激活单元数为列数。例如：如图6-18所示的神经网络中 $\theta^{(1)}$ 的尺寸为 3×3。

如同之前所说，每一层的结果都与上一层密切相关，我们可以知道，每一个 a 都是由上一层所对应的 x 决定的。而且我们不只是将特征矩阵中的一行（一个训练实例）喂给了神经网络，而是需要将整个训练集都喂给神经网络算法来学习模型。我们把这样从左到右的算法称为前向传播算法。

因此可以把 a_1、a_2、a_3 看成更为高级的特征值，也就是 x_1、x_2、x_3 的进化体，并且它们是由 x 所决定的，因为是梯度下降的，所以 a 是变化的，并且变得越来越厉害，所以这些更高级的特征值远比仅仅将其 x 次方厉害，也能更好地预测新数据。这就是神经网络算法的优势所在。

在神经网络中，原始特征只是输入层，在如图6-18所示的3层神经网络例子中，第三层（也就是输出层）做出的预测利用的是第二层的特征，而非输入层中的原始特征，可以认为第二层中的特征是神经网络通过学习后自己得出的一系列用于预测输出变量的新特征。这就是神经网络算法的本质：能够通过学习得出其自身的一系列特征，而且构造出越来越复杂的函数，也能得到更加厉害的特征值。

3）神经网络使用步骤

使用神经网络算法，可以遵循下面的步骤：

（1）参数的随机初始化。

（2）利用正向传播方法计算所有的假设函数。

（3）编写计算代价函数 J 的代码。

（4）利用反向传播方法计算所有偏导数。

（5）利用数值检验方法检验这些偏导数。

（6）使用优化算法来最小化代价函数。

6.4.4　物联网监测数据的分布式处理算法

随着矿山物联网在煤矿的应用，出现了大量移动检测点，因而产生大量移动数据。以瓦斯检测为例，由于智能矿灯的应用，煤矿瓦斯检测正从原来的固定点检测模式，逐步转变为固定点检测加移动点检测混用模式。而且随着智能矿灯的大面积使用，瓦斯移动检测的数据量会远远大于固定点传感器的检测数据量，这就带来一系列新的问题：

一是固定瓦斯检测仪检测数据与移动瓦斯检测仪检测数据的关系如何？

二是由于移动瓦斯检测仪移动性、环境变化、调校等原因，如何评价移动检测数据的置信度？

为此，需要研究矿山物联网移动数据处理技术。以瓦斯检测为例，由于矿工在井下行走，移动瓦斯检测仪与固定瓦斯检测仪会形成以下两种特殊场景：

（1）多个移动瓦斯检测仪同时到达某个固定瓦斯检测仪附近所形成的场景，简称"多点单位"。

（2）同一移动瓦斯检测仪在不同时刻到达不同固定瓦斯检测仪附近所形成的场景，简称"单点多位"。

由于两种不同的场景，移动瓦斯检测仪和固定瓦斯检测仪的检测数据会形成两种特殊的空时数据结构，移动瓦斯传感器的数据修正应该针对这两种不同数据结构分别采用不同的数据融合与修正算法。

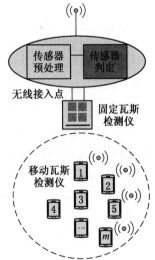

图6-19　"多点单位"场景

1. 基于分簇的自适应加权数据融合算法

多个移动瓦斯检测仪同时到达某个固定瓦斯检测仪附近，相当于同一时刻、同一地点无线接入点获得瓦斯多次测量值，如图6-19所示。这些值构成瓦斯的多维数据点，其表示式为

$$s_k = \{(x_{1k}, \cdots, x_{mk}, y_k, t_k, p_k) \mid k = 1, 2, \cdots, N\} \tag{6-12}$$

其中，$(x_{1k}, \cdots, x_{mk})$ 为同时到达固定瓦斯检测仪 k 附近的 m 个移动瓦斯检测仪测量的瓦斯数据（不大于移动瓦斯检测仪总数），y_k 为固定瓦斯检测仪 k 测量的瓦斯数据，t_k 为数据测量时间，p_k 为测量地点标识。

在无线接入点接收到同一移动瓦斯检测仪测量数据后，考虑到瓦斯数据不具有突变性，选取连续测量的 3 个数据作为该时间窗内基准数据，并计算其算术平均值作为该时间窗内移动瓦斯检测仪测量数据。传感器数据处理采用基于分簇的自适应加权数据融合算法，由于有 N 个固定瓦斯检测仪，因而可以形成 N 个簇，每个簇内算法如下。

（1）计算移动瓦斯检测仪检测的瓦斯数据估计值：

$$\bar{x}_k = \frac{1}{m} \sum_{i=1}^{m} x_{ik} \tag{6-13}$$

（2）计算每一个移动瓦斯检测仪的检测方差：

$$\sigma_{ik}^2 = (x_{ik} - \bar{x}_k)^2 \tag{6-14}$$

（3）选择权值 w_{ik} 使簇内总测量方差函数 $f(w_{1k}, \cdots, w_{mk}) = \sum_i w_{ik}^2 \sigma_{ik}^2$ 最小，可得加权因子：

$$w_{ik} = \frac{1}{\sigma_{ik}^2 \sum_j \frac{1}{\sigma_{jk}^2}} \quad i = 1, 2, \cdots, m; \ j = 1, 2, \cdots, m \tag{6-15}$$

（4）计算簇内融合后目标参量：

$$\hat{x}_k = p_1 \sum_i w_{ik} x_{ik} + p_2 y_k \tag{6-16}$$

其中，$p_1 + p_2 = 1$。p_1、p_2 的取值可按经验选择，这里可选 $p_1 = 0.4$，$p_2 = 0.6$。

（5）定义移动瓦斯检测仪的置信度为

$$C_{ik} = \frac{|x_{ik} - \hat{x}_k|}{|\hat{x}_k|} \quad i = 1, 2, \cdots, m \tag{6-17}$$

定义移动瓦斯检测仪 i 总的置信度为

$$C_i = \frac{1}{P} \sum_{k=1}^{P} C_{ik} \tag{6-18}$$

式中　　P——移动瓦斯检测仪 i 在 N 个固定瓦斯检测仪出现的总次数。

定义 $C_{\min}$ 为移动瓦斯检测仪允许的置信度下限，如果 $C_i > C_{\min}$，则认为第 i 个移动瓦斯检测仪需要校验。选取 $C_{ik} > C_{\min}$ 所对应的 k 集合，计算 $(x_{ik} - \hat{x}_k)$ 的算术平均值作为移动瓦斯检测仪 i 的校验偏移量，下发广播消息通过环网和固定无线接入点对移动瓦斯传感器 i 进行定向校验，标记校验时间并校验次数加 1。

2. 单传感器多测量周期的可信度融合算法

同一移动瓦斯检测仪，在不同时刻到达不同固定瓦斯检测仪附近，形成瓦斯检测数据对（图 6-20），形式化为

$$s_{ik} = \{(x_{ik}, y_{ik}, t_k, p_k) \mid k = 1, 2, \cdots, N\} \quad i = 1, 2, \cdots, M \tag{6-19}$$

式中　　　　M——移动瓦斯检测仪总数；

x_{ik}、y_{ik}——移动瓦斯检测仪 i 在固定瓦斯检测仪 k 处移动瓦斯检测仪和固定瓦斯检测仪各自瓦斯测量值；

t_k——数据测量时间；

p_k——测量地点标识。

传感器预处理单元采用单传感器多测量周期的可信度融合算法，具体如下：

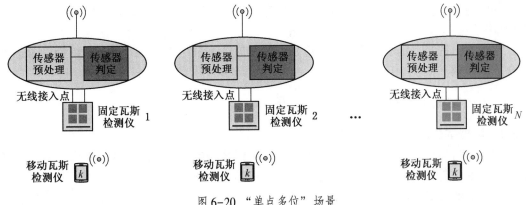

图 6-20 "单点多位"场景

（1）随机选择包含 N 个固定瓦斯检测仪的瓦斯检测数据对，形成待测集合 X，计算集合中移动瓦斯检测仪与固定瓦斯检测仪检验的瓦斯数据估计值：

$$\hat{x}_{ik} = p_1 x_{ik} + p_2 y_{ik} \qquad (6-20)$$

其中，$p_1 + p_2 = 1$。p_1、p_2 的取值可按经验选择，这里可选 $p_1 = 0.4$，$p_2 = 0.6$。

（2）定义移动瓦斯检测仪 i 在固定瓦斯检测仪 k 处的置信度：

$$C_{ik} = \frac{|x_{ik} - \hat{x}_{ik}|}{\hat{x}_{ik}} \quad i = 1, 2, \cdots, M; \ k = 1, 2, \cdots, N \qquad (6-21)$$

（3）定义移动瓦斯检测仪 i 总的置信度为

$$C_i = \frac{1}{P} \sum_{k=1}^{P} C_{ik} \qquad (6-22)$$

式中　P——在集合 X 中包含移动瓦斯检测仪 i 的总次数。

定义 $C_{\min}$ 为移动瓦斯检测仪允许的置信度下限，如果 $C_i > C_{\min}$，则认为第 i 个移动瓦斯检测仪需要校验。选取 $C_i > C_{\min}$ 所对应的移动瓦斯传感器集合，计算 $(x_{ik} - \hat{x}_{ik})$ 的算术平均值作为移动瓦斯检测仪 i 的校验偏移量，下发广播消息通过环网和固定无线接入点对移动瓦斯传感器 i 进行定向校验，标记校验时间并校验次数加 1。如果发现同一时间段内，移动瓦斯传感器 i 已进行过校验，则本次校验作废。

按照上述原理，解决了移动检测数据的置信度、校验，以及多瓦斯传感器下数据处理及判决方法。

3. 两种处理方式的比较

基于分簇的自适应加权数据融合算法与单传感器多测量周期的可信度融合算法可相互转化。

定理 6.1　单传感器多测量周期的可信度融合算法是基于分簇的自适应加权数据融合算法当簇内移动瓦斯检测仪数 $m = 1$ 的特例。

证明　令 $m = 1$，根据式（6-13），移动瓦斯检测仪测量的瓦斯数据估计值 $\bar{x}_k = \frac{1}{m} \sum_{i=1}^{m} x_{ik} = x_{ik}$，每一个移动瓦斯检测仪的检测方差 $\sigma_{ik}^2 = (x_{ik} - \bar{x}_k)^2 = 0$，相应加权因子 $w_{ik} = 1$。因此，簇内融合后目标参量：

$$\hat{x}_k = p_1 \sum_i w_{ik} x_{ik} + p_2 y_k = p_1 w_{ik} + p_2 y_k$$

其中，$p_1 + p_2 = 1$。与单传感器多测量周期的可信度融合算法中的式（6-20）相同。命题得证。

定理 6.1 说明，基于分簇的自适应加权数据融合算法与单传感器多测量周期的可信度融合算法等效。

6.5　矿山物联网数据处理技术的发展

6.5.1　数据融合技术的发展趋势

任何一门学科，包括数据融合技术，必须不断地将前沿科学的最新成果引入本学科领域中，与本学科领域中的已有传统方法进行有机结合，从而促进本学科的发展，否则必将面临被淘汰的命运。数据融合技术与当代前沿科学的融合是数据融合技术的发展方向，正成为推动数据融合技术向前发展的重要力量。目前数据融合技术的发展主要体现在如下几个方面：

（1）发展和完善数据融合的基础理论。虽然近年来国内外对数据融合技术的研究非常广泛，取得了许多成功的经验，但数据融合还没有形成全套的理论体系，缺乏一套有效的一般性问题的解决方法，发展和完善数据融合的基础理论将是数据融合的一个重要研究方向。

（2）数据融合与非线性方法和原理的集成。数据融合处理对象的行为大多数表现为非线性行为，随着对神经网络、混沌与分形理论研究工作的不断深入，基于非线性行为的数据融合方法必将得到进一步的完善。

（3）数据融合与智能方法的集成。目前出现了许多智能计算和识别的理论和方法，如支持向量机、模糊逻辑、粗糙集、遗传算法、人工免疫、专家系统等，将多种不同的智能技术结合起来将会对数据融合算法的研究带来新的思想方法，混合智能数据融合系统是数据融合技术研究的一个发展趋势。

（4）数据融合技术在特定应用领域的研究。由于不同领域对数据融合理论的应用有自身的特点及不同的方法，故对不同领域的融合理论和方法将具有领域特点因而具有更加实用的价值。

6.5.2　大数据处理技术发展趋势分析

1. 大数据处理中数据量的增加

随着科学技术不断发展，智能矿山建设的规模也在不断地扩大。在这种情况下，智能矿山运行中需要管理的各项数据，无论是数据规模还是数量都在不断地增加中。正因如此，智能矿山中的大数据处理技术需要管理的数据总量也会不断地增加。在这一发展趋势下，数据技术人员需要继续做好大数据管理的技术研究工作，利用新型的数据技术提高大数据处理质量与效率。

2. 数据处理质量要求更加严格

在智能矿山数据管理过程中，随着对管理质量要求的不断提升，其数据处理质量要求无论在处理效率、计算误差、处理效果等方面都会更加严格。在这种情况下，就需要在数据管理中利用制度与技术相结合的方式，促进数据处理质量的提升。比如在数据处理过程中，严格处理工作制度内容，利用严格的制度执行与监督工作模式，在制度要求范围内保证工作质量的不断提升。同时，利用技术手段精确处理数据误差，提高数据处理效率，保证数据处理质量的提升。

7 矿山物联网应用子系统

7.1 信息联动系统

感知矿山信息联动系统是为感知矿工周围安全环境、井下各类设备工作状态，实现各类感知信息的实时显示、查询、报警与综合预警，实现井下人员、设备、环境及井上调度之间信息交互所开发的专用软件系统。

7.1.1 系统结构和工作原理

感知矿山信息联动系统在专用的信息联动器中运行，其结构如图 7-1 所示，主要包含运行控制、配置管理、井下信息终端实时信息的收发、监控设备实时报警信息的接收与转发和历史信息查询 5 个部分。各个部分的工作原理如下。

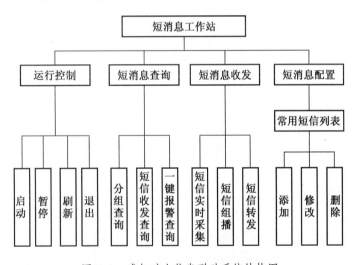

图 7-1 感知矿山信息联动系统结构图

（1）运行控制用来对应系统的启动、暂停、刷新和退出的操作。

（2）配置管理中设置了一个常用短消息列表，可以对常用消息进行添加、修改、删除等操作，节省了编辑短信息的时间。由于受井下智能矿灯内存区限制，其中输入信息不得超过 18 个字。

（3）感知消息接收。每个工人均配置环境信息终端，下井后，在系统主界面即显示正在作业的工人列表，这些井下实时数据包含井下作业人员人数和他们的序号、姓名、矿灯号、编队和当前位置等详细信息。工人在井下可以通过信息终端向上位机发送报警信息，报警后，系统及时显示报警工人、所在编组、报警时间、报警内容及所在位置等信息。

（4）实时接收由监控系统产生的报警信息，经过处理后自动转发给井下指定单个或分组/区域信息终端，告知设备状态和环境状态。

（5）调度信息发送。井上工作调度人员看到报警信息后，可以通过工人列表选择或者智能查找，对相应的井下作业工人发送消息，还可以选择短信的紧急程度并显示短信的实现方式。同时，系统还有短信自动预警功能，调度人员可以输入通知区域半径，自动对报警呼救者附近区域工人进行预警通知。

（6）历史信息查询包括分组查询、信息收发查询和一键报警查询。其中分组查询又包含工种、职务、队名信息。短信收发查询可显示短信的发送内容、对象、时间、短信的紧急程度并显示短信的实现方式，如广播该消息、自动触发、智能查找和存库备查等。

（7）手机短消息接收设置里可以选择自动发送或任意发送。自动发送主要是用于矿灯超限报警；任意发送可以通过选择相应的手机号发送相应的消息。

7.1.2　系统关键技术

感知矿山信息联动系统包括以下关键技术。

1. 井下感知信息的实时采集技术

目前，煤矿井下普遍存在入井人员管理困难，井上人员难以及时准确掌握井下人员的分布和作业情况，井下人员难以知道自身的位置及周边环境的安全状况。感知矿山信息联动系统中的井下感知信息实时采集技术，主要实现了井下矿工位置和所处环境中甲烷、一氧化碳、温度等环境参数的实时采集，被采集的大量实时信息通过传输网络发送至井上调度室，调度人员根据环境参量及系统推演进行综合评估，实时将评估结论发送给井下相关人员。此外还实现信息终端之间的短消息传送功能，有效地保证了井下作业人员与井上调度人员的紧密联系。

井下工作人员配置了智能终端后，可以实时接收来自井上的各种生产调度指令，如是否需要撤离、按照什么路线撤离等。同时，系统将实时采集到的数据存入数据库中，通过短消息查询功能，可查找短信的发送内容、对象、时间、短信的紧急程度并显示短信的实现方式。

2. 应用层信息组播技术

感知矿山信息联动系统中的信息组播技术是指将接收对象按照一定规则划分成若干组，针对不同的组成员发送信息的一种数据处理技术，可以有选择地向指定对象广播发送短消息，有效地解决了单点发送多点接收的问题，实现了网络中点到多点的高效数据传送，保证安全生产指令第一时间发送到井下相关工作人员信息终端上，同时能够大量节约网络带宽，降低网络负载，如图7-2所示。

组播技术指的是单个发送者对应多个接收者的一种网络通信。组播技术中，通过向多个接收方传送单信息流方式，可以减少具有多个接收方同时收听或查看相同资源情况下的网络通信流量。对于 n 方视频会议，可以减少使用 $a(n-1)$ 倍的带宽长度。组播技术基于"组"这样一个概念，属于接收方专有组，主要接收相同数据流。该接收方组可以分配在因特网的任意地方。

3. 基于空间位置的感知信息转发技术

感知矿山信息联动系统中的基于空间位置的感知信息转发技术支持点对点发送和区域转发，能实时准确地接收报警信息并定位报警人员的位置，及时向报警呼救者指定附近区域工人预警通知。系统还能对各种异常状态进行预警、报警，并转发给井下人员。

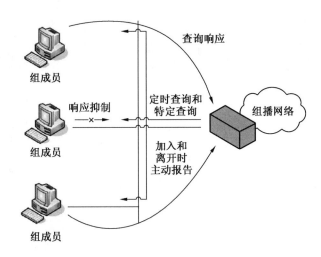

图 7-2 组播技术原理图

7.1.3 系统功能模块

（1）感知信息接收。系统显示正在作业的工人列表，包含井下作业人员人数和他们的序号、姓名、矿灯号、编队以及当前位置等详细信息。工人在井下通过智能终端向上位机发送报警信息，系统及时显示报警工人、所在编组、报警时间、报警内容及所在位置等信息。

（2）调度命令发送。井上工作调度人员通过工人列表选择或者智能查找，对相应的井下作业工人发送调度命令，还可以选择短信的紧急程度并显示信息内容的实现方式。

（3）预警发送。调度人员输入通知区域半径，系统自动对报警呼救者附近区域工人进行预警通知。

（4）配置管理。配置管理中可以设置常用短消息列表，对常用信息进行添加、修改、删除等操作。由于受井下智能矿灯内存区限制，其中输入信息不得超过 18 个字。

（5）历史信息查询。历史查询包括分组查询、短信收发查询和一键报警查询。其中，分组查询又包含工种、职务、队名信息。短信收发查询可显示短信的发送内容、对象、时间、短信的紧急程度且显示短信的实现方式。

（6）手机短消息接收设置里可以选择自动发送或任意发送。自动发送主要是用于矿灯超限报警；任意发送可以通过选择相应的手机号发送相应的消息。

由于感知矿山信息联动平台具有较强的专业性，同时具有生产调度命令优先，因此消息的发送应具有严格的用户身份审查，不能随意向生产中的设备和人员发送无关调度命令，因此用户需要身份确认。

图 7-3 所示为系统运行的主界面，由实时工人及手持信息终端报警状态、生产人员信息、井下呼救信息、消息发送区等模块组成。

消息发送模块如图 7-4 所示，由快速选择、设置发送对象、发送优先级、广播设置等功能组成。

短信自动预警设置如图 7-5 所示，当有信息终端报警时，系统能自动通知到给定范围内的所有工人。

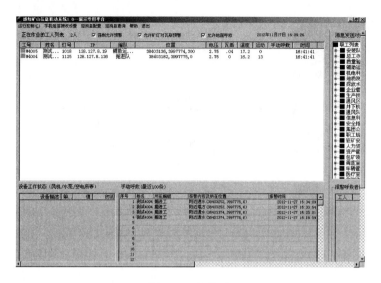

图 7-3　主界面

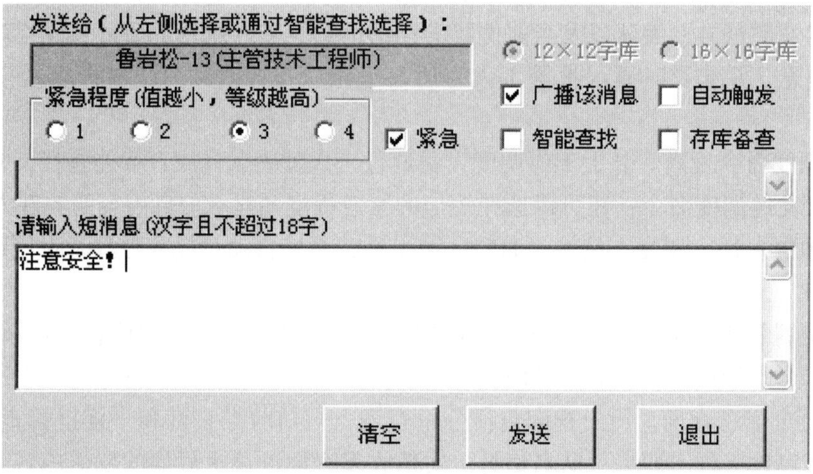

图 7-4　短消息发送

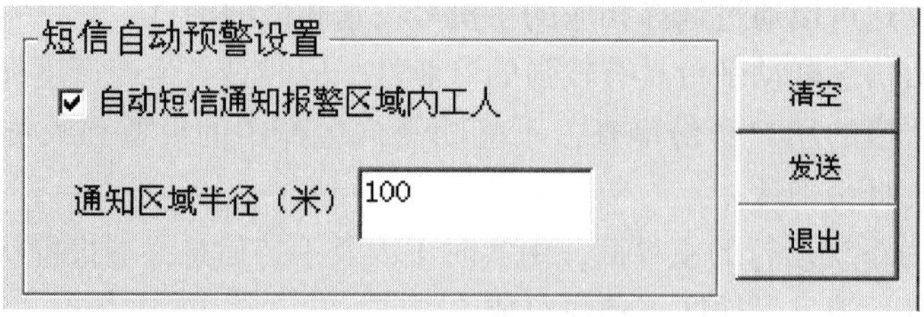

图 7-5　短信自动预警设置

实时生产与报警列表如图 7-6 所示，显示所有当前正在井下作业人员的姓名、终端设备号、编队和当前实时位置信息，同时显示井下最近的 100 条紧急呼救信息。

図 7-6　实时生产与报警列表

7.2　移动目标连续管理系统

煤矿井下移动目标主要为矿工和机车，矿工位置对于井上生产调度、安全监督管理及灾后救援具有重要意义，机车是运送矿工、生产材料、煤矸等的井下交通设备。目前，煤矿井下移动目标定位系统基本是区域定位的模式，不能够实现井下任意位置的连续监控定位，更不能在矿井地质测绘图中实时、动态地显示目标位置及运动轨迹。针对建立的基于 WiFi 的无线感知网络，需要对井下移动目标进行连续动态定位，并且感知矿工周围环境信息。为此，需突破传统定位系统的缺陷，将实时感知的位置信息、周围环境信息和地理空间位置融合，在矿井实际测绘成果图中动态实时地定位人员及机车位置，查询目标历史轨迹并动态回放于电子矿图上，为煤矿安监、调度部门提供实时监控井下矿工、机车等移动目标的活动状态及周围环境状况的信息平台，为分析井下移动目标运行情况、灾后应急救援提供历史资料，从而有效地提高矿井安全生产水平与合理调配资源的能力。

7.2.1　系统工作原理

图 7-7 所示为基于 GIS 的井下移动目标定位系统架构。该架构中由 Web Service 获取并解析感知矿山信息集成与交换平台发送的实时定位数据 UDP 包，利用 ADO. NET 访问业务数据库抽取基础属性数据和历史数据，WebGIS 系统负责融合实时数据、业务数据和 GIS 空间数据，最终通过 IIS 发布到 Internet 或 Intranet，实现任意地点任意浏览器对 WebGIS 系统的访问。

7.2.2　系统功能结构

1. 基于控制点的井下 WiFi 实时定位坐标与地理参考坐标映射

矿山物联网在井下布置了庞大的传感器网络，包括固定的 AP 接入点、移动的 RFID 卡、矿工个人信息终端等，这些信息均存在于井下复杂的巷道系统环境中，所感知到的人员、机车位置、周围环境参数均处于某一地理位置。传统的人员定位系统采用区（段）域式定位，定位结果的表达方式采用列表形式或者是在自定义巷道分布图中显示，这种方式将感知数据与真实地理环境分隔开来，在实际应用中，不能最大限度地发挥感知网络的作用。

将感知数据与实际地理环境融合，关键是感知数据的坐标系统要与实际地理参考系统统一起来。目前，GIS 地理参考系统主要基于地理坐标系和大地坐标系，地理坐标系采用经度、纬度的形式表达，属于球面坐标系统；大地坐标系又称投影坐标系，是大比例尺地图常用的坐标系统，属于平面坐标系统。我国对地图坐标系统选用有明确的规定，矿山行业常用的坐标系统为北京 54 坐标系（6°分带和 3°分带）和西安 80 坐标系（6°分带和 3°分带）。感知层网络中固定节点的位置信息可以通过矿山测量的方法获得。

WiFi 定位系统基于无线传感器网络定位原理，主要采用基于距离的定位模式，即获取未知节点（要定位的目标）到信标节点（已知坐标的参考节点）之间的距离，再由特定

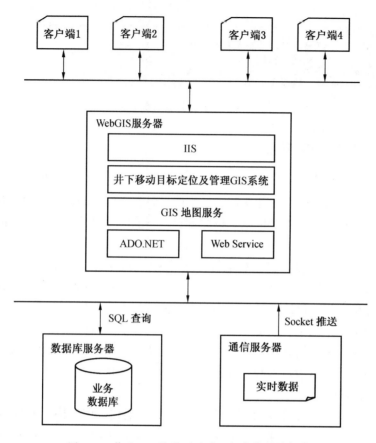

图 7-7　基于 GIS 的井下移动目标定位系统架构

的算法计算相对信标节点的坐标。计算距离的传感器参数通常包括到达时间 TOA、到达时间差 TDOA、接收信号强度指示 RSSI 等，计算相对坐标的算法包括三边测量、三角测量、最大似然等算法。基于 RSSI 计算未知节点到参考节点距离采用信号传播的理论模型结合实际测量参数计算：

$$P(d) = P(d_0) - 10n\log(d) \tag{7-1}$$

式中　　d——读卡器到标签的距离；

　　　　$P(d)$——读卡器接收的相距 d 处标签发射的信号强度（RSSI）；

　　　　$P(d_0)$——读卡器接收的相距 1 m 处标签发射的信号强度（RSSI）；

　　　　n——实测参数。

计算定位目标与无线接入设备的相对距离作为该点坐标，属于自定义坐标系统，直接使用会造成坐标与地理参考坐标的不一致，带来诸多不便。煤矿或非煤矿井下巷道往往十分复杂，井下 WiFi 实时定位同样存在定位坐标与矿山测量坐标不一致的问题，造成无法建立井下定位目标与矿山测绘成果的空间对应关系。为解决该问题，可以采用无线接入设备作为控制点，通过矿山测量获取无线接入设备的地理参考坐标作为控制点坐标，依据定位时采用的无线设备编号及相对坐标，经过坐标转换将相对坐标映射为地理参考坐标。经过分析，定位引擎计算的相对坐标为二维平面笛卡尔坐标，与地理参考系统中投影后的大地坐标系表达方式一致，但是坐标系原点不同，同时还要考虑坐标系统的旋转。

$$x = x_0 + x_r\cos\theta + y_r\sin\theta$$
$$y = y_0 + y_r\cos\theta - x_r\sin\theta \tag{7-2}$$

式中　　(x, y)——矿图坐标系下的坐标；

$\quad\quad(x_0, y_0)$——控制点在矿图坐标系统中坐标；

$\quad\quad\quad\theta$——自定义坐标系与矿图坐标系间的旋转角度。

基于这一思想，可以开发映射计算程序，井下定位目标位置能够实时定位在采掘工程图、井上下对照图等矿山测绘成果上，而无须对其进行任何处理。

2. 实时感知数据的动态地理二维可视化

1) 信息聚合

在实时感知数据与矿山空间数据融合于同一个地理参考系统之后，将实时感知数据在地理空间上进行可视化（二维），实际上是目前 GIS 研究领域提出的网络环境下空间与非空间信息的聚合。所谓信息聚合，是指在网络环境中，Web GIS 功能通常以网络服务的形式提供，这使得用户在新建一个包含有 GIS 功能的页面程序时通过专门的 API 进行调用，如谷歌地图、雅虎地图等都提供了 API 供开发人员使用，让用户在自己的业务流程中嵌入地图、文本、流媒体等多种内容。

基于信息聚合的思想，首先通过地图制图与图形处理将原始矿图转换为电子矿图，并在 ArcGIS Server 中发布 GIS 地图服务，之后通过 Web Service 的方式建立获取统一坐标系统的实时感知数据服务。Web Service 是基于网络的、自包含的、松散耦合的分布式模块化组件，可以在网络中被描述、发布、查找和调用，它最大的优势在于有效地解决了 Internet 的分布式计算、资源共享和跨平台问题，实现网络程序的互操作，从而真正实现了网络环境下的分布式计算。目前 Web Service 体系结构成为面向对象分析与设计的合理发展模式，并且成为面向服务的架构体系主要实现方式。因此，在本系统中，将获取实时感知数据的细节封装成 Web Service，对外暴露一个通过网络进行调用的 API，同时调用 ArcGIS Server 中的 GIS 地图服务，通过添加图形图层将对实时感知数据进行渲染（点样式），从而在电子矿图中显示出来，实现实时感知数据与矿山空间数据的信息聚合及实时感知数据的二维地理可视化。

2) 异步交互

感知矿山物联网底层感知数据的实时更新频率较高，传送至 GIS 服务器的数据约 5 s 间隔就更新一次。相应地，将实时数据与矿山空间数据聚合就需要进行同步更新，但是更新的范围仅限于实时感知数据，地图数据作为底图不需要刷新。传统的网络应用允许用户填写表单，当提交表单时就向网络服务器发送一个请求。服务器接收并处理传来的表单，然后返回一个新的网页。这样做导致客户端整个界面进行了刷新，一方面占用了许多带宽，另一方面频繁刷新使用户视觉难以忍受，每次应用的交互都需要向服务器发送请求，应用的响应时间就依赖于服务器的响应时间。这导致了用户界面的响应比本地应用慢得多。因此，可以采用目前网络应用开发较为成熟的 AJAX 技术，仅提交需要更新的数据请求，对页面局部进行刷新，从而实现实时感知数据的动态更新。

AJAX 即异步 Javascript 和 XML，与传统的网络应用不同，AJAX 应用可以仅向服务器发送并取回必需的数据，它使用 SOAP 或其他一些基于 XML 的 Web service 接口，并在客户端采用 Javascript 处理来自服务器的响应。因此，在服务器和浏览器之间交换的数据大量减少，结果是响应更快。同时，很多的处理工作可以在发出请求的客户端机器上完成，所以网络服务器的处理时间也减少了。本系统中采用 ArcGIS Server 提供的 AJAX 框架，通过回叫机制实现，在客户端编写 Javascript 脚本，发送请求，在服务器端通过继承回叫事件接口编写处理函数，将需要更新的实时感知数据进行处理，添加并生成回叫结果，客户端接收后由对应的 Javascript 进行前台界面更新，从而减少数据量，提高客户端响应速率。

3）海量定位数据的历史轨迹重绘

在感知矿山物联网示范工程中，基于 WiFi 的实时定位引擎每 5 s 就产生 1 条坐标数据并记录在历史库中，在查询历史轨迹时往往设置 6~8 h 以上的时间段，即处理 4000~6000 条以上的数据，查询一次将耗费大量服务器资源，造成客户端响应缓慢，并且通过对全部的历史记录分析，发现很多记录坐标位置近乎重叠（与矿工、机车活动情况有关），而历史轨迹侧重于大范围的运动路线（趋势），忽略细微的动作。因此，应当对查询得到的历史记录进行筛选，这样既保留了目标总的运动趋势，又大幅减少了数据量，提升了系统响应效率。筛选后的结果有可能漏掉关键的拐点，采用直接连线生成轨迹的方法会造成轨迹落到巷道之外的情况。为此，提出将人员轨迹概化巷道中线，基于 GIS 空间分析算法，将筛选结果作为路径必经的站点，按照时间顺序生成运动路线（轨迹），从而保证历史轨迹的合理性。

整个计算流程中，服务器端处理主要是历史数据筛选和基于 GIS 空间分析的路径计算，其中，空间分析采用网络分析算法实现。历史数据筛选算法具体是先将查得的历史记录按时间顺序进行排序，起始时刻和结束时刻的坐标数据作为重要时间节点直接归入筛选结果，从起始时刻的下一条记录开始，计算当前坐标与起始时刻坐标之间的笛卡尔距离（d），当距离大于设定阈值（d_m）时，归入筛选结果，否则继续向下寻找，直至找到符合条件的记录，之后将该记录作为"起始"时刻，继续对余下的数据按上述阈值进行筛选，直至结束时刻。当前待筛选坐标（x，y）与筛选结果中当前坐标（x_s，y_s）之间的笛卡尔距离 d 为

$$d = \sqrt{(x - x_s)^2 + (y - y_s)^2} \qquad (7-3)$$

距离阈值条件根据用户设置的查询时间段长短而异，设用户输入查询时间段为 Δt，单位为 h；距离阈值为 d_m，单位为 m。则 d_m 为 Δt 的分段函数 $f(\Delta t)$。客户端历史轨迹查询设置了最大查询时间间隔为 48 h。

$$d_m = f(\Delta t) = \begin{cases} 5 & 0 < \Delta t \leqslant 8 \\ 10 & 8 < \Delta t \leqslant 24 \\ 20 & 24 < \Delta t \leqslant 48 \end{cases} \qquad (7-4)$$

整个流程中，客户端主要是接收分析结果和绘制轨迹线，由结果提取节点并绘制轨迹线通过 ArcGIS Server ADF Javascript 脚本实现。

7.3 运行维护管理系统

感知矿山物联网运行维护管理系统是将与平台相关的各个子系统，如 GIS、通信服务器、短信息平台、3DVR、数据库服务器、平台基础人员、设备等信息进行统一管理的后台支撑管理系统，是确保"三个感知"得以实现的中坚后盾，主要实现煤矿人员信息的查询、管理及设置，并监测各服务器及工作站的运行和通信状态。

7.3.1　系统设计

感知矿山物联网运行维护管理系统包含信息查询、信息管理、基本设置和运行状态监测4部分，主要功能如下：

（1）信息查询完成人员个人基本信息、多功能终端信息及定位卡信息的绑定查询和显示。

（2）信息管理完成煤矿人员管理，对职工信息列表显示，实现对工人基本信息的添加、编辑和删除。

（3）基本设置完成对人员的工作种类、职务种类、团队名称的设置，包括ID、名称、说明等信息的新增、编辑和删除。

（4）运行状态监测完成对各服务器及工作站的运行和通信状态的监测。

7.3.2　系统功能结构

系统主要用于配置关联关系和智能矿灯SNMP管理，功能结构见表7-1。

表7-1　感知矿山物联网运行维护管理系统功能结构

产品名称	人员设备综合管理及SNMP系统		版本号	V1.0
软件功能项目			功　能　说　明	
信息录入/删除功能	定位卡录入/删除	数据录入	ID、MAC、备注信息录入，包括ID、MAC格式、数据库重复检查	
		数据检索	对于新加入的标签，MAC可以先行查找比对，避免数据重复	
		数据删除	删除指定MAC的定位卡（仅对未分配给人员或设备的定位卡）	
	智能矿灯录入/删除	数据录入	ID、MAC、备注信息录入，包括ID、MAC格式、数据库重复检查	
		数据检索	对于新加入的标签MAC可以先行查找比对，避免数据重复	
		数据删除	删除指定MAC的定位卡（仅对未分配给人员或设备的定位卡）	
人员/设备选择	人员选择	人员选择	从列表中选择需要分配定位卡或者矿灯终端的人员，包括人员名称、编号、编队信息	
	设备选择	设备选择	从列表中选择需要分配定位卡的设备，包括设备名称、编号	
人员/设备、矿灯终端、定位卡的关联	人与矿灯的关联	关联人员、定位卡MAC、矿灯终端MAC	对人员、定位卡和矿灯进行配对，包括信息完整检查，如果关联过程漏选了定位卡或者矿的终端会弹出提醒，若关联成功则在右侧列表栏显示关联后的结果	
	设备与定位卡的关联	关联设备与定位卡	关联设备与定位卡，并在右侧列表栏显示关联后的结果	
关联情况显示、查找与删除	显示功能	关联情况显示	包括人员或设备ID、名称，相应的定位卡MAC，相应矿灯的MAC、IP等	
	智能查找	在列表中查找指定的关联信息	根据用户输入，模糊查找相似的信息，输入信息可以不指定类别，程序自动查找并显示	
	关联删除	普通删除	删除在关联列表中的指定行，需要通信服务器确认，如果指定删除的关联在使用中，不可删除	
		强制删除	删除在关联列表中的指定行，不考虑通信服务器的返回	
		批量删除	一次性删除多行	

表 7-1（续）

软件功能项目			功　能　说　明
矿灯的 SNMP	对矿灯终端进行查询与配置	矿灯终端 SNMP 列表	显示受 SNMP 管理的矿灯终端信息
		SNMP 信息 显示与配置	获取指定的矿灯终端的指定功能项的信息，对指定项进行重新配置（仅可写项）
Excel 导入	对各种配置信息直接导入		为了方便批量输入，可以将原始的 Excel 表格直接导入数据库，具体功能包括数据合法性、重复性检查，包括定位卡信息、矿灯信息、已关联的信息等

8 矿山物联网人员感知与预警技术

8.1 人员感知终端——智能矿灯

现有煤矿系统中，矿工属于被动感知环境状态，如图 8-1 所示。矿井中瓦斯、温度等信息由固定监测点传送到调度室，当瓦斯浓度超限后，调度室再以有线或无线通信方式通知矿工，矿工无法实时获取周围的环境信息，也无法构建井下人员定位和无线联络系统。

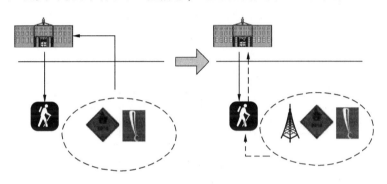

图 8-1　矿工环境感知

中国矿业大学物联网（感知矿山）研究中心研发了一种人员感知终端——智能矿灯，如图 8-2a 所示。该智能矿灯与普通矿灯体积相仿，由矿工随身携带，不仅具有普通矿灯照明功能，同时集瓦斯监控报警、环境温度监测、人员精确定位等多种功能于一身，适用于井下有瓦斯、煤尘、热害等恶劣环境。智能矿灯可将安全信息实时通知到每个矿工，使得矿工对环境的感知方法发生变化。通过智能矿灯中安装的各种传感器和定位装置，可将瓦斯、温度监测数据以及定位信息实时传送到调度室，同时调度室也可将其他监测系统监测的数据，以及非正常情况（如矿难发生）时的逃生路线实时传送给矿工，如图 8-2b 所示。智能矿灯为井下矿工构建了一个主动感知煤矿环境的综合感知及预警系统。目前智能矿灯已在徐矿集团夹河煤矿和山煤集团霍尔辛赫煤矿示范工程中进行了推广使用。

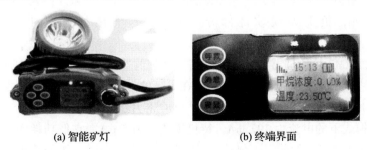

(a) 智能矿灯　　　　　　　　　　　　　(b) 终端界面

图 8-2　智能矿灯与终端界面

智能矿灯具有的功能有甲烷浓度监测与报警、温度监测与报警、短信收发和信息显示、人员定位、主副光源照明、人员行为识别等。

8.1.1　硬件总体设计架构

智能矿灯硬件的总体设计架构为：磷酸铁锂电池通过电源芯片进行电压转换后直接为处理器及传感器单元供电；处理器通过 I/O 端口操作温度传感器进行温度采集；通过 SPI 总线操作加速度传感器对设备振动的加速度值进行采集；之后由 APP 处理器（即处理器单元）对采集到的数据进行处理，并通过内部通信机制将数据传送至 WLAN 处理器（即无线收发单元），将其封包成符合 IEEE 802.11 协议的数据包发送出去。

图 8-3 所示为智能矿灯硬件结构框图。智能矿灯硬件主要包括 GS1011 模块、温度传感器单元、加速度传感器单元、电源供电单元、串口单元。其中，处理器选用 GS1011 模块，其内部集成了无线收发单元。电池通过电源芯片为 GS1011 模块、加速度单元和温度传感器单元提供 3.3 V 电源，串口主要用于程序下载及调试。

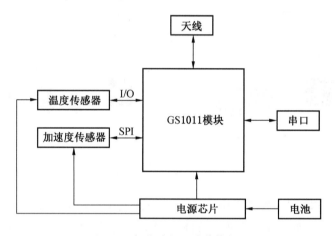

图 8-3　智能矿灯硬件结构框图

8.1.2　处理器单元设计

1. 控制芯片的选择

长期以来，高集成度、高处理速度、低功耗、低成本一直是物联网产品在设计上追求的原则。2010 年，GainSpan 推出的 GS1011 芯片便是符合上述要求的无线网络解决方案。该芯片集成了双 ARM7 内核处理器、SRAM、片上闪存、实时时钟以及支持与传感器通信的各种方式的多种外设接口。其中，处理器单元负责应用程序部分；无线收发单元内嵌了802.11 射频单元，负责无线软件部分。外设接口有诸如 SPI、I²C、URAT、ADC、JTAG 等。

GS1011 双 ARM7 的处理器架构显著提高了处理的速度；而支持全 IEEE 802.11b 数据速率（速率可达到 11 Mb/s 的强大功能使其在更高的带宽应用中实现了数据吞吐量的可扩展性。另外，GS1011 是一个超低功耗的无线 SOC 芯片，在接收传输模式下的电流损耗为164 mA，发送模式下的电流为 192 mA，待机模式仅为 5 μA。它低功耗的实时时钟振荡器使得芯片在消耗极小能量的前提下保持计时和状态信息，而微安级的待机电流和毫秒级的启动时间也大大降低了能耗。综上所述，GS1011 芯片是以电池供电的设备智能矿灯控制芯片的很好选择。

GS1011 芯片的结构如图 8-4 所示。

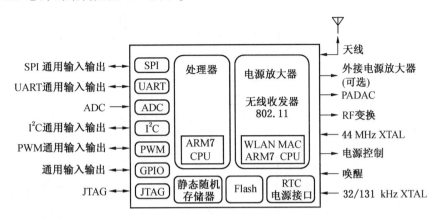

图 8-4 GS1011 芯片结构框图

2. 控制芯片性能指标

（1）兼容 IEEE 802.11 协议。芯片上集成 2.4 GHz CMOS 无线收发单元，兼容 IEEE 802.11b/g 协议；集成内部功率放大器（PA），可编程的射频发射功率，典型值 9 dbm。

（2）采用 DSSS 调制方式，数据速率可以为 1 Mb/s 或 2 Mb/s，CCK 调制方式下速率为 5.5 Mb/s 或 11 Mb/s；支持 IEEE 802.11i 安全协议；具有 AES 和 RC4 硬件加密/解密引擎。

（3）双 ARM7 处理器平台。

（4）丰富的外围接口。包括 2 个 SPI 接口（可配置为主模式或者从模式），2 个多功能 UART 接口，32 个通用的 I/O 端口（I/O 端口的供电电压 1.8 V 和 3.3 V 可选），3 个 PWM 主/从 I²C 总线接口，2 个 10 位的 ADC，两路 Alarm 用于异步唤醒芯片，支持 3 路控制外部传感器供电接口，支持外部功率放大器和射频开关。

（5）硬件支持 IEEE1588 网络同步协议。

（6）具有供电电压监测、芯片温度监测能力。

（7）有 3 种低功耗工作模式：睡眠、深度睡眠、待机。

3. 处理器外围电路设计

处理器 GS1011 模块具有 48 个引脚，可实现众多的功能，通过在 VDD IO 端口增加跳线电路，即可通过拔插跳线帽实现在智能矿灯正常运行模式和程序调试模式之间的转换。设计电路时，处理器模块电源输入端口附近的电容尽可能地与处理器模块管脚放置接近，以达到好的旁路、去耦效果，如图 8-5 所示。

8.1.3 电源单元设计

1. 电池组的选择与保护

智能矿灯针对矿山井下设备，为了满足煤矿的安全标准，对感知分站的大小、成本、容量及安全性能都提出了较高的要求。目前，感知分站所用电池主要有铅酸、镍镉、镍氢及锂电池。其中铅酸使用时间最长，也被认为最安全，但也有很多不足，比如寿命短，容量小，体积大，还会污染环境，电缆扯断还会产生火花且极易造成瓦斯爆炸。镍镉电池有大电流放电特性，耐过充放电能力强，维护较简单；但缺点是如果对充放电处理不当，将

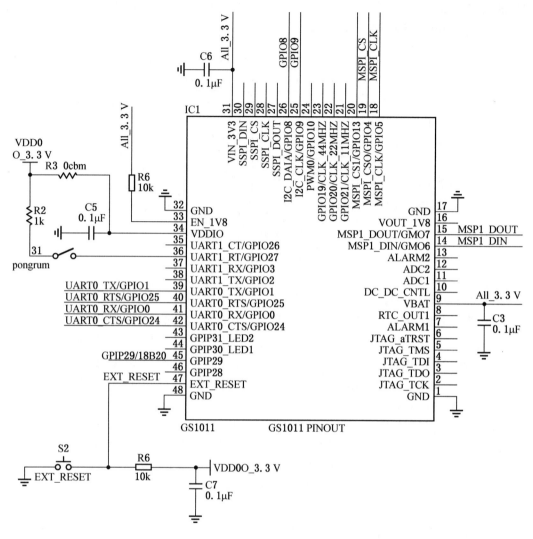

图 8-5　GS1011 连接图

会出现"记忆效应"，大大缩短使用寿命，镉还会污染生态环境。镍氢以氢氧化钾水溶液为电解液，不使用镉，对环境没有污染，且能量密度较高，无记忆效应；但充电方式的严格要求限制了镍氢电池在矿业领域的使用。锂电池具有无污染、循环寿命长、充电快速、无记忆效应、高能量密度等特点，随着国家标准《kL 型矿灯》（MT 927—2004）的颁布，锂电池在煤矿中开始推广使用。

在锂电池中，磷酸铁锂是目前所有的材料中安全性能最好的，用磷酸铁锂做电池，不用担心爆炸问题；稳定性强，可高温下充电，储存性能及容量稳定性好；环保，生产过程清洁无毒；价格便宜，磷酸盐采用锂源和磷酸源以及铁源为材料，材料都很便宜，不使用稀有资源及战略资源。综合上述因素，可选用磷酸铁锂电池作为矿山设备智能矿灯所用电池。磷酸铁锂电池的充电终止电压为 3.65 V，放电电压下限值为 2.0 V，标称电压为 3.2 V。

在煤矿井下的使用过程中，电池在限定电流情况下进行放电，放电过程中某些不安全因素可能会导致意外发生，从而使得电池突然过度放电，损坏电池。在充电过程中，对充电电压、电流也要进行限定，尤其在充电后期，要对充电电流的强度进行控制，否则也会破坏电池，缩短电池寿命。磷酸铁锂电池是属于安全性能比较高的电池，但由于锂电池相对活跃的特点，需在充放电过程中对电路进行精细的控制，而且是长期、稳定的控制。所以，要在电池组内加入保护措施。在本课题中，选用铁锂电池专用电压等级的电池保护板，对过放、过充及短路进行实时保护，从而避免了因电池因素可能产生的危险，达到了安全使用电池的目的。

2. 电源芯片的选择

本设计选择美国 TI 公司生产的升降压开关电源芯片 TPS63031 作为矿山设备智能矿灯的电源芯片。针对电源芯片的选择主要考虑以下几个方面。首先是电源芯片的输入、输出电压范围。一方面，磷酸铁锂电池的充电终止电压为 3.65 V，即磷酸铁锂电池正常工作电压的最大值为 3.65 V，这必须在电源芯片正常工作的可承受的电压输入范围之内，而 TPS63031 的输入电压范围为 1.2~5.5 V，完全满足实际的需要；另一方面，处理器芯片 GS1011 的工作电压为 3.3 V，加速度传感器 ADXL345 正常工作时要求的电源电压范围是 2.0~3.6 V，温度传感器正常工作时要求的电源电压范围是 3.0~5.5 V，而 TPS63031 的输出电压为 3.3 V，全部满足所有硬件的供电要求。再者，根据 TPS63031 的手册可知，当这款电源芯片工作在降压模式，也就是说 VIN 端为 3.6~5.5 V 的电压输入时，TPS63031 能够提供大于 800 mA 的工作电流用以驱动硬件。即使是升压模式，即 VIN 端为 2.4~3.6 V 的电压输入时，TPS63031 仍能提供 500 mA 的工作电流用以驱动硬件。因此，选择 TPS63031 这款升降压开关电源芯片完全可以满足矿山设备智能矿灯各单元正常工作下的电压和电流的要求。不仅如此，TPS63031 更是一款低功耗的电源芯片，在节能模式下的时候，它的静态工作电流低于 45 μA，转换效率高达 95%，从而可以进一步降低功耗。

3. 电压变换电路的设计

在开关电源的实际应用中，在峰值电流、开关频率都很高的情况下，芯片的布置是设计中重要的一步。考虑到稳定性、EMI 等问题，在 PCB 走线中，尽可能地使主电流回路及电源地回路用宽、短的走线，输入、输出电容尽可能地与电源芯片管脚放置接近，以达到好的旁路、去耦效果。为了降低地噪声间的干扰，将芯片的电源地与控制地区分开，并选择靠近芯片引脚的地一端共接。TPS63031 的连接如图 8-6 所示。

8.1.4 加速度采集单元设计

1. 加速度传感器的选择

加速度传感器采用 ADI 公司低功耗的数字式三轴加速度传感器 ADXL345，可用于感知设备的振动特性。ADXL345 采用 MEMS 技术，具有 I^2C 和 SPI 两种接口。当加速度传感器工作在典型电压下（2.5 V）的时候，如果 ADXL345 正处于测量模式，那么它的功耗可以达到 23 μA 左右，而当 ADXL345 处于待机模式的时候，它的功耗甚至低到仅为 0.1 μA。它的测量范围可编程，可选±2、±4、±8 g，最大可达±16 g，具有 13 位的高分辨率，感应精度可以达到 4 mg/LSB。不仅如此，ADXL345 内部还集成了 32 级的 FIFO，即先进先出数据缓存器。一方面，采用这种存储芯片可以使其对中央处理单元的影响降到最小，从而很大程度地减轻了中央处理单元的负担。另一方面，该款加速度传感器可以存储最多达到 32 个包含有 X 轴测量数据、Y 轴测量数据、Z 轴测量数据的样本集。ADXL345 的封装也非常小巧轻薄，其封装规格只有 3 mm×5 mm×1 mm。可以说，集多种传输接口、低功耗、可编程、高分辨率于一身

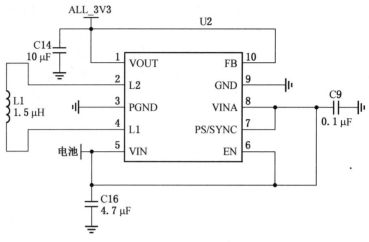

图 8-6　TPS63031 连接示意图

的 ADXL345 加速度传感器是设计智能矿灯设备振动数据采集装置的最佳选择。

2. 数据通信方式

ADI 公司生产的低功耗数字式三轴加速度传感器 ADXL345 提供了两种数据通信方式，可供用户依使用需求自由选择。这两种通信方式分别是 I^2C 数据通信方式和 SPI 数据通信方式。上述两种情况下，ADXL345 作为从机运行。现在分别对以上两种数据通信方式进行分析和比较，并最终确定所需的数据通信方式。

通过阅读数字式三轴加速度传感器 ADXL345 的数据集，我们可以知道，SPI 通信速率大于或等于 2 MHz 时，可以采用 3200 Hz 和 1600 Hz 的输出数据速率；当通信速度大于或等于 400 kHz 时，推荐使用 800 Hz 的输出数据速率，剩余的数据传输速率按比例增减。

采用 I^2C 通信模式，可以支持标准（100 kHz）和快速（400 kHz）数据传输模式。使用 100 kHz I^2C 时，最大输出数据速率为 200 Hz；使用 400 kHz I^2C 时，最大输出数据速率为 800 Hz。

根据奈奎斯特定理，采样频率要大于原始信号中最高频率的 2 倍。在选择尽可能高的信号分析频率下，若加速度传感器 ADXL345 以 SPI 的数据通信方式，当采用 3200 Hz 的输出数据速率时，可以实现对最高振动频率 1600 Hz 的有效采样，增大了频率分析范围。为了增强矿山设备智能矿灯的分析范围，使之能够有效地采集矿山机械设备的振动信号，这里选择采用 SPI 的数据通信方式。

3. 电源去耦设计要点

设计中考虑电源去耦，在电源引脚 Vs 放置 1 μf 的钽电容及在 ALL_ 3v3 引脚放置 0.1 μf 陶瓷电容，并且在 PCB 布线中让其尽可能地靠近电源引脚，达到了对加速度传感器的充分去耦，消除电源电压波动产生的噪声。如需附加去耦，还可用不大于 100 Ω 的电阻或铁氧体磁珠与 Vs 串联；或在 Vs 上增加旁路电容至 10 μf 的钽电容，并联 0.1 μf 的陶瓷电容，也可用来改善噪声。图 8-7 给出了加速度传感器 ADXL345 的外围硬件电路设计。

4. 机械安装注意事项

考虑到 PCB 振动与加速度传感器的机械传感器共振频率问题，设计中将 ADXL345 安装在 PCB 板牢固安装点附近位置上，确保加速度传感器上的任何 PCB 振动高于加速度计

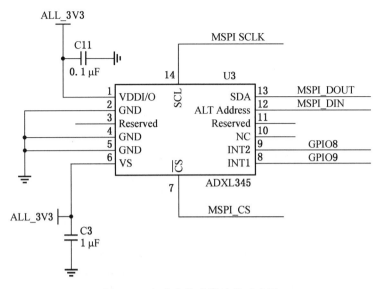

图 8-7 加速度传感器连接示意图

的机械传感器的共振频率，从而实际可忽略加速度传感器的振动，否则 PCB 振动未受抑制，可能会导致明显的测量错误。

8.1.5 温度采集单元设计

1. 温度传感器的选择

在矿山设备温度信号的采集装置上，选择美国 DALLAS 公司生产的数字式温度传感器 DS18B20 作为矿山设备智能矿灯的温度采集装置，它采用单总线技术，将数据线、地址线和控制线合为一根信号线，在一根信号线上实现了双向串行数据传输，大大地节省了通信线的数量，具有结构简单、系统功能完整等特点。数字式温度传感器 DS18B20 的测量范围很广，可以达到-55~+125 ℃；它的精度也很高，在-10~+85 ℃的常用测温范围下，精度可以达到±0.5 ℃。同时 DS18B20 的分辨率是支持可编程的，在分辨率为 9 位、10 位、11 位、12 位的情况下，它对应能够辨别的温度最小值分别为 0.5、0.25、0.125、0.0625 ℃。由此可见，这款数字式温度传感器可以实现高精度的测温。DS18B20 温度传感器的输入、输出均为数字信号，温度转换速度快，在 9 位和 12 位分辨率的情况下，最长只需要 93.75 ms 和 750 ms 就可以完成对温度的转换工作，即将采集到的温度转换成数字。不仅如此，由于数字式温度传感器 DS18B20 采用串行方式与外部中央处理单元通信，所以可以很容易地集成到应用系统中。

2. 温度传感器采集电路设计

DS18B20 是单总线温度传感器，数据线是漏极开路，如果 DS18B20 没接电源，则需数据线强上拉，给 DS18B20 供电。如果有接电源，仅需将数据线上拉即可保证稳定工作，此外还可以起到保护后续电路作用。这

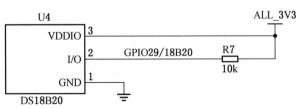

图 8-8 温度传感器连接示意图

个上拉电阻一般较大，本设计中选择 10K 电阻，连接示意图如图 8-8 所示。由于是采集设

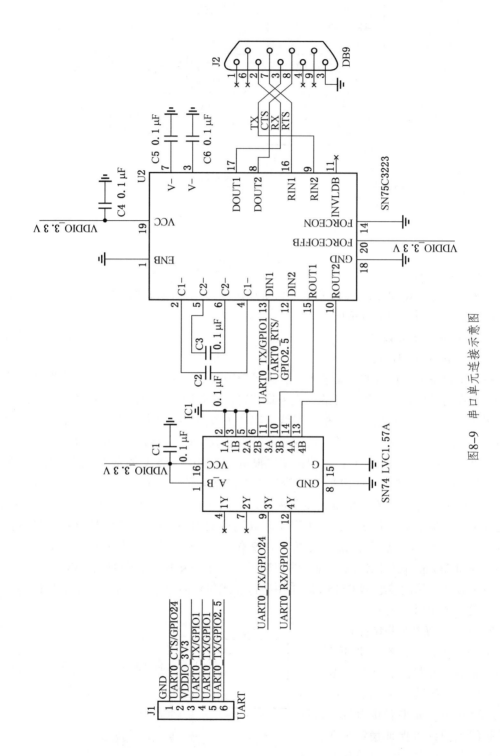

图8-9　串口单元连接示意图

备运行时的温度，所以考虑在电路板上安装 DS18B20 处的外部覆盖铜片以更好地增大接触面积和传导温度。

8.1.6　串口单元设计

串口单元主要用于将编译后的二进制代码下载至节点 Flash 中，以及通过串口调试助手对代码进行调试等。串口单元是连接 PC 与节点之间的通信接口，由于 PC 串行口所使用的是 RS232 的电平标准，逻辑"0"电平为+3~+12 V，逻辑"1"电平为−12~−3 V，与 GS1011 的电平明显不匹配，因此需设计电平转换电路。电平转换芯片采用 TI 的 SN75C3223，其工作电压为 3~5.5 V，包含两路驱动器及两路接收器。驱动器本质上是一个反转电平发送器，可将 TTL/CMOS 逻辑电平转换为 RS232 电平，使其与输入的逻辑电平相反。将 RS232 电平转换为 TTL/CMOS 逻辑输出电平是接收器的主要功能。在本设计中，出于减小电路板大小及降低成本的考虑，将串口单元单独设计成一块电路板。串口单元的电路连接如图 8-9 所示。

8.2　人员定位技术

与模拟滤波器相比，数字滤波器在体积、重量、精度、可靠性、灵活性等方面都显示出明显的优势，而且数字滤波器除利用硬件电路实现之外还可借助计算机软件编程方式实现，所以在许多情况下借助数字滤波方法处理模拟信号。随着数字技术的发展，模拟滤波器的应用领域已逐步减少，但在有些情况下还要用模拟滤波器（如工作频率在几十兆赫的中频通信电路）。此外，数字滤波器的构成原理和设计方法往往还要利用模拟滤波器已经成熟的技术。

8.2.1　位置精化定位算法

1. 基于测量距离的定位算法

基于测量距离的测距定位技术是通过测量锚节点到未知节点之间的实际电磁波信号强弱、到达时间和时间差以及到达角度等来计算未知节点的位置坐标，采用测距、定位和修正等步骤来完成一次目标定位过程。在理想情况下，测距定位方法的算法精确度较高，误差率低，但这一类方法对传感器节点的硬件设计要求较高，定位计算过程中所消耗的能量也较多。通常将测距定位类算法分为接收信号强度指示算法（RSSI）、到达角（AOA）、到达时间（TOA）和到达时间差（TDOA）4 种定位算法。

1）基于 RSSI 的定位算法

RSSI 定位算法是依据传感器网络中锚节点向有限通信空间中发射电波信号，接收端测量接收到锚节点至未知节点之间的电波信号传输损耗的强弱，再利用无线电定位对数传输损耗模型或经验模型将这个电波信号值转化为两点间的距离值，最后通过坐标换算方法（如三角测量法、三边测量法或极大似然估计法）计算出被定位物体的位置。在矿井通信中直接利用矿用智能终端的射频收发模块向巷道中的基站不停地广播发送无线电信号，如智能矿灯的 MAC 地址、RSSI 值和 LQI 值等信息；当 3 个以上的基站接收到智能终端发送的 RSS 信息后立即传送给上位机，定位引擎系统通过相关算法计算得出智能终端在巷道中的具体位置坐标，从而实现了人员定位。RSSI 定位算法的流程如图 8-10 所示。

目前，无线传感器网络中常用的无线传播模型有 3 种，分别是自由空间传播模型、双径地面反射传播模型和阴影屏蔽传播模型。而自由空间传播模型和双径地面反射传播模型

图8-10 RSSI定位算法流程图

属于直接以圆形的信号传播模型，即电磁波信号在空间中传播是一个理想的圆，通过接收电磁波信号能量确定信号的传播距离。由于信号在传播过程中易受多径效应和非视距障碍物的遮挡影响，自由空间模型和双径地面反射模型在定位计算中不能发挥完美；而阴影屏蔽传播模型对理想以半径为圆形的空间进行了模型补充，充分考虑到环境变化对信号传播的损耗影响，采用了更加符合实际要求的统计模型。在实际场景运用中，传感器节点接收到的无线电信号强度是一个随机量，由于多径、散射和非视距的影响，传播路径分散交叉，那么接收到的电波能量符合对数正态分布随机变化，一般选用阴影屏蔽模型路径损耗公式来计算接收端的信号强度：

$$PL(d) = PL(d_o) - 10\alpha\lg\left(\frac{d}{d_o}\right) - \varepsilon_\sigma \tag{8-1}$$

式中　　$PL(d)$——电磁波信号经过距离 d 后的信号强度 RSSI 值；

$\qquad PL(d_o)$——在参考距离 d_o 时的信号强度，通常取 1 m；

$\qquad\quad \alpha$——路径损耗因子，用来描述电磁波信号强度跟随距离增加而减少的参量，根据实际环境多次测量取平均值，通常取 1~5；

$\qquad\quad \varepsilon_\sigma$——均值为零、方差为 σ 的高斯随机变量，其标准差一般为 4~10，表示的是周围环境参数对测量无线电信号的影响。

RSSI 定位算法在日常运用中不需另外增加硬件，优点是简单易于实现的低功耗低成本的算法。在不同复杂环境中采用 RSSI 定位算法，必须对算式中的路径损耗因子经过一系列的动态辅助测量，得到合适于定位环境的参数。

2）基于 AOA 的定位算法

AOA 定位算法就是首先测量目标与参考节点之间的方向角度，然后综合角度信息以及参考节点的位置来估计目标所在坐标系中的位置。比如，用天线阵列或收发装置，定位终端根据接收到基站发射的信号方向与参考节点构成的夹角度数，然后采用三角测量法来获得定位终端位置信息。

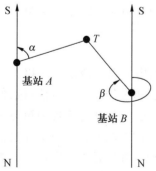

图8-11 AOA 测距技术示意图

如图8-11 所示，基站 A 和基站 B 分别是目标点 T 的参考节点，角 α 和角 β 分别是基站 A 和 B 测出的 T 点的信号到达角，已经 A 点的坐标为 (x_1, y_1)，B 点的坐标为 (x_2, y_2)，假设 T 点为坐标为 (x, y)，则这 3 个节点的位置关系如下：

$$\begin{cases} (y - y_1)\sin\alpha = (x - x_1)\cos\alpha \\ (y - y_2)\sin\beta = (x - x_2)\cot\beta \end{cases} \tag{8-2}$$

式（8-2）是一个关于 (x, y) 的非线性方程组，当 T 点处于基站 A 和 B 的连线上时，方程有无穷多解，此时应该在基站 A 和 B 增加另外一个基站来测量角度辅助定位。

AOA 定位算法的优点在于没有障碍物遮掩时会有很高的精度，定位误差较小。其测量精度取决于传感器硬件和传播信号的质量，易受测量环境干扰影响。缺点是需要另外增加硬件，花费成本高；当被测节点远离基站时，测量基站角度的微小偏差变动都会引起定位角度误差，不能达到高精度定位的目的。另外，在非视距传播环境中，因多径效应干扰以及障碍物阻挡，会造成误差率增大。

3）基于 TOA 的定位算法

到达时间定位法是指信号发送端和接收端之间的距离可以用信号传播的时间和传输的速度来计算。无线电信号的传播速度是已知的，通过测量接收端与发送端的时间来计算出节点间的距离，再通过三边测量的换算法计算位置坐标。比如，声波的传播速度是 343 m/s（20 ℃环境中），也就是说声音信号传播 30 m 距离大约需要 10 ms 的时间。相比无线电信号以光的传播速度 $3.0×10^8$ m/s 来传播 30 m 的距离只需要 10 ns 的时间。假设传播速度为 V，传播所需时间为 t，传感器节点之间的距离为 d，则距离的计算公式为

$$d = tV \tag{8-3}$$

在该算法中，由于采用无线电信号传播，需要分辨率很高的时钟，时间同步是算法的最大难点。在接收端和发送端都需要传感器网络统一的高度精准时间同步机制，增加了时间同步硬件设备，同时也增加了传感器的损耗和复杂度。

4）基于 TDOA 的定位算法

到达时间差定位算法是在同一网络发送端点同时传输发射两种速率不同的电波信号（如无线电与超声波信号），接收端接收到这两种信号到达时间不同，利用这个时间差值来估计发送/接收端之间的距离；再利用位置精化坐标换算方法计算出未知节点的坐标值。与 TOA 定位算法相比，TDOA 算法不需要所有基站时间精确同步，但是参与定位的基站必须进行时间同步管理。

如图 8-12 所示，发射端发射无线电信号（速率 V_1）和超声波信号（速率 V_2），接收端测量到这两种信号到达的时间是 t_1 和 t_2，利用 TDOA 算法原理可求出未知节点到信标节点之间的距离。

已知无线电与超声波信号的速率是 V_1 和 V_2，到达时间分别是 t_1 和 t_2，那么两个传感器节点之间的距离为

$$d = (t_2 - t_1) \frac{v_1 \times v_2}{|v_1 - v_2|} \tag{8-4}$$

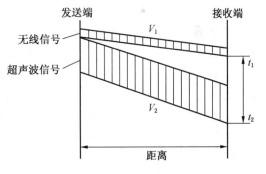

图 8-12 TDOA 测距原理图

相比其他定位算法，TDOA 具有较高的定位精度，该算法不需要未知节点与信标节点之间时间同步，但是需要参与定位的全网基站时间精确同步。需要两种不同的传播媒介，缺点是需要额外的硬件支持，造成网络计算度复杂，通信开销大，成本高。

2. 与测量距离无关的定位算法

前面提到的定位算法都是基于测距类，虽然测距定位能够满足现行矿井通信网络精确定位的要求，但是对传感器节点硬件要求较高，花费代价高昂。而矿井恶劣环境通信中非测距定位方法不需测量传感器节点间的绝对距离或是方向角或时间差等信息，也不需要额外的硬件环境支持，在成本和效率上比测距类定位算法更具有优势，而且算法不受测距误

差的影响。目前，非测距类定位算法主要有三角形内点近似估算法（APIT）、距离矢量算法（DV-Hop）、质心定位算法和凸规划定位算法等，下面对这几种常规算法简要分析如下。

1）APIT 算法

三角形内点近似估计法是一个基于区域不需测量测距的定位方法。算法原理是最先确定包括多个未知节点的三角形区域交集组成一个多边形区域，然后确定更小的包含未知节点的位置区域，最后通过计算多边区域的质心求解估计未知节点的位置。APIT 算法也需要事先知道 3 个以上的锚节点的位置坐标，每 3 个锚节点形成一个三角形区域，根据未知节点在区域内部还是区域外部来缩小其位置的可能范围。APIT 算法的关键步骤是三角区域内节点的 APIT 测试，即确定一个节点所在的三角形组。当一个节点 M 收到一系列锚节点位置消息时，它就会测试锚节点组成的所有可能的三角形。三个锚节点 A、B 和 C 形成一个 $\triangle ABC$，如果 M 的一个邻居节点到 A、B 和 C 三点的距离是同时扩大或同时缩小，那么就可以断定 M 点在 $\triangle ABC$ 外面。否则 M 就在 $\triangle ABC$ 中，同时将 $\triangle ABC$ 加入到包含 M 的三角形组中。如图 8-13 所示。

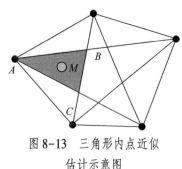

图 8-13　三角形内点近似
估计示意图

由于节点可以向任何方向自由移动，因此理想的 APIT 测试在实际应用中不是很灵活。但是传感器节点在密度较大的时候，可以使用该技术。APIT 方法是利用邻居节点的信标交换信息来模拟理想 APIT 测试中的节点移动。可以使用节点与锚节点间的信号强度来估计离锚节点更近的点；然后，如果 M 的邻居节点中没有同距离 A、B 和 C 更近的点，则假定 M 在 $\triangle ABC$ 中；否则，就认为 M 在 $\triangle ABC$ 的外面。

如图 8-14 所示，M 为待定位节点，A、B、C 为锚节点，①、②、③和④为待定位节点 M 的邻居节点，箭头为待定位节点的移动方向。在图 8-14a 中，M 周围有 4 个邻居节点，这 4 个节点没有 1 个到 3 个锚节点的距离比其他 3 个同时更近或更远，因此，可以判断出 M 点在 $\triangle ABC$ 中。而在图 8-14b 中就不一样，节点④到 3 个锚节点的距离都比 M 点到这 3 个锚节点的距离近；节点②到 3 个锚节点的距离都比 M 节点到这 3 个锚节点的距离要远得多，因此可以判断出节点 M 在 $\triangle ABC$ 的外面。在该方法中，由于只有有限个方向（邻居的个数）是可以计算的，因此节点可能会存在误判情况。例如，在图 8-14a 中，如果节点④的 RSS 测量表明它到 B 节点的距离比 M 到 B 远（如节点 B 与节点④之间有障碍物），那么就会认为 M 在 $\triangle ABC$ 的外边。通过 APIT 测试后，可以用所有节点 M 所在的三角形的交集的重心来代表节点 M 的位置。

在随机选取布置的传感器网络环境中，APIT 精化定位算法精度高，定位性能稳定；缺点是 APIT 定位测试对 WSN 网络内部连通性要求较高。

2）DV-hop 定位算法

DV-Hop 算法是 2001 年美国罗格斯大学的 Niculescu 和 Nath 利用距离矢量路由原理以及 GPS 定位原理提出的一种基于分布式连接的免测距类定位算法。DV-Hop 算法首先计算传感器网络中节点间的最小路数，再估计平均每跳跳距，用跳数与跳距相乘得出锚节点到未知节点间的距离；最后使用坐标计算基本方法（如多边测量）估算未知节点的坐标。其

估算平均每跳的实际距离为

$$\text{HopSize}_i = \frac{\sum\limits_{i \neq j} \sqrt{(x_i - x_j)^2 + (y_i - y_j)^2}}{\sum\limits_{i \neq j} h_j} \tag{8-5}$$

式中 (x_i, y_i)、(x_j, y_j)——锚节点 i 和 j 的坐标；

                  h_j——信标节点 i 与 j（$i \neq j$）之间的跳段数。

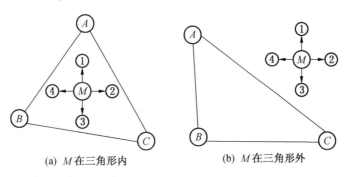

(a) M 在三角形内   (b) M 在三角形外

图 8-14   三角形内点测试法原理图

    如图 8-15 所示，可以计算出信标节点 L_1 与 L_2 和 L_3 之间的实际距离和跳数。锚节点 L_2 的每跳平均距离为 $(46+80)/(2+5)=18$，单位是 m。假设节点 A 从 L_2 获得每跳平均距离，则节点 A 与 3 个信标节点之间的距离分别为 $AL_1 = 3 \times 18$，$AL_2 = 2 \times 18$，$AL_3 = 3 \times 18$，最后用极大似然估计法根据信标节点的坐标值和距离计算出未知节点的位置。

    传感器网络中使用平均每跳跳距来计算两节点间的实际距离，对网络连通性要求高，但硬件

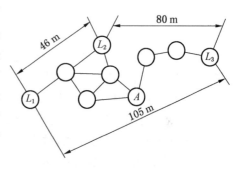

图 8-15   DV-Hop 定位算法示意图

要求低，定位系统容易实现；缺点是跳段距离替代直线距离参与位置精化计算，误差较大，精度不高。

3）质心定位算法

质心定位算法是南加州大学 Niruama Bulusu 等专家提出的一种仅仅依靠网络连通性，无须锚节点与未知节点之间的协调进行定位的方法，由多个锚节点组成类似于多边形状，多边形的顶点坐标的平均值称为质心节点坐标。

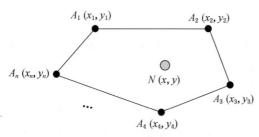

图 8-16   质心定位算法示意图

    图 8-16 所示为质心定位算法示意图，多边形 $A_1 A_2 A_3 A_4 \cdots A_n$ 的顶点分别是锚节点，图中 N 点为未知节点，当 N 点收到来自不同锚节点的信标分组数量超过一个限定值 n 或是一定时

间后，N 点就可以确定自身位置为这组锚节点所组成的 n 边形质心坐标，其质心坐标公式为

$$(x, y) = \left(\frac{x_{i1} + \cdots + x_{in}}{n}, \ \frac{y_{i1} + \cdots + y_{in}}{n} \right) \tag{8-6}$$

式中　　　　　　　　　　　　n——超过阈值的高连通性的锚节点数；

　　$(x_{i1}, y_{i1}), \cdots, (x_{in}, y_{in})$——锚节点的纵横坐标。

该算法的优点是计算简单，易于实现；缺点是完全依靠网络连通性，需要更多的锚节点，代价高。

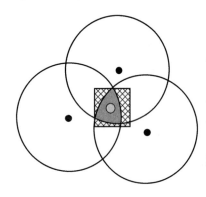

图 8-17　凸规划算法示意图

4）凸规划定位算法

凸规划定位算法是把节点之间的相互通信看成是节点位置的几何约束关系，将整个网络换算成一个凸集模型，把节点定位转化成一个凸约束优化来解决，根据全局优化的方案，得到未知节点的位置坐标，其定位算法原理如图 8-17 所示。

凸规划定位方法同样依赖传感网络连通性，计算未知节点大概约束区域交叠部分（图中标出的灰色阴影部分），以及图中矩形的质心作为节点的位置坐标。

3. 两类算法的比较

目前专家学者研究定位算法大都集中在能耗、成本和定位精度上，由于传感器网络运用场景不同，对精度和误差范围标准要求不同，没有普遍合适的综合定位算法。因此，实施不同项目，应综合分析节点规模、实际环境以及代价和定位精度等需求，选择测距、非测距类或两者混合的定位方法来满足不同环境需求的定位精度。

1）基于测距类定位算法的对比

测距定位算法通常是以测量锚节点到未知节点间的直线距离、角度或时间值，通过数学方法精化估计算出未知节点的位置坐标。4 种基于测距定位算法的对比见表 8-1。

表 8-1　4 种基于测距定位算法的对比

定位算法评价	RSSI	AOA	TOA	TDOA
测距误差	大	较大	较小	较小
定位精度	中	高	高	高
通信距离	较长	不限	较短	较短
网络环境	频谱环境简单的无人区域	大范围开阔区域	小范围、室内环境定位	小范围、室内环境定位
硬件代价	无须额外装置	需要外接装置	声波收发装置	超声波收发装置

由表 8-1 可以看出，各种定位算法运用场景不同，定位的实施效果也截然不同，这些算法都容易受外界环境的干扰和视距与非视距的影响，导致定位精度不高，定位物体容易抖动和漂移等。

2）免测距类定位算法的比较

免测距类定位算法机制是依托传感器网络的内部连通性来计算网络中未知节点的位置，免去测量未知节点的距离或是方向角度信息，降低节点对额外硬件的需求。免测距类定位算法受外界环境干扰影响较小，但定位误差相对测距定位算法来说有所增加，在成本和效率上具有更多的优势。4 种非测距定位算法的对比见表 8-2。

表 8-2 4 种非测距定位算法的对比

定位算法评价	APIT 算法	DV-HOP 算法	质心定位算法	凸规划定位算法
定位精度	良好	较好	一般	较好
锚节点密度	影响较大	影响较小	影响较大	影响较大
定位时间	一般	较长	一般	长
通信开销	一般	较大	较大	大

由表 8-2 可知，非测距定位算法对传感器网络的拓扑结构要求较高，它们是利用网络的连通性信息参与定位，不受测距误差的影响。虽然定位精度不高，但在成本能耗和硬件要求以及某些环境无法运用测距技术的情况下有较大优势。

8.2.2 位置坐标计算方法

传感网络求精定位过程中，未知节点获得邻近锚节点的距离或角度后，常采用三边测量法、三角测量法或极大似然估计法来求取被定位节点的坐标；最后对位置坐标求解过程进行算法修正优化，提高定位精度，降低定位误差。

1. 三边测量法

节点定位中，如果智能终端测得距 3 个锚节点的距离，同时锚节点自身的位置坐标是已知的，就可以根据图形几何关系来确定未知节点的位置，图 8-18 所示为三边测量法示意图。

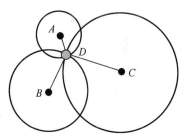

图 8-18 三边测量法示意图

如图 8-18 所示，已知 A、B、C 3 个锚节点的位置分别是 (x_a, y_a)、(x_b, y_b)、(x_c, y_c)，测得锚节点到未知节点 D 的距离分别是 d_a、d_b、d_c，假设未知节点 D 的坐标是 (x_y)，那么根据几何关系可获得一个非线性方程组：

$$\begin{cases} \sqrt{(x - x_a)^2 + (y - y_a)^2} = d_a \\ \sqrt{(x - x_b)^2 + (y - y_b)^2} = d_b \\ \sqrt{(x - x_c)^2 + (y - y_c)^2} = d_c \end{cases} \tag{8-7}$$

运用线性方程组求解方法，得到未知节点 D 的坐标为

$$\begin{bmatrix} x \\ y \end{bmatrix} = \begin{bmatrix} 2(x_a - x_c) & 2(y_a - y_c) \\ 2(x_b - x_c) & 2(y_b - y_c) \end{bmatrix}^{-1} \begin{bmatrix} x_a^2 - x_c^2 + y_a^2 - y_c^2 + d_c^2 - d_a^2 \\ x_b^2 - x_c^2 + y_a^2 - y_c^2 + d_c^2 - d_b^2 \end{bmatrix} \tag{8-8}$$

三边测量法的优点是计算简单，缺点是难以实现，因为在计算定位过程中，经常存在较大的定位误差，导致 3 个圆不完全交于一点。

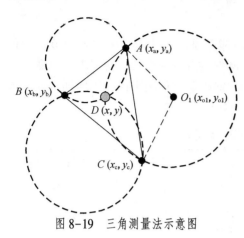

图 8-19　三角测量法示意图

2. 三角测量法

三角测量法原理如图 8-19 所示，已知 A、B、C 3 个锚节点的坐标是 (x_a, y_a)、(x_b, y_b)、(x_c, y_c)，未知节点 D 相对于锚节点 A、B、C 的角度是 $\angle ADB$、$\angle ADC$、$\angle BDC$，假设未知节点 D 的坐标是 $D(x, y)$。

对于锚节点 A 和 C 以及 $\angle ADC$，如果弧段 AC 在 $\triangle ABC$ 内，由两点一角确定一个圆的特性，那么就可以唯一确定一个圆。设圆心为 $O_1(x_{o1}, y_{o1})$，半径为 r_1，那么 $\alpha = \angle AO_1C = (2\pi - 2\angle ADC)$，则有方程组：

$$\begin{cases} \sqrt{(x_{o1} - x_a)^2 + (y_{o1} - y_a)^2} = r_1 \\ \sqrt{(x_{o1} - x_c)^2 + (y_{o1} - y_c)^2} = r_1 \\ \sqrt{(x_a - x_c)^2 + (y_a - y_c)^2} = 2r_1^2(1 - \cos\alpha) \end{cases} \tag{8-9}$$

由式（8-9）能够确定圆心 O_1 点的坐标和半径 r_1。同理可得 A、B、$\angle ADB$ 和 B、C、$\angle BDC$ 分别计算相应的圆心 $O_2(x_{o2}, y_{o2})$、半径 r_2，圆心 $O_3(x_{o3}, y_{o3})$、半径 r_3。最后利用位置坐标计算的基本方法计算节点 $D(x, y)$、$O_1(x_{o1}, y_{o1})$、$O_2(x_{o2}, y_{o2})$、$O_3(x_{o3}, y_{o3})$，确定 D 点的坐标。

3. 极大似然估计法

极大似然估计法又称多边测量法，如图 8-20 所示。已知 1、2、3、…n 个节点的坐标分别是 (x_1, y_1)、(x_2, y_2)、(x_3, y_3)、…、(x_n, y_n)，以及这些节点到未知节点 D 的距离分别是 d_1、d_2、d_3、…、d_n，设未知节点 D 的坐标为 (x, y)。

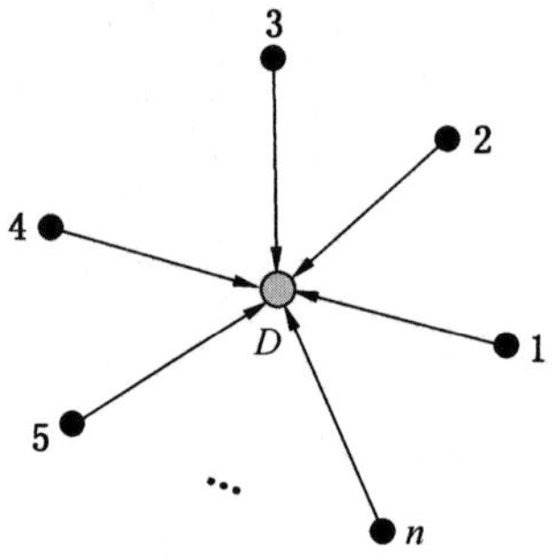

那么，有如下公式：

$$\begin{cases} (x_1 - x)^2 + (y_1 - y)^2 = d_1^2 \\ (x_2 - x)^2 + (y_2 - y)^2 = d_2^2 \\ \vdots \\ (x_n - x)^2 + (y_n - y)^2 = d_n^2 \end{cases} \tag{8-10}$$

图 8-20　极大似然估计法示意图

由第一个方程开始分别往后减去下一个方程直到最后一个方程，得

$$\begin{cases} x_1^2 - x_n^2 - 2(x_1 - x_n)x - y_1^2 - y_n^2 - 2(y_1 - y_n)y = d_1^2 - d_n^2 \\ x_{n-1}^2 - x_n^2 - 2(x_{n-1} - x_n)x - y_{n-1}^2 - y_n^2 - 2(y_{n-1} - y_n)y = d_{n-1}^2 - d_n^2 \end{cases} \tag{8-11}$$

由式（8-11）得到线性方程简化表达 $AX = B$，其中：

$$A = \begin{bmatrix} 2(x_1 - x_n) & 2(y_1 - y_n) \\ \vdots & \vdots \\ 2(x_{n-1} - x_n) & 2(y_{n-1} - y_n) \end{bmatrix} \quad B = \begin{bmatrix} x_1^2 - x_n^2 + y_1^2 - y_n^2 + d_n^2 - d_1^2 \\ \vdots \\ x_{n-1}^2 - x_n^2 + y_{n-1}^2 - y_n^2 + d_n^2 - d_{n-1}^2 \end{bmatrix} \quad X = \begin{bmatrix} x \\ y \end{bmatrix}$$

$$\tag{8-12}$$

使用标准最小均方差估计法可得出未知节点 D 的坐标为

$$\hat{X} = (A^{\mathrm{T}}A)^{-1}A^{\mathrm{T}}b$$

8.2.3 定位算法的性能指标与误差评估

定位算法的性能指标和定位误差分析是衡量定位引擎系统优劣的标准参数，对算法优劣和误差的分析是对传感器网络研究的评估。针对不同应用环境展现出性能优势，对算法的精确应用，也是对 WSN 定位技术研究的重要意义。

1. 定位算法的性能指标参数

定位算法性能指标参数直接影响其算法的可用性，通常对定位算法的定量分析评价指标有以下几种。

（1）定位精度。WSN 矿井定位首先要考虑的就是定位算法的精确度。测距类定位算法中用定位测量得到的坐标值与物体实际的坐标距离来对比。在非测距类算法中，利用节点误差值除以节点通信半径的比例来表示精度。

（2）锚节点的密度。锚节点常常需要人为布置，节点会受到网络部署环境的制约，严重影响 WSN 应用的拓展性。节点安装的疏密影响项目硬件成本，因此锚节点密度也是评价定位系统和算法的重要指标。

（3）节点网络规模。依据现场勘查，选取合理的定位算法需要进行节点网络覆盖；不同的环境如矿井巷道，室内空间和室外广阔空间节点部署的规模也是一样的，对节点监控的范围是有条件的，区域小的定位计算快，反之即慢，这样有利于提高准确度。

（4）代价。代价是在计算定位过程中程序运行所付出的时间、人力和资源成本等。

（5）功耗。功耗是传感器网络硬件节点设计部署的瓶颈。通常是干电池组为节点供电，对复杂和恶劣监测区域长时间工作是节点能量的限制。在算法设计能保证精度的条件下，尽可能地降低节点之间数据包的接收与发送、节点坐标的计算等通信开销。

（6）鲁棒性。在理想的实验环境中，大部分定位算法的误差比较小。但在实际的运用场景中，由于无线电信号在传播中易受到多径效应干扰、障碍物引起的非视距遮挡以及节点通信阻塞等问题，在定位过程中容易产生误差，这就要求定位算法自身必须具备一定的容错性和自适应性，能够自动纠正简单误传，快速适应网络恶劣环境，才能降低各种误差的影响。必须要求定位算法具备很强的鲁棒性，减小误差，提高定位精度。

2. 定位误差的表示与分析

很多定位算法是基于测量的，然而任何距离测量技术都不可能避免测量误差。对带有误差测量数据的处理，计算估计物体的位置也会偏离真实的位置，计算估计得到的距离与真实物体的位置距离之差称为定位误差。误差可以分两类：外在误差和内在误差。外在误差来源于测量信道的物理因素，如障碍物、多径效应和阴影效应以及环境变化导致的信号传播速度变化等。内在误差则由引擎系统硬件和软件的限制引起。在实际部署时，外在的误差往往更加难以预测且更具挑战性，但在使用多跳测量信息进行节点位置估计时，内在误差会更加复杂多变。因此，误差的控制对于实现高精度定位算法是必要的，对误差的表示也有许多种方法，如均方误差和均方根误差、累计分布函数、几何精度分布、克拉姆-罗下界等。

（1）均方误差和均方根误差。均方误差是一种常用的判定定位误差值的度量方法，设未知节点的真实坐标为 (x, y)，算法计算估计得到的位置坐标为 (x', y')，在二维平面计算的定位均方误差和均方根误差为

$$\text{MSE} = E\left[\left(x - x'\right)^2 + \left(y - y'\right)^2\right] \tag{8-13}$$

$$\text{RMSE} = \sqrt{E\left[\left(x - x'\right)^2 + \left(y - y'\right)^2\right]} \tag{8-14}$$

（2）累计分布函数。累计分布函数用来计算定位误差小于某设定值的概率，通常的表示方法为累计分布函数和定位误差曲线。

（3）平均定位误差。平均定位误差指的是 N 次定位误差的算术平均值，也是一种评价定位误差常用方法。其优点是简单方便；缺点是不如累计分布函数衡量具体，且一次很大的误差会引起定位引擎系统误差浮动上升。

（4）几何精度分布。定位误差不仅与参量的外、内在误差有关，还与节点之间的几何位置有关系。几何精度评定是几何位置对定位性能影响程度的指标，如果没有精确合理的规划覆盖区域内的节点位置和节点数量，则评定效应可能会影响定位精度，增大误差。

（5）克拉姆-罗下界。定位误差是一个包括大量网络配置参量的函数，这些参量包括锚节点和未知节点的数量、节点的几何关系以及传感网络的连通性等。克拉姆-罗下界是无偏估计量的协方差下界，是无线定位的关键性能度量方法，因此可以用来衡量定位算法性能的基准。

以上介绍了评判定位算法好坏的几个常用的参数，也可以使用几个参数来选择定位算法，或者在建立锚节点部署时提供参考。矿井巷道定位环境复杂恶劣，至今并没有一个确定的统一井下传播模型来计算位置信息，选择定位方法时多数考虑的是算法的可行性和能否达到精度的要求。

8.2.4 煤矿巷道无线电波传播特征

1. 矿井巷道无线电波的折射和反射

在矿井中，无线电波遇到比波长大得多的物体时会发生反射，反射就是电磁波入射到巷道四周的煤岩壁上，再反射到巷道空间中的现象。当平面波入射到理想介质表面时，一部分能量进入第二种介质，另一部分能量反射到第一种介质，反射波和入射波的电场强度关系的发射系数用 $\varGamma$ 表示。无线电波通常称为极化波，在空间立体中相互垂直的方向上存在瞬时电场分量，极化波在数学上用空间正交的两个分量之和表示。当电磁波以 θ_i 入射到两种介质交界平面上时，一部分能量以 θ_r 反射回来，一部分能量以 θ_i 进入第二种介质。图 8-21 所示为入射线、反射线、折射线关系示意图。其中，θ_i 等于 θ_r，ε_r 为煤岩壁介电常数，巷道空间中传输介质为空气，μ_1 等于 μ_2。

矿井巷道两侧与顶板都由煤层或岩石以及铁丝网和混凝土组成，这些物质都是坚硬且厚度深的传播介质，无线电波折射到巷道壁上后能量相对减弱，因此电磁波折射给无线通信带来的干扰影响基本可以忽略不计。对任意极化波叠加计算电波信号的反射场，只要能解决这两个正交极化分量，就可以计算出任意极化方向上的反射场。由于水平极化波和垂直极化波电场的方向与电磁波传输的方向不同，因此在界面上发生反射的时候，反射性质随电场极化方向发生改变。图 8-21 中，如果电场 E_i 在入射面内，叫水平极化；如果电场 E_i 的方向垂直于入射面，叫垂直极化。

水平入射波和垂直入射波从空气中入射到煤壁介质中的反射系数为

$$\varGamma_p = \frac{E_r}{E_i} = \frac{\cos\theta_i - \sqrt{\varepsilon_r - \sin(\theta_i)^2}}{\cos\theta_i + \sqrt{\varepsilon_r - \sin(\theta_i)^2}} \qquad \varGamma_v = \frac{E_r}{E_i} = \frac{-\varepsilon_r\cos\theta_i + \sqrt{\varepsilon_r - \sin(\theta_i)^2}}{\varepsilon_r\cos\theta_i + \sqrt{\varepsilon_r - \sin(\theta_i)^2}} \tag{8-15}$$

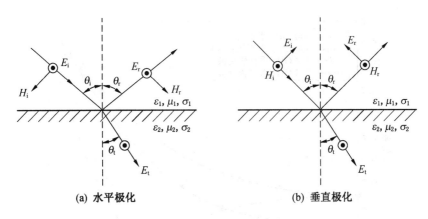

图 8-21 无线电波反射示意图

式中 Γ_p、Γ_v——水平极化和垂直极化的发射系数；

　　　　ε_r——煤壁介质的相对介电常数；

　　　　θ_i——入射角。

巷道煤岩壁是凹凸不平的，当无线电磁波入射到煤壁面上时电波信号必将发生散射现象，经过散射的电磁波同样会回到巷道封闭空间中继续传播，累计叠加或削弱原始电波信号，从而影响矿用智能终端接收信号强度的强弱。散射的程度与巷壁表面的粗糙度有关，也与无线电波的入射角和波长以及巷道空间中的媒介物有关。巷壁表面粗糙不平，如需得到更准确的反射系数值，反射系数还要通过乘以散射系数来修正。将煤壁表面粗糙起伏高度看作一个标准的高斯随机分布变量，则散射系数的定义公式为

$$\rho_s = \exp\left[-8\left(\frac{\pi\sigma_h\cos\theta_i}{\lambda}\right)^2\right]I_0\left[8\left(\frac{\pi\sigma_h\cos\theta_i}{\lambda}\right)^2\right] \tag{8-16}$$

式中 σ_h——巷道壁表面平均高度的标准偏差；

　　　　I_0——修正的第一类零阶 Bessel 函数。

在巷道传输空间受限，巷道传输媒介混杂且深度较高的情况下，煤岩壁介电常数 ε_r 的值相对空旷地或室内空间的通信环境要求较高，因此取 ε_r 的介电常数为4。图 8-22 所示为山煤霍尔辛赫主运输大巷无线电波发生在粗糙煤壁表面上的水平与垂直极化波的反射率比较图。

从图 8-22 可以看出，水平极化波的反射率要比垂直极化波的反射率大得多，特别是在角度较大的时候表现得更加突出；在入射角小于 60° 时，反射系数很低，反射信号很小，几乎可以忽略不计；当入射角大于 60° 时，反射系数开始增大，且幅度明显。分析可得巷道内的反射系数应取大于 60° 为主，取近似平均值为 0.5。

2. 矿井巷道无线电波的绕射和散射

在矿井巷道电波传播通信中，巷道壁四周粗糙尖锐的边缘阻挡使无线电波产生了绕射，阻挡面产生的二次电波散满整个狭窄巷道空间，绕射波信号能围绕巷道任何遮挡物体传播。绕射传播的电波信号是把巷道空间中所有的路径损耗叠加起来的一个路径损耗函数总和。例如，布灵顿用阻挡物替代障碍物，采用单刃形障碍绕射模型估算多障碍物的绕射损耗函数。散射同样发生在巷道壁表面、地表等障碍物的尺寸刚好与无线电波波长相同或

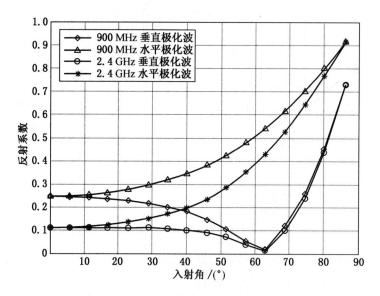

图 8-22　发生在煤岩壁介质上的反射率

者相似的情况下。散射现象难以预测和收集，智能终端接收到的电信号遭受破坏与发送端原始信号相比无形中增加了若干噪声干扰随机分量，且随着距离远离基站发送端，电波信号的质量越来越差。

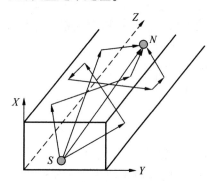

图 8-23　巷道多径传播示意图

3. 矿井巷道无线电波的多径传播

无线电波信号在矿井隧道中传播会遭遇各种不同的遮挡物，巷道拐角、矿井硐室、变电室、救生舱和井下相连巷道的停车场等都会对无线电波信号起到反射、绕射、折射和散射，从而通信终端接收到的信号是经过不同路径传播后的信号累计叠加值。经过不同路径传播的信号在原始信号基础上都会掺杂一些干扰参量，矿用智能终端接收到的信号往往是通过参量增加或减弱后的强度值。这主要是由于巷道狭窄，空间受限，且呈现出一条类似长方形的立体，无线射频信号在这样和环境下经过多次的反射、折射和散射后，接收端接收到的信号路径并不是唯一的，而不同路径的信号损耗和衰减也不同，收的是多条路径叠加的信号值。这种传播路径的形式就形成隧道通信的多径传播，如图 8-23 所示。S 点代表基站，无线射频信号从 S 点通过不同路径折射、反射后到达未知节点 N。

8.2.5　基于 RSSI 的煤矿巷道人员定位算法

电磁波信号在室外自由空间中传播是无障碍物阻挡的，天线的增益以及全方位的信号传播使得电磁波传送损耗由传播频率和传送距离而决定，自由空间中接收信号强度 RSSI 与传播距离之间的关系为

$$PL(d) = -32.44 - 20\lg f_c - 20\log d\frac{1}{n}(\overline{RSSI}) \tag{8-17}$$

式中　　　　f_c——载波固有的频率，MHz；

　　　　d——锚节点到接收端之间的距离，m；

　　$PL(d)$——相距 d 时锚节点到接收端的 RSSI 信号强度值。

巷道中的电磁波传播环境不同于空旷地的自由空间传播，矿井巷道中电磁信号易受到煤尘、煤壁、水雾、温度、电磁辐射以及有毒气体等非视距障碍物的干扰影响；传感器节点接收到的无线电信号强度是一个随机量，由于多径、散射和非视距的影响，传播路径分散交叉，那么接收到的电波能量符合对数正态分布随机变化。一般选用阴影屏蔽模型路径损耗公式来计算接收端的信号强度，即式（8-1）。最后再利用多边测量法或极大似然法计算出未知节点的坐标。

从阴影屏蔽模型可以看出，接收信号的强度与信标节点到未知节点间的距离 d 有关，因此，在不同的巷道地段以及不同的煤壁煤层矿井中，路径损耗因子是不相同的，它是一个实时动态变化的参量，可以采用分段求取阴影屏蔽传播模型中路径损耗因子 α 以及环境因子 ε_σ 方法，分段长度可以视巷道结构特点而定。算法开始时，首先计算出路径损耗因子存入数据库中，然后动态调用数据库参数来计算锚节点与未知节点间的距离，最后用极大似然法来计算未知节点的坐标。通过对矿用智能终端接收到的信号强度值进行高斯滤波优化处理后取均值参与定位计算，从源头上提高定位信号的采集准确率。通过滤波、取均值和动态计算路径损耗和环境因子这些步骤来提高定位精度，降低定位误差。

1. RSSI 的高斯滤波优化预处理

在煤矿巷道定位中，被定位的未知节点通常可以接收到不低于 3 个锚节点广播发送的数据包信息，即 RSSI 值。由于巷道内空间狭小狭窄电磁波信号容易受多径、散射和光滑隧道表面干扰影响，必然存在测量误差引起的小概率事件，通过选取高斯滤波对未知节点接收到的 RSSI 值进行滤波处理，利用高斯模型选择高概率发生区域的 RSSI 值作为节点接收到的有效值，再对这组有效值求算术平均，最终得出处理后的 RSSI 值参与定位计算。通过采用高斯滤波处理的方法能够减少小概率事件和巷道对电磁信号的干扰，同时去掉了测量突变数据以及噪声波动，更进一步得到准确的 RSSI 值参与计算两点间的距离。

高斯滤波模型适用于服从或近似服从对数正态分布规律的事件集合。在巷道定位测量过程中，由于离均值特别远的 RSSI 值发生的概率非常小，高斯滤波的目的就是滤除偏离均值的这些 RSSI 值，可以当成是偶然略去。在巷道实际测试过程中，未知节点接收到 n 个 RSSI 值的样本分别是 RSSI_1、RSSI_2、RSSI_3、$\cdots$、RSSI_n，概率分别是 P_1、P_2、P_3、$\cdots$、P_n，RSSI 近似服从 $(\mu,\ \delta^2)$ 的高斯分布，其概率密度函数为

$$F(\text{RSSI}) = \frac{1}{\sigma\sqrt{2\pi}}\text{e}^{\frac{(\text{RSSI}-\mu)^2}{2\sigma^2}} \tag{8-18}$$

式（8-18）中由最大似然估计可求得

$$\begin{cases} \mu = \dfrac{1}{n}\sum_{k=1}^{n}\text{RSSI}_{(k)} \\ \sigma = \sqrt{\dfrac{1}{n-1}\sum_{k=1}^{n}\left(\text{RSSI}_{(k)} - \mu\right)^2} \end{cases} \tag{8-19}$$

则函数 F（RSSI）的区间 $(\mu - \sigma \leq \text{RSSI}_k < \mu + \sigma)$ 的概率是

$$P(\mu - \sigma \leq \text{RSSI}_{(k)} < \mu + \sigma) = F(\mu + \sigma) - F(\mu - \sigma) = \phi(1) - \phi(-1)$$

$$= 2\phi(1) - 1 = 68.26\%$$

这个区域是高斯分布函数高概率发生区，选择发生在这个区域的 RSSI 值，对选择的这组接收信号强度 RSSI 求算术平均，得出优化后的 RSSI 值：

$$\overline{\mathrm{RSSI}} = \frac{1}{n} \sum_{k=1}^{n} \mathrm{RSSI}_{(k)}, \quad \mathrm{RSSI}_{(k)} \in (\mu - \sigma, \mu + \sigma) \tag{8-20}$$

图 8-24 所示为实测采集了未知节点 N 在距离锚节点 1 m 处，4 min 内收到来自锚节点广播发送的 520 个 RSSI 值，将原始采集到的 RSSI 值与高斯滤波模型处理后的对比效果图。由图 8-24 可见，通过高斯滤波优化处理后得出的 RSSI 更平滑，去掉了偶然测量误差和突变 RSSI 值。

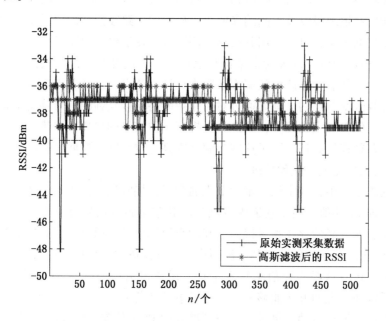

图 8-24　实测 RSSI 高斯滤波前后处理效果图

2. 分段求解路径损耗 α 和环境参量 ε_σ

首先，确定阴影屏蔽传播模型中两个参数因子 α 和 ε_σ。

设 $\phi(k) = \begin{bmatrix} \varphi(k) & \mu(k) \end{bmatrix} \begin{bmatrix} m \\ n \end{bmatrix} = h(k)\theta$，$e(k)$ 表示真实值 $\phi(k)$ 与实验测量 $\hat{\phi}(k)$ 之差。

$$e(k) = \phi(k) - \hat{\phi}(k) = \phi(k) - h(k)\hat{\theta} \tag{8-21}$$

其误差矩阵为

$$E = \Phi - \hat{\Phi} = \Phi - H\hat{\theta} \tag{8-22}$$

以极小化方程的误差平方和原则建立极小化性能指标函数为

$$F = E^{\mathrm{T}}E = (\Phi - H\hat{\theta})^{\mathrm{T}}(\Phi - H\hat{\theta}) \tag{8-23}$$

令误差的平方和是最小的原理，则

$$\frac{\partial F}{\partial \hat{\theta}} = -2H^{\mathrm{T}}(\Phi - H\hat{\theta}) = 0 \tag{8-24}$$

解得参数 $\hat{\theta}$ 的估计值为

$$\hat{\theta} = (H^{\mathrm{T}}H)^{-1}H^{\mathrm{T}}\Phi \tag{8-25}$$

将阴影屏蔽传输模型 $PL(d_i) = PL(d_o) - 10\alpha\lg\left(\dfrac{d_i}{d_o}\right) - \varepsilon_\sigma$ 与 $\phi(k) = m\varphi(k) + n\mu(k)$ 比较可得出：

$$\phi(k) = \begin{bmatrix} \varphi(k) & 1 \end{bmatrix}\begin{bmatrix} m \\ n \end{bmatrix} = h(k)\theta \tag{8-26}$$

其中，$\phi(k) = PL(d_i) - PL(d_o)$，$\varphi(k) = 10\lg\left(\dfrac{d_i}{d_o}\right)$，$m = -\alpha$，$n = -\varepsilon_\sigma$，$h(k) = \begin{bmatrix} \varphi(k)1 \end{bmatrix}$，$\theta = (mn)^{\mathrm{T}}$。

由式（8-25）可得到屏蔽传输模型路径损耗因子 α 和环境变量因子 ε_σ 的网络环境参数方程为

$$\theta_{\mathrm{LSM}} = \begin{bmatrix} -\alpha \\ -\varepsilon_\sigma \end{bmatrix}(H^{\mathrm{T}}H)^{-1}H^{\mathrm{T}}\Phi \tag{8-27}$$

根据实测到的 N 组 $\begin{bmatrix} PL(d_i), d_i \end{bmatrix}$，可计算出传播模型中路径损耗因子 α 和环境变量 ε_σ。通常测距误差会随着测量距离和次数的增多而扩大，将距离反映到测距过程中，以距离信息作为加权系数的最小二乘法的反馈系数为

$$\lambda(k) = f^{1/d_i} \tag{8-28}$$

其中，$0 < f < 1$，d_i 表示第 i 个未知节点到锚节点的真实距离，则加权矩阵为 $\Lambda = \mathrm{diag}\begin{bmatrix} \lambda(1), \lambda(2), \cdots, \lambda(N) \end{bmatrix}$，从而可以用加权最小二乘法得出 θ_{WLS} 值为

$$\theta_{\mathrm{WLS}} = \begin{bmatrix} -\alpha \\ -\varepsilon_\sigma \end{bmatrix} = (H^{\mathrm{T}}\Lambda H)^{-1}H^{\mathrm{T}}\Lambda\Phi \tag{8-29}$$

3. 传输模型的建立

通过对 RSSI 进行高斯滤波预处理后，采用加权最小二乘法和最小二乘法来分别计算路径因子 α 和环境因子 ε_σ，将两个参数代入阴影屏蔽传输模型改进得出新的符合瓦斯煤尘爆炸巷道实际环境的传输模型：

$$PL(d_i) = PL(d_o) - 10 \times 1.1938 \times \lg\left(\frac{d_i}{d_o}\right) - 3.7097 \tag{8-30}$$

其中，$PL(d_o)$ 是协调器节点到锚节点之间距离为 1 m 时的信号强度经过多次测距高斯滤波后的算术平均值，$PL(d_o) = -36.3282$ dBm，用 RSSI 代替 $PL(d_i)$ 得

$$d_i = d_o \times 10^{\frac{PL(d_o) - \mathrm{RSSI} - \varepsilon_\sigma}{10\alpha}} \tag{8-31}$$

4. 距离 d_i 的修正

通过屏蔽模型建立得出煤矿巷道实际传输模型后，为了更进一步获得定位高精度需要，在式（8-31）距离 d_i 的基础上引入距离修正误差参数 $\Delta\mu$，通过对距离误差参数 $\Delta\mu$ 的引入参与定位坐标的计算，同样用最小均方差估计法来求解距离方程组，得出精确的未知节点位置坐标。设巷道中锚节点的位置坐标为 (x_i, y_i, z_i)，被定位节点坐标是 (x_o, y_o, z_o)，其中 $i = 1, 2, 3, \cdots, N$。则被定位节点到锚节点之间的距离为

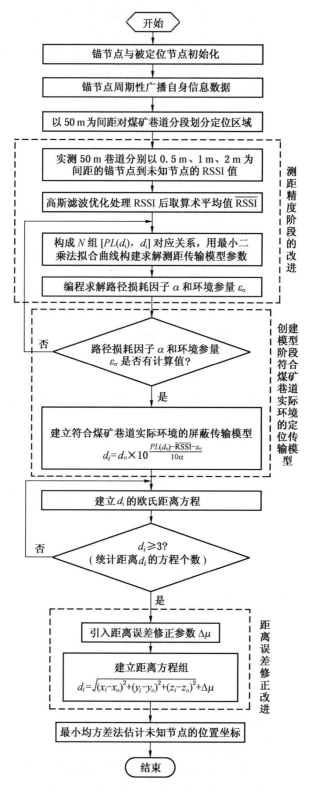

图 8-25　基于 RSSI 的巷道定位算法流程图

$$\begin{cases} d_1 = \sqrt{(x_1 - x_o)^2 + (y_1 - y_o)^2 + (z_1 - z_o)^2} + \Delta\mu \\ d_2 = \sqrt{(x_2 - x_o)^2 + (y_2 - y_o)^2 + (z_2 - z_o)^2} + \Delta\mu \\ \qquad\qquad\qquad \vdots \\ d_n = \sqrt{(x_n - x_o)^2 + (y_n - y_o)^2 + (z_n - z_o)^2} + \Delta\mu \end{cases} \tag{8-32}$$

要得到一组未知节点空间位置坐标值，需要预先确定至少 4 个锚节点坐标，将方程组近似坐标 $(\hat{x}_o, \hat{y}_o, \hat{z}_o)$ 展开矩阵形式为

$$\begin{bmatrix} \Delta d_1 \\ \Delta d_2 \\ \vdots \\ \Delta d_n \end{bmatrix} = \begin{bmatrix} a_{x1} & a_{y1} & a_{z1} & 1 \\ a_{x2} & a_{y2} & a_{z2} & 1 \\ \vdots & \vdots & \vdots & \vdots \\ a_{xn} & a_{xn} & a_{xn} & 1 \end{bmatrix} \begin{bmatrix} \Delta x_0 \\ \Delta y_0 \\ \Delta z_0 \\ -\Delta\mu \end{bmatrix} \tag{8-33}$$

$$\hat{r}_i = \sqrt{(x_1 - \hat{x}_o)^2 + (y_1 - \hat{y}_o)^2 + (z_1 - \hat{z}_o)^2}$$

$$a_{xi} = \frac{(x_i - \hat{x}_o)^2}{\hat{r}_i} \qquad a_{yi} = \frac{(y_i - \hat{y}_o)^2}{\hat{r}_i} \qquad a_{zi} = \frac{(z_i - \hat{z}_o)^2}{\hat{r}_i}$$

令 $\mathbf{\Delta d} = \begin{bmatrix} \Delta d_1 & \Delta d_2 & \Delta d_3 & \cdots & \Delta d_n \end{bmatrix}^T$，$\mathbf{\Delta x} = \begin{bmatrix} \Delta x_1 & \Delta y_2 & \Delta z_3 & \cdots & -\mu \end{bmatrix}^T$，$\mathbf{H} = \begin{bmatrix} a_{x1} & a_{y1} & a_{z1} & 1 \\ a_{x2} & a_{y2} & a_{z2} & 1 \\ \vdots & \vdots & \vdots & \vdots \\ a_{xn} & a_{xn} & a_{xn} & 1 \end{bmatrix}$，则

$$\mathbf{\Delta d} = \mathbf{H}\mathbf{\Delta x} \tag{8-34}$$

在煤矿巷道空间区域环境中，锚节点个数大于 4 个时，式（8-34）无解，用下列方程计算未知节点的坐标：

$$\mathbf{\Delta x} = \begin{bmatrix} \mathbf{H}^T \mathbf{H} \end{bmatrix}^{-1} \mathbf{H}^T \mathbf{\Delta d} \tag{8-35}$$

式（8-35）的解算同样采用最小均方差法编程迭代计算，选取锚节点的参考位置坐标和合适的传输距离误差逐步循环求精，得出最终未知节点的坐标。由于在煤矿巷道环境中，巷道的高度是恒值，通常在项目实施和课题研究中不考虑高度即 Z 轴坐标，上位机定位引擎系统同样设计成二维平面坐标系显示地图，提供给井上管理人员查询监控。在算法计算环节，通常只计算出横向和纵向坐标即可，Z 轴坐标由矿井巷道规划时设计提供。

5. 定位算法流程

基于高斯滤波的分段求解路径损耗因子 α 和环境参量因子 ε_σ 的 RSSI 高精度巷道定位算法计算流程如图 8-25 所示。

9 矿山物联网设备感知与预警技术

9.1 矿山设备状态监测与故障诊断

机械设备是现代化工业生产的物质技术基础，设备管理则是企业管理中的重要领域。机械设备状态监测与故障诊断技术在设备管理与维修现代化中占有重要的地位，我国已将设备诊断技术、修复技术和润滑技术列为设备管理和维修工作的 3 项基础技术。机械设备状态监测是研究机械设备运行状态的变化在诊断信息中的反映，通过测取设备状态信号，并结合其历史状况对所测信号进行处理分析、特征提取，从而定量诊断（识别）机械设备及其零部件的运行状态（正常、异常），进一步预测将来状态，最终确定需要采取的必要对策，其主要内容包括监测、诊断（识别）和预测 3 个方面。

机械设备状态监测与故障诊断既有区别，又有联系。状态监测又称为简易诊断，一般是通过测定设备的某些较为单一的特征参数（如振动、温度、压力等）来检查设备状态，并根据特征参数值与门限值之间的关系来决定设备的状态。如果对设备进行定期或连续的状态监测，便可获得有关设备状态变化的趋势规律，据此可预测和预报设备的将来状态，称为趋势分析。故障诊断又称精密诊断，不仅要掌握设备的状态正常与否，同时还需要对产生故障的原因、部件（位置）以及故障的严重程度进行深入的分析和判断。

设备状态感知是指按照预先设定的周期和方法，对设备上的规定部位（点）进行有无异常的预防性周密检查的过程，以使设备的隐患和缺陷能够得到早期发现、早期预防、早期处理，从而更好地监控工厂设备性能，缩短因不可预测的系统故障造成的高成本宕机时间。

研究表明，灾难性的设备故障可能给生产带来巨大的损失，对任何生产运行来说，这都是最糟糕的情况。2002 年，德国 Spenner Zement 水泥公司一台磨机齿轮箱发生故障，整台水泥磨机不得不停产 3 个星期。该公司使用了温度传感器检测齿轮箱的健康状态，但是这个陈旧的监测方法反应太慢，等到其报警时整个轴承已经严重损毁。最后，Spenner Zement 公司不仅要花费高昂的维修费用，而且因磨机停产蒙受了巨额经济损失。一般来说，在温度出现异常之前的 3 个月，一些隐性征兆（如异常振动）就已经出现，如果那时就能及时监测到异常并加以应对，就可以避免这些损失。

现代化工业生产对机器的依赖与日俱增，生产线上的大型机器一旦出现重大故障，不但会影响企业的日常生产，严重的甚至会引发安全事故。稳健可靠的机器状态监测和故障诊断可有效预防机器故障，帮助企业消除计划外的储运损耗、优化机器性能、缩短返修时间并降低综合维护成本。

对于大型轴承设备的维护，当前有几种策略：一是"响应式维护"，即在设备崩溃以后进行维护；二是"预防式维护"，即在规定期限内进行设备替换；三是"预测式维护"，即根据设备的状态进行替换；四是"主动可靠式维护"，即根据"预测式维护"所得知识，优化机器设备的使用。显然，第三种和第四种策略是比较好的选择。主动式的状态监测和故障诊断需要获得更多的物理信息，如加速度、转速、位移、温度等，因此需要一个平台对这些信号测量提供全面支持。

尽管减轻系统故障的各种检测技术已经使用多年，但它们都没有实现尺寸、性能、成本与可靠性的完美结合，因此无法在工业应用中广泛地实现实时、持续不断的设备正常运转监控。

由于煤矿设备故障模式尚不清楚，为此需从第一模式开始研究。煤矿设备运行健康状况感知的目的是在线实时了解和分析煤矿重大设备的运行情况，给出设备运行状况是否处于正常情况下。与故障诊断不同，设备健康状况分析并不给出可能的故障形式。这是因为故障诊断研究了几十年，到目前为止仍鲜见实用系统，设备感知系统要进入实用，就不能再走故障诊断的老路。故障诊断系统不能进入实用的一个重要方面就在于现场设备实际运行中，故障模式没法获取，不可能在现场设备中人为地制造故障来提取故障模式，因此，不可能进一步实施真正的故障诊断。

设备感知提供了一种设备运转状态下的检测技术，通过采用矿山物联网技术，综合有线、无线技术，利用多参数或网络化传感器，对矿山设备运行多参数信息监测，通过时空一体信息分析，得出设备整体运行健康状态，是一种行之有效的新型监测方法和理念。它摒弃了原有采用单一传感器监测单一器件运行状态的做法，改为将设备看做一个整体，由部件推断设备整体的健康状态，而不再局限于某一器件运行状况；同时，无需考虑设备故障模式，通过选择适当的模式库，简单将设备划分为正常和故障两种模式，巧妙地规避了设备故障模式不清楚的不利条件。在监测和分析方法上，由于采用多种传感器，有效调用了多种监测方法，并运行了时空信息分析算法，使原有监测内容和分析效果得到质的提高和改善。通过矿山设备状态感知，可以实现以下几个目标。

（1）了解和掌握设备的运行状态，包括采用各种监测、测量、监视、分析和判别方法，获得设备的运行状态信息。

（2）保证设备的安全、可靠和高效、经济运行。及时、正确、有效地对设备的各种异常或故障状态作出诊断，预防或消除故障，同时对设备的运行维护进行必要的指导，确保可靠性、安全性和有效性。制定合理的监测维修制度，保证设备发挥最大设计能力，同时在允许的条件下充分挖掘设备潜力，延长其服役期及使用寿命，降低设备全寿命周期费用。进一步，还可以通过检测、分析、性能评估等，为设备修改结构、优化设计、合理制造及生产过程提供数据和信息。

（3）指导设备管理和维修。根据监测结果，提出控制故障继续发展和消除故障的对策或措施（调整、维修、治理），为推进视情维修体制提供依据。

（4）避免重大事故发生，减少事故危害性。掌握设备的状态变化规律及发展趋势，防患于未然，将事故消灭在萌芽状态。

（5）提高企业设备管理水平。实现管好、用好、修好设备，提高企业经济效益，推动国民经济持续、稳定、协调发展。

（6）降低监测成本。通过提供实时分析，在部件发生故障时可进行及时的纠错操作，降低测试成本。

9.2　矿山设备模式库

矿山设备健康状况感知的目的是在线实时了解和分析矿山重大设备的运行情况，给出设备运行状况是否处于正常情况的判断。考虑到对矿山设备故障状态先验知识未知，因此提出了以运行模式为准则的煤矿设备健康状态分析与诊断方法。该方法以建立的健康状态模式库为准则，选取适当的模糊判断方法以及健康状况模式库的自学习与更新算法，实现对煤矿设备状态分析与诊断。与故障诊断不同，矿山设备健康状况感知无需考虑设备故障模式，通过引入二元模态集的概念，将设备划分为正常和故障两种模式，可巧妙地规避设备故障模式不清楚的不利条件。可以采用统计分析逐步建立设备运行健康模式库，通过模式库的建立，大大提高了点检系统在企业中的实际应用能力，使得故障诊断技术、状态监测技术、技术经济决策分析、专家故障诊断系统以及故障模式分析等技术实现了开创性的进步。

9.2.1　时间序列相似性准则

振动是自然界中的一种很普遍的运动，机械振动信号中包含了丰富的机器状态信息，它是机械设备故障特征信息的良好载体。利用振动信号来获取机械设备的运行状态并进行故障诊断具有如下优点。

（1）方便性：利用各种振动传感器及分析仪器，可以很方便地获得振动信号。

（2）在线性：振动监测可在现场不停机的情况下进行。

（3）无损性：在振动监测过程中，不会对被测对象造成损伤。

设 $x = \{x_1, x_2, \cdots, x_n\}$ 是待判断的机械设备振动时间序列，$x_1, x_2, \cdots, x_n$ 分别表示在时刻 $t_1, t_2, \cdots, t_n$ 的测量值，$|x|$ 是测量向量 $x = \{x_1, x_2, \cdots, x_n\}$ 的长度，$A = \{x_1, x_2, \cdots, x_n\}$ 是已测量的待判断机械设备振动时间序列集。机械设备振动时间序列的相似性分类可以表述为如下形式化定义：

给定机械设备振动时间序列 x，待判断机械设备振动时间序列集 A，相似性度量函数 $\mathrm{sim}(\ )$ 以及相似性判断算法 $\mathrm{alg}(\ )$，在时间序列集 A 中，找出与 x 相似的序列集合 B，即

$$B = \{x_i \in A\} \mid \mathrm{sim}(\mathrm{alg}(x, x_i)) \tag{9-1}$$

欧几里得距离法是最常见的时间序列相似性判别方法。给定两个时间序列 $x = \{x_1, x_2, \cdots, x_n\}$ 与 $y = \{y_1, y_2, \cdots, y_n\}$，序列欧几里得距离定义为

$$d(x, y) = \sqrt{\sum_{i=1}^{n} (x_i - y_i)^2} \tag{9-2}$$

两个序列欧几里得距离越小，认为这两个模式越相似。如果对同一类内各个模式向量间的欧几里得距离不允许超过某一最大值 T，则最大欧几里得距离 T 就成为一种聚类判据。

描述两个向量相似性的另一种方法是计算两个向量夹角的余弦，即

$$\cos\theta = \frac{x^{\mathrm{T}}y}{\|x\| \cdot \|y\|} \tag{9-3}$$

两个向量越接近，其夹角越小，余弦越大。如果对同一类内各个向量间的夹角作出规定，不允许其超过某一最大角 φ_T，则最大角 φ_T 就成为一种聚类判据。

不同相似度会导致形成的聚类几何特性不同，如图 9-1 所示。若用欧几里得距离相似

准则，会形成大小相似且紧密的圆形聚类；若用向量夹角相似准则，将形成大体同向的狭长形聚类。

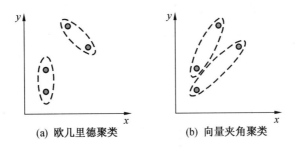

(a) 欧几里德聚类　　　　(b) 向量夹角聚类

图 9-1　不同相似性准则的聚类效果

9.2.2　时间序列相似性数学分析方法

模态是时间序列中特征量表现的一种模式，任何没有被判别为正常或异常的模态都称为不确定态或暂时模态。不确定态包括过去的和现在的未判决的状态。

对未判决的实际时间序列，其不确定态并不完全相同，为了描述各个不确定态的归属，引入模态束和模态集的概念。

模态束 P 是所有与已知模态 p 距离小于 δ 的模态空间点组成的一个集合，即模态束 $P = \{a \in R^Q \mid d(p, a) \leqslant \delta\}$。其中，$d$ 为空间距离，Q 为模态空间维数。

所有模态束组成的集合称为模态集，用 C 表示。对于分属于不同模态束而同属于模态集的序列认为同属于一个状态。因此，模态集是进行最终状态判决的最小划分，一个二维的模态束和模态集如图 9-2 所示。

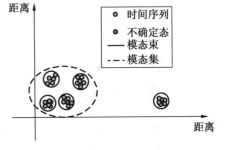

图 9-2　模态束与模态集

时间序列相似性判别步骤如下：

（1）把时间序列 x 嵌入一个 Q 维实空间，建立重构状态空间。

（2）定义事件描述函数 $g(x)$，取值为 1 表示有事件发生，取值为 0 表示没有事件发生。

（3）定义目标函数 f，f 反映了模态束 P 描述事件的能力。通过求目标函数 f 的最优解得到最优模态束，再由所有最优模态束组成模态集。

9.2.3　模式库的参数选择与建立方法

煤矿一般运转设备如水泵、带式输送机、压风机、通风机、刮板输送机、提升机等一般均有启动、运行、停止 3 个过程，这 3 个过程的运行模式也有不同，其中提升机运行状态相对复杂。健康状况模式库应考虑这 3 种不同的情况分别对待，如图 9-3 所示。

具体方法：将启动时间分成几个时间点，如 t_1、t_2、t_3；设备进入运行后，采样间隔应长些，如 t_4、t_5、t_6、t_7 等，分别在这些采样时间点采集设备某些关键点的振动数据，通过以太网传输至地面设备感知系统，并采用频域（谱分析）和时域（烈度）分析，分别建立这些时刻设备运行健康状态模式库。模式库的建立需要较长时间数据（样本）的积累和分析，如连续 30 d（次）的数据。停止阶段是否需要采集数据建立模式库视具体监测对象而定。

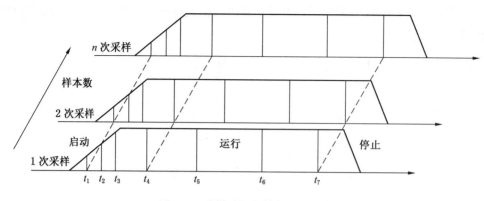

图 9-3　采样时间与样本数的考虑

可由公式计算出各个监测时间点振动烈度值，将同一监测时间 t_n 在同一地点的多次烈度值（样本值）进行数理统计，得出其分布函数，可作为烈度的模式库。

频谱分析的模式库建立相对复杂。频谱分析的结果与烈度不同，不是一个具体的数值，而是一种频谱分布。如何将这种频谱分布转变成计算机能识别的模式库值得研究。建议采用 XML 语言来描述某一时间点对某一采样地点的频谱，自动建立相应的基于 XML 的模式库；但具体实施内容和方法需要研究和探索。

模式库建立后，就可用于设备健康状况的分析。基本原则是，当频谱分析与时域分析结果在模式库范围内时，可认为设备运行于健康状态。当频谱分析与时域分析结果偏离模式库的范围时，偏离的进程比较慢，且经专家分析，设备仍属于正常运行，可将此时的模式作为新的模式库补充到模式库中。

当偏离较大，且偏离的速度也较大时，可认为是不健康状况的预兆，进行预警。

9.3　矿山设备诊断方法

9.3.1　矿山设备诊断流程

机械设备健康状态评估系统主要根据在线监测数据、设备的历史运行状况、同类设备统计数据等进行综合分析，然后利用评估算法对设备的健康状况进行评估，对不合格设备给出不合格原因及检修建议。即有一个能反映设备状态的参数，有一个规定的阈值或概念明确的判据，以判断设备健康状态。设备健康诊断流程如图 9-4 所示。

评估方法主要是通过在线测取设备状态信号，并结合其历史状况对所测信号进行处理分析、特征提取，从而定量诊断（识别）机械设备及其零部件的运行状态（正常、异常），为进一步预测将来状态，最终确定需要采取的必要对策提供技术支持，如图 9-5 所示。

1. 在线机器状态信息采集平台

由于传统利用上位软件实现判决的方法一般很难保证实时性要求，为此需构建基于宽带参数监测结合频率选择性监测算法进行故障诊断的信息采集平台。可利用 NI LabVIEW FPGA 模块，基于 LabVIEW 图形化编程环境完成 FPGA 程序的开发，利用定点数学工具包和滤波器设计工具包还可以实现复杂的数学运算和信号处理。这样，利用 NI CompactRIO 平台上现成的 I/O 模块完成振动信号的调理采集、转速的测量以及其他传感器信号采集之

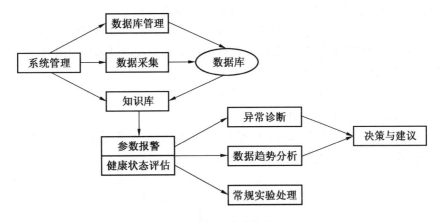

图 9-4 设备健康诊断流程图

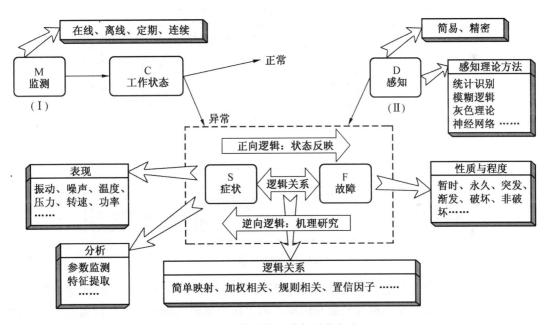

图 9-5 设备状态感知评估方法

后，经过 FPGA 上的实时算法处理，就可以实现在线轴承状态监测和故障诊断。

结合多参数或网络化传感器，以及有线、无线监测技术，拓展了原有监测手段和可实现的监测对象与内容，使得设备整体运行状态的估测成为可能。

同时，借助 NI CompactRIO 平台上的网络接口，还可实现以太网连接、串口通信、无线互联等功能，最终可以实现远程分析、诊断和数据服务。

2. 机器运行状态信息提取算法

信号处理技术是进行故障诊断的基础，是特征提取必不可少的工具。信号处理技术分为传统和现代两大类，其中：传统的信号处理技术是指以 FFT 为核心的信号分析技术，在实际运用中发挥着重要的作用。而近年来发展起来的现代信号处理技术在故障特征提取方面正崭露头角。

为准确、有效地获得故障特征信息，目前重点是研究和发展基于非高斯、非平稳及非线性故障信号的分析理论及方法，包括时频分布、小波分析、高阶统计量分析、循环平稳信号处理、用于短时信号特征化、降噪和趋势消解的小波和滤波器组设计等。

3. 全生命周期健康状态评估模型及算法研究

结合健康状态模式库的概念，研究模式库的建立方法、模式参数的选择方法、模式库的更新算法，以及基于模式库的评估算法。

美国 Marquette 大学的 R. J. Povinelli 等人提出的时间序列数据挖掘（TSDM）模型，可以预测和特征化可调速感应电机的故障，如图 9-6 所示。

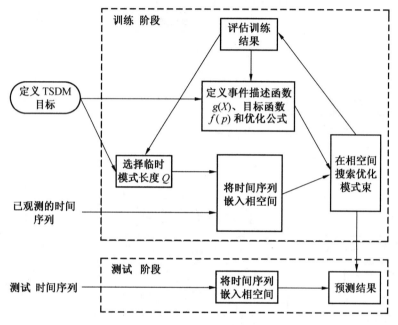

图 9-6 TSDM 模型

英国 Aston 大学根据电力工业的需要，开发了一个基于模型的发电厂转子诊断系统 MODIAROT，整个系统采用神经网络和模糊逻辑等作为数据挖掘方法，将设备在线测量数据与模型仿真输出进行比较，进而诊断设备故障，如图 9-7 所示。

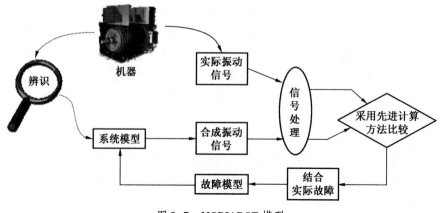

图 9-7 MODIAROT 模型

可以结合以上两种模型进行健康状态评估算法研究。

4. 通用与专用的一体化上位监测与分析软件开发

传统的振动分析方法是假定设备具有一个不变的转速，然后运用傅里叶变换来实现，然而这并不适用于矿山机械设备分析；恶劣的矿山环境也是导致很难对矿山设备进行状态监测和预知维修的原因之一。目前，国际上已开发出 SiAMFlex 软件包，SiAMFlex 由智利 ConcepciÓn 大学 Pedro Saavedra 教授首创，其中包含了适合挖掘机振动信号分析的算法。如今，SiAMFlex 已经成为一个完整的机械方面和结构方面的管理和分析工具。

NI 公司作为声音和振动测量与分析领域的技术领先者，为音频测试，噪声、振动和粗糙度（NVH）测试，机器状态监测和结构健康监测等应用提供当今最先进的解决方案。自 1976 年以来，来自数百个行业的工程师和科学家们使用灵活、高性能的 NI 产品，建立可靠的、用户定义的测量和分析系统。NI 的图形化系统设计平台，结合了图形化编程软件，以及模块化、开放的硬件，对工程师开发和部署声音和振动测量的解决方案进行了重新地定义，从而减少了开发时间，降低了系统成本。图形化系统设计是测试、控制和嵌入式系统设计领域的最新趋势，它使用开放的图形框架，将自定义的软件和模块化的硬件组件整合到一个高度集成的平台上，简化了开发流程，提高了生产效率，由此可以提供高质量的解决方案。

此外，Lab View 软件提供了机器状态监控资源包，资源包由 NI 技术工程师提供，包含了机器状态监测相关的 Demo 程序、应用演示等，为进行机器状态监测应用提供了最佳选择。为此，我们选择 Lab View 软件作为上位开发软件，并结合机器状态监控资源包、SiAMFlex 软件包进行上位程序开发。

9.3.2 常用机器运行状态信息提取算法

1. 循环平稳信号处理

循环平稳信号是一种带有隐含周期性的特殊非平稳信号，其统计特性表现为周期平稳性，或者说其统计函数呈周期或多周期（各周期不成比例）平稳变化。旋转机械的振动信号，尤其是当故障发生时，由于旋转机械自身结构、运转等特点使采集到的信号具有循环平稳性，故采集到的信号往往表现为典型的周期性变化信号。循环平稳信号根据统计特征函数周期性的不同，可以分为低阶（一、二阶）循环平稳信号和高阶（三阶以及三阶以上）循环平稳信号。

判断一个信号是否为一阶循环平稳信号，可以根据信号是否满足条件 $\exists \alpha \neq 0$ 时 $M_x^{\alpha} \neq 0$ 来判断，对于此时的循环频率 α 也可以称其为一阶循环频率。

$$M_x^{\alpha} = \frac{1}{T_0} \lim_{N \to \infty} \sum_{n=-N}^{N} x(t + nT_0) e^{-j2\pi\alpha t} dt$$

$$= \lim_{T \to \infty} \frac{1}{T} \int_{-T/2}^{T/2} x(t) e^{-j2\pi\alpha t} dt$$

$$= \langle x(t) e^{-j2\pi\alpha t} \rangle_t \tag{9-4}$$

其中，$\langle \rangle_t$ 表示时间平均，α 为循环频率，M_x^{α} 为循环均值或一阶循环矩。从式中可以发现是呈周期变化的。

与此相反，如果一个信号的均值为零，它就不可能是一阶循环平稳信号了。根据式（9-4）也可以由信号的均值是否呈周期性或多周期性变化的来判断这个信号是否是一阶循环平稳信号，也就是说判断这个信号是否具有一阶循环平稳性。从式（9-4）中也可以发现，M_x^α 相当于将信号 $x(t)$ 的频谱左移频率 α 后，再取时间平均，这样在使用条件 $\forall \alpha \neq 0$ 时 $M_x^\alpha \neq 0$ 来判断信号是否具有一阶循环平稳性，同时可以用信号的功率谱是否存在谱线作为判断的根据。

对于某些非平稳信号而言，不具备一阶循环平稳性，但是有可能是二阶循环平稳信号，具备二阶循环平稳性。例如，如果信号 $x(t)$ 的均值为零，很显然信号 $x(t)$ 不具备一阶循环平稳性，但是如果将 $x(t)$ 进行平方变换，平方变换后的结果却可能具有一阶循环平稳性，说明信号 $x(t)$ 为二阶平稳信号。二阶循环统计量是研究二阶平稳信号的基础，包括循环自相关函数、谱相关密度函数、谱相干函数等二阶循环统计量。

1）循环自相关函数

对非平稳信号 $x(t)$ 的时延二次变换作统计平均，可得到信号的时变自相关函数：

$$R_x(t, \tau) = Ex\left\{\left(t + \frac{\tau}{2}\right)x^*\left(t - \frac{\tau}{2}\right)\right\} \tag{9-5}$$

式中　　τ——时延；

　　　　$E\{\ \}$——集总平均。

当信号 $x(t)$ 是二阶循环平稳信号时，$R_x(t, \tau)$ 随时间展现周期为 T 的周期性变化：

$$R_x(t, \tau) = R_x(t + T, \tau) \tag{9-6}$$

也可用傅里叶级数的形式表示为

$$R_x(t, \tau) = \sum_\alpha R_x^\alpha(\tau)e^{j2\pi\alpha t} \tag{9-7}$$

$$\alpha = m/T \quad m \in Z \tag{9-8}$$

$$R_x^\alpha(\tau) = \frac{1}{T}\int_{-T/2}^{T/2} R_x(t, \tau)e^{-j2\pi\alpha t}dt \tag{9-9}$$

式中　α、m——循环频率；

　　　$R_x^\alpha(\tau)$——循环自相关系数。

二阶循环平稳信号的时变自相关函数具有周期性，式（9-5）中的集总平均可以用时间平均代替：

$$R_x(t, \tau) = \lim_{N\to\infty}\frac{1}{2N+1}\sum_{n=-N}^{N}x\left(t + nT + \frac{\tau}{2}\right)x^*\left(t + nT - \frac{\tau}{2}\right) \tag{9-10}$$

将式（9-10）代入式（9-9）得到：

$$R_x^\alpha(\tau) = \lim_{N\to\infty}\frac{1}{2N+1}\int_{-T/2}^{T/2}x\left(t + nT + \frac{\tau}{2}\right)x^*\left(t + nT - \frac{\tau}{2}\right)e^{-j2\pi\alpha t}dt$$

$$= \lim_{W\to\infty}\frac{1}{W}\int_{-W/2}^{W/2}dt \tag{9-11}$$

用 $\langle . \rangle$ 表示时间平均，定义如下：

$$\langle . \rangle = \lim_{W\to\infty}\frac{1}{W}\int_{-W/2}^{W/2}dt \tag{9-12}$$

则循环自相关函数可以表示为

$$R_x^\alpha(\tau) = \left\langle x\left(t + \frac{\tau}{2}\right)x^*\left(t - \frac{\tau}{2}\right)e^{-j2\pi\alpha t}\right\rangle \tag{9-13}$$

式（9-9）和式（9-13）的循环自相关定义对应于循环频率只有一个的循环平稳信号。循环平稳信号的循环频率 α 可能有多个，也就是时变自相关函数具有多周期的情况，此时，循环频率 α 满足：

$$\alpha = m/T_1, \ m/T_2, \ m/T_3, \ \cdots, \ m \in Z$$

其中，T_1，T_2，$T_3 \cdots$ 为时变自相关的所有周期成分。相应的循环自相关的定义表示为

$$R_x^\alpha(\tau) = \lim_{W \to \infty} \frac{1}{W} \int_{-W/2}^{W/2} R_x(t, \ \tau) e^{-j2\pi\alpha t} dt \tag{9-14}$$

令

$$u(t) = x(t) e^{-j2\pi\alpha t} \qquad v(t) = x(t) e^{j2\pi\alpha t}$$

则

$$\langle R_u \rangle(\tau) = \lim_{W \to \infty} \frac{1}{W} \int_{-W/2}^{W/2} E\left[u\left(t + \frac{\tau}{2}\right) u^*\left(t - \frac{\tau}{2}\right) \right] dt$$

$$\langle R_{uv} \rangle(\tau) = \lim_{W \to \infty} \frac{1}{W} \int_{-W/2}^{W/2} E\left[v\left(t + \frac{\tau}{2}\right) v^*\left(t - \frac{\tau}{2}\right) \right] dt \tag{9-15}$$

式（9-14）可以表示为

$$R_x^\alpha(\tau) = \lim_{W \to \infty} \frac{1}{W} \int_{-W/2}^{W/2} E\left[u\left(t + \frac{\tau}{2}\right) v^*\left(t - \frac{\tau}{2}\right) \right] dt = \langle R_{uv} \rangle(\tau) \tag{9-16}$$

因此，循环自相关函数可以看成信号 $x(t)$ 两个移频信号$\left(\text{分别移频} \pm \dfrac{\alpha}{2}\right)$的时间平均互相关。

2）谱相关密度函数

信号的循环自相关函数 $R_x^\alpha(\tau)$ 关于时延的傅里叶变换：

$$S_x^\alpha(f) = \int_{-\infty}^{\infty} R_x^\alpha(\tau) e^{-j2\pi f\tau} d\tau \tag{9-17}$$

称为谱相关密度函数，f 为谱频率。由式（9-16）和式（9-17）可知：

$$S_x^\alpha(f) = \langle S_{uv} \rangle(f) \tag{9-18}$$

因此，谱相关密度函数等于信号 $x(t)$ 分别向左向右频移 $\alpha/2$ 得到的两信号的互谱密度，这也是谱相关密度函数命名的由来。

由式（9-15）可知：

$$\langle S_u \rangle(f) = \underset{t \Rightarrow f}{FFT}[\langle R_u \rangle(\tau)] \qquad \langle S_v \rangle(f) = \underset{t \Rightarrow f}{FFT}[\langle R_v \rangle(\tau)] \tag{9-19}$$

其中，$\underset{t \Rightarrow f}{FFT}[\ ]$ 表示关于 τ 的傅里叶变换。由式（9-15）可得

$$\langle R_u \rangle(\tau) = \langle R_x \rangle(\tau) e^{-j\pi\alpha\tau} \qquad \langle R_v \rangle(\tau) = \langle R_x \rangle(\tau) e^{-j\pi\alpha\tau} \tag{9-20}$$

因此：

$$\langle S_u \rangle(f) = \langle S_x \rangle\left(f + \frac{\alpha}{2}\right) \qquad \langle S_v \rangle(f) = \langle S_x \rangle\left(f - \frac{\alpha}{2}\right) \tag{9-21}$$

3）谱相干函数

信号 $x(t)$ 在 $f + \alpha/2$ 和 $f - \alpha/2$ 的两频率分量的时间平均相关系数 $\rho_x^\alpha(f)$：

$$\rho_x^\alpha(f) = \frac{S_x^\alpha(f)}{\left[\langle S_x \rangle(f + \alpha/2) \langle S_x \rangle(f - \alpha/2) \right]^{1/2}} \tag{9-22}$$

称为谱相干函数。结合式 (9-18) 和式 (9-21) 有

$$\rho_x^\alpha(f) = \frac{\langle S_{uv}\rangle(f)}{[\langle S_u\rangle(f)\langle S_v\rangle(f)]^{1/2}} = \rho_{uv}(f) \tag{9-23}$$

$\rho_x^\alpha(f)$ 也就是信号 $u(t)$ 和 $\nu(t)$ 在 f 点处频率分量的时间平均互相关系数。根据 Schwart 不等式可知：

$$\rho_x^\alpha(f) = \frac{\langle S_{uv}\rangle(f)}{[\langle S_u\rangle(f)\langle S_v\rangle(f)]^{1/2}} = \rho_{uv}(f) \tag{9-24}$$

因此有 $0 \leqslant |\rho_x^\alpha(f)| \leqslant 1$。当 $|\rho_x^\alpha(f)| = 1$ 时，表示信号 $x(t)$ 以谱频率 f 为中心，相距循环频率 α 处的两条谱线完全相关；相反，当 $|\rho_x^\alpha(f)| = 0$ 时，表示这两条谱线完全不相关。当随机信号 $x(t)$ 展现二阶循环平稳特性时，一定存在不为零的 $\rho_x^\alpha(f)$，即该随机信号相距循环频率 α 的两个离散频率成分存在相关性。

2. 盲源分离技术

盲源分离技术（BSS），是研究在未知系统的传递函数、源信号的混合系数及其概率分布未知的情况下，仅利用源信号之间相互独立这一微弱已知条件，从一组传感器测量所得的混合信号中分离出独立源信号的一种技术，在机器状态监测中也发挥着重要作用。

假设有 N 个未知的源信号 $s_i(t)$，$i = 1, 2, \cdots, N$，将这 N 个信号用向量形式表示为 $s(t) = [s_1(t), s_2(t), \cdots, s_N(t)]^T$，其中 t 为采样时间，$[\ ]^T$ 表示转置算子，经过某个未知的信道传输后，通过接收端的 M 个传感器，可以得到用向量形式表示的观测信号 $x(t) = [x_1(t), x_2(t), \cdots, x_M(t)]^T$。使用函数描述传输过程，那么源信号与混合信号之间的关系可用下式表示：

$$x(t) = f[s(t)] \tag{9-25}$$

根据前文所述，并结合式 (9-25)，则盲源分离的目标可以表述为：由接收到的观察信号 $x(t)$，在源信号满足某些假设条件，比如独立性但信号本身的特性不清楚，且不知道混合函数 $f(\ )$，也就是不知道传输信道物理特性的情形下，找到一个分离函数 $g(\ )$，使得输出的信号为源信号的估计：

$$y(t) = g[s(t)] \tag{9-26}$$

显然混合函数 $f(\ )$ 的种类很多，但一般情况下，可以把盲源分离问题归结为以下三类。

（1）瞬时混合（或无记忆混合）：$f[s(t)] = As(t)$，其中混合矩阵 $A \in R^{M \times N}$，$A_{ij}(i, j)$ 表示矩阵 (i, j) 位置的元素。

（2）卷积混合：$f[s(t)] = A_p * s(t)$，$A_p \in R^{M \times N}$ 表示第 p 个延迟上的混合矩阵，A_{ijp} 表示矩阵 (i, j) 位置的元素，符号 $*$ 表示线性卷积。

（3）非线性混合：$f(\ )$ 是某个非线性函数，一般包含延迟。

式 (9-25) 表示的是无噪声情况下的盲源分离模型，而考虑噪声的影响更加符合实际情况。假设信号在传输信道中受到了噪声干扰，用 $n(t) = [n_1(t), n_2(t), \cdots, n_M(t)]^T$ 表示 M 个白高斯噪声信号。那么式 (9-25) 中的观测信号变为 $x(t) = f[s(t)] + n(t)$，对源信号的估计也相应地变成 $y(t) = g[s(t), n(t)]$。

上述 3 类盲源分离的模型可用统一的框图来描述，如图 9-8 所示。

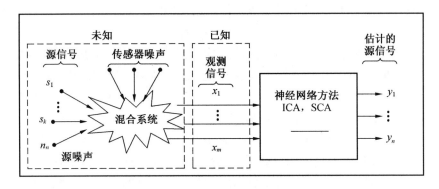

图 9-8 盲源分离模型框图

3. 各种信号变换技术

传统的信号分析是建立在傅里叶变换的基础之上的，但是傅里叶分析使用的是一种全局的变换，即要么完全在时域，要么完全在频域，它无法表述信号的时频局域性质，而时频局域性质恰恰是非平稳信号最根本和最关键的性质。为了分析和处理非平稳信号，人们对傅里叶分析进行了推广乃至根本性的革命，提出并发展了一系列新的信号分析理论：短时傅里叶变换、时频分析、快速傅里叶变换（FFT）、Gabor 变换、小波变换、Randon. Wigner 变换、分数阶傅里叶变换、线形调频小波变换、循环统计量理论和调频—调幅信号分析等。其中，快速傅里叶变换和小波变换也是因传统的傅里叶变换不能满足信号处理的要求而产生的。

其中，FFT 是由离散傅里叶变换发展而来的，它巧妙地解决了离散傅里叶变换运算量巨大的问题。离散周期的傅里叶级数定义如下：

$$\begin{cases} \tilde{X}(k) = \sum_{n=0}^{N-1} x(n) \mathrm{e}^{-j\frac{2\pi}{N}nk} \\ \tilde{x}(n) = \dfrac{1}{N} \sum_{k=0}^{N-1} \tilde{X}(k) \mathrm{e}^{-j\frac{2\pi}{N}nk} \end{cases} \quad n, k \in (-\infty, +\infty) \tag{9-27}$$

式中 $\tilde{X}(k)$——其离散周期的傅里叶级数；

$\tilde{x}(n)$——周期信号 $\tilde{x}(t)$ 的抽样。

尽管式中标注的 n、$k \in (-\infty, +\infty)$，但实际上有限长信号只能算出 N 个独立的值，其级数在时域、频域都是周期的。由于 $\mathrm{e}^{j\frac{2\pi}{N}nk}$ 相对于 n 和 k 都是以 N 为周期的，所以只要保证周期信号 $\tilde{x}(t)$ 的抽样 $\tilde{x}(n)$ 是以 N 为周期的，那么 $\tilde{X}(k)$ 也是以 N 为周期的。由 $\tilde{X}(k)$ 在一个周期内取反变换得到的 $\tilde{x}(n)$ 也可以保证是以 N 为周期的。因此，可导出如下离散傅里叶变换：

$$\begin{cases} X(k) = \sum_{n=0}^{N-1} x(n) \mathrm{e}^{-j\frac{2\pi}{N}nk} = \sum_{n=0}^{N-1} x(n) W_N^{nk} & k = 0, 1, \cdots, N-1 \\ x(n) = \dfrac{1}{N} \sum_{k=0}^{N-1} X(k) \mathrm{e}^{-j\frac{2\pi}{N}nk} = \dfrac{1}{N} \sum_{k=0}^{N-1} X(k) W_N^{-nk} & n = 0, 1, \cdots, N-1 \end{cases} \tag{9-28}$$

但是，想要求得一点的 $X(k)$，需要进行 N 次重复乘法和 $N-1$ 次复数加法，则求解 N 点的 $X(k)$ 需要 $N \times (N-1)$ 次复数加法。例如，当 $N=1024$ 时，计算全部的 $X(k)$ 共需要

4194304 次实数乘法和 4192256 次实数加法。可见当处理数据较长时，计算工作量非常巨大。

在离散傅里叶变换公式中包含了大量的重复运算，由于 W_N 的周期性，W_N^{nk} 中只有 N 个独立的值，即 W_N^0，W_N^1，$\cdots$，W_N^{N-1}，这 N 个独立的值本身也具有一些对称性，这是因为 W_N 计算因子具有周期性和对称性。快速傅里叶变换实现的关键就是巧妙地利用 W 因子的周期性和对称性，简化了公式中的系数矩阵。

小波分析是一个新的数学分支，它是泛函分析、傅里叶分析、数值分析的完美结晶，在应用领域特别是在信号处理、图像处理、语音分析、模式识别、量子物理、生物医学工程、计算机视觉、故障诊断及众多非线性科学领域都有广泛的应用。一般的小波变换包括连续小波函数及其变换和离散小波函数及其变换。

小波的定义为设函数 $\psi(t) \in L^2(R)$，满足下述条件：

$$\int_R \psi(t)\,dt = 0 \tag{9-29}$$

且其傅里叶变换 $\psi(\omega)$ 满足条件：

$$\int_R \frac{|\psi(\omega)^2|}{\omega}\,d\omega < \infty \tag{9-30}$$

则称 $\psi(t)$ 为基本小波或小波母函数，并称式（9-30）为小波函数的可允许条件。

由小波的定义可知小波函数一般具有如下特点：

（1）小。它们在时域都具有紧支集或近似紧支集。为了使小波基函数在时频域都具有较好的局部性，通常情况下选择具有紧支集或者似紧支集的具有正则性的实数或复数函数作为小波基函数。

（2）波动性。由于小波母函数满足可允许条件式（9-30），则必有性质 $\psi(\omega)\,|_{\omega=0} = 0$，即直流分量为零，由此断定小波必具有正负交替的波动性。

连续小波函数及其变换将小波基函数通过伸缩和平移生成函数族：

$$\psi_{a,b}(t) = |a|^{-1/2}\psi\left(\frac{t-b}{a}\right) \quad a, b \in R, \ a \neq 0 \tag{9-31}$$

称为由 $\psi(t)$ 生成的小波函数，a、b 分别为尺度参数和平移参数。由于 a、b 两个参数是连续变化的，因此称 $\psi_{a,b}(t)$ 为连续小波函数。

小波基函数在实践、频域都具有有限或近似有限的定义域，所以经过伸缩和平移后的函数在时域、频域仍是局部的。图9-9所示为连续小波函数的相平面。

图中 ω 的变化规律和 $1/a$ 的变化规律一致，当 a 逐渐增大，连续小波函数 $\psi_{a,b}(t)$ 的时间窗口 Δt 逐渐变大，而其对应的频域窗口 $\Delta\omega$ 相应减小，中心频率逐渐变低。相反当 a 逐渐减小时，连续小波函数 $\psi_{a,b}(t)$ 的时间窗口 Δt 逐渐减小，而其频域窗口 $\Delta\omega$ 相应增大，中心频率逐渐升高。

连续小波函数窗口变化的定量关系见表9-1。表中 $\psi(\omega)$ 是 $\psi(t)$ 的傅里叶变换，$\psi_{a,b}(\omega)$ 是 $\psi_{a,b}(t)$ 的傅里叶变换。

可见，连续小波函数 $\psi_{a,b}(t)$ 的时、频窗口中心宽度均随尺度 a 的变化而伸缩。我们称 $\Delta t \cdot \Delta\omega$ 为窗口函数的窗口面积，由于 $\Delta t_{a,b} \cdot \Delta\omega_{a,b} = \Delta t \cdot \Delta\omega$，所以连续小波函数的窗口面积不随参数 a、b 的变化而变化。

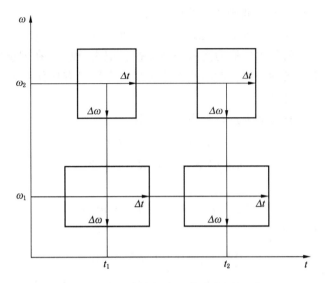

图 9-9   连续小波函数的相平面

表 9-1   连续小波函数窗口变化定量关系

项目	$\psi(t)$	$\psi(\omega)$	$\psi_{a,b}(t) = \|a\|^{-1/2}\psi\left(\dfrac{t-b}{a}\right)$	$\psi_{a,b}(\omega) = \|a\|^{1/2}e^{-j\omega}\psi(a\omega)$
窗口中心	t_0	ω_0	$t_{a,b} = at_0 + b$	$\omega_{a,b} = \dfrac{1}{a}\omega_0$
窗口宽度	Δt	$\Delta\omega$	$\Delta t_{a,b} = a\Delta t$	$\Delta\omega_{a,b} = \dfrac{1}{a}\Delta\omega$

由此可以得到以下结论：

（1）尺度的倒数 $1/a$ 在一定意义上对应于频率 ω，即尺度越小，对应频率越高；尺度越大，对应频率越低。如果将尺度理解为时间，则小尺度信号为短时间信号，大尺度信号为长时间信号，这点同信号的时频分布的自然规律是相符的。

（2）在任一固定值 b 上，小波的时频窗口的大小 Δt 和 $\Delta\omega$ 都随频率 ω 的变化而变化，这是与快速傅里叶变换的不同之处。

（3）在变化的尺度 a 和变化的时间点 b 上，窗口面积 $\Delta t \cdot \Delta\omega$ 保持不变，即时间、尺度分辨率是相互制约的，不会同时提高。

函数 $f(t) \in L^2(R)$ 的连续小波变换（CWT）定义为

$$\text{CWT}_{a,b} = \int_R f(t)\psi_{a,b}^*(t)\,\mathrm{d}t = \frac{1}{\sqrt{a}}\int_R f(t)\psi^*\left(\frac{t-b}{a}\right)\mathrm{d}t \tag{9-32}$$

式中　$\psi_{a,b}^*(t)$——$\psi(t)$ 的共轭函数。

因此，与快速傅里叶变换本质不同的是，小波变换是一种变分辨率的时频联合分析方法。当分析低频信号时，利用大尺度，其时间窗大；而当分析高频信号时，利用小尺度，其时间窗小。这恰恰符合实际问题中低频信号的持续时间长、高频信号的持续时间短的自然规律。经过小波变换，将得到使用不同的尺度评估信号在不同时间段的大量系数，这些系数表征了原始信号在这些小波函数上的投影大小。

连续小波变换中，参数 a 和 b 都是连续变化的值。而实际应用中，信号 $f(t)$ 是离散序列，参数 a 和 b 也需离散化，称为离散小波变换，记为 DWT。在理想情况下，离散后的小波基函数满足正交完备性条件，此时小波变换后的系数没有任何冗余度，这样大大地压缩了数据，并且减少了计算量。

对尺度因子 a 和平移参数 b 进行如下离散采样：

$$a = a_0^m \quad a_0 > 0, \ m \in Z$$
$$b = n b_0 a_0^m \quad b \in R, \ n \in Z \tag{9-33}$$

则小波变为

$$\psi_{m,n}(t) = a_0^{-m/2} \psi(a_0^{-m} - n b_0) \tag{9-34}$$

离散小波变换定义为

$$\mathrm{DWT}_{a,b} = \int_R f(t) \psi_{m,n}^*(t) \mathrm{d}t \tag{9-35}$$

在离散小波变换中，一种方便的离散方法是取 $a_0 = 2$，若存在常数 A 和 B，$0 < A \leqslant B < \infty$ 使得

$$A \leqslant \sum_k |\psi(2^k \omega)|^2 \leqslant B \tag{9-36}$$

则称 $\psi(t)$ 为二进小波。对二进小波有 $\{\psi_{2^k} = 2^{-k}\psi[2^{-k}(t-b)]\}$，故函数 DWT_{2^k} 的二进小波变换定义为

$$\mathrm{DWT}_{2^k} = 2^{-k} \int_R f(t) \psi^* \left(\frac{t-b}{2^{-k}} \right) \mathrm{d}t \tag{9-37}$$

二进小波不同于离散小波，它只是对尺度因子进行了离散化，而对时间域上的平移因子保持连续变化，因此二进小波不破坏信号。然而在高频区域进行小波分析时，该方法存在一定的缺陷，即在小波分析中实际上是将信号分解成低频的近似部分与高频的细节部分，然后只对低频部分再做第二次分解，而不对高频部分做第二次分析。但是在实际中，许多问题只对某些特定时域段或频域段的信号进行处理。为了提高高频区域中小波变换的分辨率，小波包变换被提出。小波包分析是从小波分析延伸出来的一种对信号进行更加细致的分析与重构的方法。小波包基本继承了相应小波函数的基本属性，比如正交性以及频率分布等。小波包变换的结构也与离散小波变换比较类似，两者都有多尺度分析的框架。离散小波变换和小波包变换的主要区别在于小波包变换可以同时分裂多个细节和近似的描述，但是离散小波变换只能分裂出一个近似的描述。因此，小波包变换在每一个尺度上有相同的频率带宽，而离散小波变换就没有这个特点。所以，在中频和高频区域有更好质量的信号可以用来进行更高频率的信号分析。

9.3.3　基于支持向量机的矿山设备诊断

机器健康状况预测其关键包括两个方面：数据特征提取、预测模型建立。支持向量机（SVM）是由 Vapnik 提出来的一种新型的机器学习方法，有唯一的全局最优解与出色的机器学习能力，能够很好地解决小样本、非线性、高维化等问题。

1. SVM 模型

SVM 进行数据分类的基本思想：将采集到的非线性声信号向量映射到高维特征空间，

首先构造线性最优超平面对给出的数据进行分割，在这个高维空间中进行最优化处理，使得信号向量距离该最优平面尽可能远。

SVM 非线性分类算法如下：

（1）训练样本 $T = \{(x_i, d_i)\}_{i=1}^{n}$，式中，$x_i \in R^l$ 是第 i 个输入模式，$d_i \in \{+1, -1\}$ 是其对应的输出期望。

（2）通过非线性映射 $\Phi(x): R^l \rightarrow R^N$，将原空间输入的向量映射到 N 维的特征空间，其最优分类超平面 $\sum_{j=1}^{N} w_j \Phi_j(x) + b = 0$，式中，$w$ 为超平面法线，是可以调节的权值向量；b 为偏置，决定相对于原点的最优位置。

以上问题即可转化成在满足一定条件时，最小化 $\|w\|$ 的问题，可表示成如下形式：

$$\left. \begin{aligned} &\min \Phi(w, \xi) = \frac{1}{2} \|w\|^2 + C \sum_{i=1}^{n} \xi_i \\ &\text{st.} \begin{cases} d_i \left[\sum_{j}^{N} w_j \Phi_j(x_i) + b \right] \geq 1 - \xi_i \\ \xi_i \geq 0 \quad i = 1, 2, \cdots, n \end{cases} \end{aligned} \right\} \tag{9-38}$$

式中　C——常数，影响决策精度；

　　　ξ——松弛变量。

利用拉格朗日乘子求解上述优化问题，表达式为

$$L(w, b, \xi, \alpha, \beta) = \frac{1}{2} \|w\|^2 + C \sum_{i=1}^{n} \xi_i - \sum_{i=1}^{n} \alpha_i \{d_i [w^{\mathrm{T}} \Phi(x_i) + b] - 1 + \xi_i\} - \sum_{i=1}^{n} \beta_i \xi_i \tag{9-39}$$

式中　α_i, β_i——非负拉格朗日系数。

令 $\partial L / \partial w = 0$，$\partial L / \partial b = 0$，$\partial L / \partial \xi = 0$，得到：

$$\left. \begin{aligned} &\sum_{i=1}^{n} \alpha_i d_i = 0 \\ &w = \sum_{i=1}^{n} \alpha_i d_i \Phi(x_i) \\ &C - \alpha_i - \beta_i = 0 \end{aligned} \right\} \tag{9-40}$$

由 Kernel 空间理论可知，对于求解高维特征空间点积 $\Phi(x_i)^{\mathrm{T}} \cdot \Phi(x_j)$，无须知道非线性映射，总是可以找到一个能够满足 Mercer 条件原空间的核函数，使得 $K(x, x_i) = \Phi(x)^{\mathrm{T}} \cdot \Phi(x_j)$，故可以重新将问题描述为

$$\left. \begin{aligned} &\max Q(\alpha) = \sum_{i=1}^{n} \alpha_i - \frac{1}{2} \sum_{i, j=1}^{n} \alpha_i \alpha_j d_i d_j K(x_i, x_j) \\ &\text{st.} \begin{cases} \sum_{i=1}^{n} \alpha_i d_i = 0 \\ 0 \leq \alpha_i \leq C \quad i = 1, 2, \cdots, n \end{cases} \end{aligned} \right\} \tag{9-41}$$

此处核函数选择高斯核函数：

$$K(x, x_i) = \exp \left(-\frac{|x - x_i|^2}{2\sigma^2} \right) \tag{9-42}$$

样本库建立完成以后，通过最优超平面、样本库和相应参数构成的分类器按下式进行分类预测：

$$f(x) = \text{sgn}\left[\sum_{i=1}^{n} d_i \alpha_i K(x, x_i) + b\right] \tag{9-43}$$

2. 基于 MFCC 特征的 SVM 预测模型

基于 MFCC 特征的 SVM 预测模型就是把机器的健康状态问题转化成 MFCC 特征向量的分类问题。其基本思想为：首先采集机器运行正常时的振动信号，经 Mel 域变换后存入样本数据库中。然后实时采集当前机器运行的振动信号，并提取其对应的 MFCC 系数；最后通过 SVM 进行聚类分析给出该机器的健康状况；若机器的运行状态在一段时间内是平稳的，且满足给定的机器正常门限值，这时扩大样本库。图 9-10 所示为机器健康状况预测的模型。

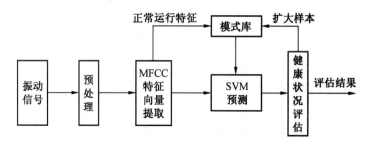

图 9-10　机器健康预测模型

3. 基于 SVM 预测模型的健康评价与实现

假设机器在一定条件下运行正常，通过传感器获取的振动信号特征可以表示当前机器正常运行的特征完备集，那么可以通过投票法对预测结果进行评判。机器健康度即为测试时间段内 SVM 预测所得样本库中标识机器健康的 MFCC 特征总数与原样本库中机器健康 MFCC 特征总数之比，即

$$\delta = \frac{\sum_{i=1}^{K} r_i}{S \times K} \tag{9-44}$$

式中　δ——机器健康度；

　　　S——样本库机器健康的 MFCC 特征总数；

　　　r_i——第 i 次测试样本经 SVM 预测后所得样本库中标识机器健康的 MFCC 特征总数；

　　　K——测试次数。

不同机器健康度的划分略有差别，一种健康度评价指标划分如下。

机器健康：健康度的值为 0.85~1，该阶段机器属于正常运行期或者存在一定噪声干扰，不需要对机器做出维护计划。

机器亚健康：健康度的值为 0.65~0.85，该阶段机器部分零件磨损或者损坏。若机器偶尔出现亚健康，并不影响机器的工作；若是一段时间内机器一直处于亚健康，则需要停机维护或者做出必要的维护计划。

机器故障：健康度的值在 0.65 以下，该阶段机器需立即停止运行。

通过以上分析，基于 MFCC 特征提取的故障预测方法，其实现步骤主要由振动信号提取、振动信号处理、预测模型建立、预测评价及健康模式库扩充 5 个步骤组成。具体实现流程如图 9-11 所示。

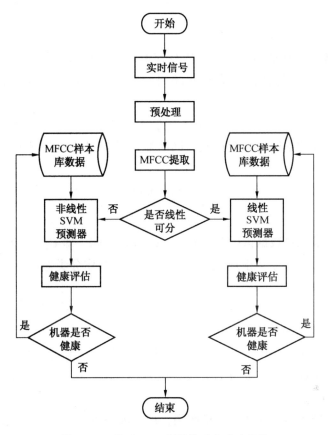

图 9-11　基于 SVM 预测模型实现流程图

9.3.4　基于模糊聚类的矿山设备诊断

模糊 C 均值聚类算法（FCMA）由 Bezdek 于 1981 年提出，它通过优化目标函数得到每个样本点对所有类的隶属度，从而决定样本点的归属以达到对样本数据进行分类的目的。

短时模糊 C 均值聚类算法是在模糊 C 均值聚类算法上先对振动数据按帧分段，对每一分段信号选取特征参数进行空间映射，然后针对映射后的空间序列应用模糊 C 均值聚类算法进行模式分类。其指导思想是：假设振动全体样本可以分为 C 类，并选定 C 个初始聚类中心，根据时间序列相似性准则将每一个样本分配到某一类中，之后不断迭代计算各类聚类中心，并依据新的聚类中心重新调整聚类情况，直至迭代收敛或聚类中心不再发生变化。算法描述如下。

（1）离群点预处理。

离群点是振动时间数据中远离序列一般水平的极端大值和极端小值。假定振动数据正常的序列值是平滑的，而离群点是突变的，若

$$\bar{x}_t - kS_t < x_{t+1} < \bar{x}_t + kS_t \tag{9-45}$$

则认为 x_{t+1} 是正常的，否则认为 x_{t+1} 是一个离群点。其中，S_t 为 t 时刻的标准差；$\bar{x}_t$ 为序列平均值；k 一般取 3~9 的整数，开始不妨取 6。如果 x_{t+1} 是一个离群点，则可用 $\hat{x}_{t+1}$ 来代替，即

$$\hat{x}_{t+1} = 2x_t - x_{t-1} \tag{9-46}$$

（2）振动流分帧和特征参数空间映射。

将振动时间数据按帧分段，对每一段分别求短时平均值、标准差、平均能量、过均值数和傅里叶系数，进行特征参数空间映射，形成一个由 M 个指标来描述的特征向量，即

$$x_i = (x_{i1}, x_{i2}, \cdots, x_{iM}) \tag{9-47}$$

为了便于对指标数据进行分析比较，同时避免数据过小指标被淹没，将各指标正则化，即

$$x'_{ij} = \frac{x_{ij} - \min\limits_{i} x_{ij}}{\max\limits_{i} x_{ij} - \min\limits_{i} x_{ij}} \tag{9-48}$$

显然，通过标准化将数据指标都压缩到 $[0, 1]$ 区间，即 $x'_{ij} \in [0, 1]$。这样，便得到正规化矩阵 $X = (x'_{ij})_{N \times M}$。正规化矩阵的每一行被看作分类对象在指标集上的模糊集合，即

$$X_i = (x'_{i1}, x'_{i2}, \cdots, x'_{iM}) \quad i = 1, 2, \cdots, N \tag{9-49}$$

（3）样本集构建和参数初始化。

构建振动样本集 $X = \{x_1, x_2, \cdots, x_N\}$，样本数为 N，聚类数为 $C(2 \leqslant C \leqslant N)$，迭代次数 $k=1$。现在要将样本集 X 划分为 C 类，记为 $X_1, X_2, \cdots, X_C$。选择 C 个初始聚类中心，记为 $m_1(k), m_2(k), \cdots, m_C(k)$。

（4）计算所有样本与各聚类中心的距离，形成模态束。

定义目标函数：

$$J(U, V) = \sum_{j=1}^{N} \sum_{i=1}^{C} (u_{ji})^m (d_{ji})^2 \tag{9-50}$$

其中，$U = [u_{ji}]$ 为模糊分类矩阵；$u_{ji} \in [0, 1]$ 为样本 x_j 对第 i 类样本集的隶属度；$m \in [0, \infty)$ 是加权指数；$d_{ji} = \|x_j - m_i(k)\|$ 为样本 x_j 到第 i 类样本中心的距离。$J(U, V)$ 表示了各个样本到聚类中心的加权距离平方和，权重是样本 x_j 到第 i 类样本隶属度的 m 次方。

聚类准则是实现目标函数 $J(U, V)$ 的最小值。由于矩阵 U 的各列都是独立的，因此

$$\min J(U, V) = \min \left[\sum_{j=1}^{N} \sum_{i=1}^{C} (u_{ji})^m (d_{ji})^2 \right] = \sum_{j=1}^{N} \left[\min \sum_{i=1}^{C} (u_{ji})^m (d_{ji})^2 \right] \tag{9-51}$$

式（9-51）的约束条件为 $\sum\limits_{i=1}^{C} u_{ji} = 1$。为了求得最佳隶属函数 u_{ji}，构造拉格朗日函数：

$$L(\lambda, u_{ji}) = \sum_{i=1}^{C} (u_{ji})^m (d_{ji})^2 + \lambda \left(\sum_{i=1}^{C} u_{ji} - 1 \right) \tag{9-52}$$

令

$$\begin{cases} \dfrac{\partial L(\lambda, u_{ji})}{\partial \lambda} = \displaystyle\sum_{i=1}^{C} u_{ji} - 1 = 0 \\ \dfrac{\partial L(\lambda, u_{ji})}{\partial u_{ji}} = \left[m(u_{ji})^{m-1}(d_{ji})^2 - \lambda \right] = 0 \end{cases}$$

(9-53)

可得

$$u_{ji} = \cfrac{1}{\displaystyle\sum_{k=1}^{C} \left(\cfrac{d_{ji}}{d_{jk}} \right)^{\frac{2}{m-1}}}$$

(9-54)

按最小距离原则将样本 x_j 进行聚类。若 $d[x_j, m_l(k)] = \min_i d[x_j, m_i(k)]$，则 $x_j \in X_l$。

$$X_l = X_l \cup \{x_j\}$$

(9-55)

（5）更新模态束，重新计算聚类中心 $m_i(k + 1)$。

令 $\dfrac{\partial}{\partial m_i} J(\boldsymbol{U}, \boldsymbol{V}) = 0$，可得

$$\sum_{j=1}^{N} (u_{ji})^m \frac{\partial}{\partial m_i} \{ [x_j - m_i(k)]^{\mathrm{T}} [x_j - m_i(k)] \} = 0$$

(9-56)

由此得到：

$$m_i(k + 1) = \cfrac{\displaystyle\sum_{j=1}^{N} \left[(u_{ji})^m x_j \right]}{\displaystyle\sum_{j=1}^{N} (u_{ji})^m}$$

(9-57)

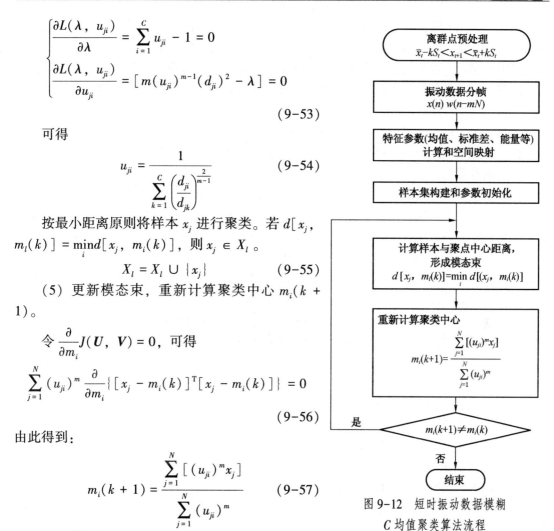

图 9-12　短时振动数据模糊
C 均值聚类算法流程

（6）若存在 $i \in \{1, 2, \cdots, C\}$，有 $m_i(k + 1) \neq m_i(k)$，则 $k = k + 1$，进入第（4）步；否则聚类结束，形成模态集。

图 9-12 所示为短时振动数据模糊 C 均值聚类算法流程。

9.4　矿山设备动态管理技术

目前，矿山设备管理主要仍以台账式管理为主，包括设备型号、价值、折旧、维修维护记录、备品备件等。其中维修维护包括故障维修、计划检修、设备保养和设备润滑等。这种管理方式主要反映矿山设备的静态情况，不能反映设备运行中的动态状态，其弊端已经逐步显露出来（如费时费工费力、人为因素影响大、过维修或欠维修状况明显、不能通过设备管理及时了解运行设备的健康状态等），因设备故障，特别是大型关键设备的突发性故障影响生产的情况时有发生。矿山物联网的开放式架构为矿山设备的动态管理提供了可能，这个开放式与具体应用无关，这使第三方能更加专注于自己擅长的服务。矿山设备动态管理就是架构在这样一个开放平台下，增加了设备状态感知这一部分。

设备是煤炭采掘企业的重要资产，是企业生存与发展的基础，是保证企业正常生产与

安全的条件。由于煤炭生产过程的特殊性和生产环境的特定性，大大增加了煤炭企业现场设备管理的难度，如现场设备没有统一编码、设备管理混乱、井下设备数量难以统计；回收设备随意堆放，导致设备二次使用难度加大；设备经常被移动，使管理部门难以对设备进行跟踪管理；设备状态、检修和维修过程履历难以记录；责任区队难以实时掌控现场设备的日常点、巡检路线、内容和标准；现场设备作业人员的行为难以标准化，并引发相关责任人员的日常检维修过程、内容和行为难以把控跟踪，导致生产安全事故隐患的发生。

因此，在煤炭企业建立设备动态管理信息系统势在必行。设备动态管理信息系统以国家、行业的政策为支撑，企业的制度、规范和作业规程为基础，采用先进的技术手段将设备编码体系、人员定位系统（人员运行轨迹信息、分站、RFID 卡等）、工业以太网、综合信息办公平台、移动通信网、智能 PDA 和设备点检仪等集成为一个规范化的业务管理体系，形成科学、高效的设备管理机制，使煤矿的现场设备管理更高效、准确，从而实现现场设备的"五化"管理，即位置精确化、过程透明化、信息准确化、管理精细化、行为标准化，最终降低现场设备管理成本，减少因设备故障引发的安全隐患，提高企业设备管理效能。设备动态管理信息系统要实现的目标如下：

（1）实现全矿现场设备的统一编码管理，建立领用设备的信息管理库。

（2）以 GIS 技术为基础、矿井巷道及地面布置图为背景，动态显示各责任区队管理范围内的设备情况（总数、使用、备用、丢失、故障、待修、送修、闲置）、布置位置及移动情况，实现设备现场的全过程管理。

（3）以责任区队为单位，管理设备为对象，人的行为为要素，制度、规范、措施为标准，巡检路线为驱动，结合人员定位系统（卡、分站）、条码、二维码、智能 PDA 及相关点巡检设备，实现现场设备的全生命周期管理。

（4）以岗位定区域，以区域定地点，以地点定设备，以设备定人员，依据相关规范，强化设备检查手段，从而实现设备管理的动态化。

（5）依据检修作业标准，实现点、巡检人员的现场行为管理，减少设备日常检、维修过程中带来的安全事故隐患。

（6）实现现场设备的动态卡片管理，记录设备的巡检记录、设备状态、检修记录、检修负责人、检修人员、检修结果、配件更换及设备更换等信息。

（7）动态更新现场设备信息库，供管理部门及责任部门及时掌握现场设备使用信息，位置信息，状态信息，点、巡检信息等相关动态信息，提高设备管理水平。

（8）为现场设备的分析提供可靠的数据依据。

因此，设备动态管理就是将设备实时运行状况作为设备管理的重要内容，并根据设备运行的健康状况动态安排维修计划及备品备件等。

9.4.1　矿山物联网设备动态管理系统架构

设备动态管理系统主要是在原静态管理系统的基础上，增加设备运行健康状态监测。即对设备的运行状态进行监控，预测设备的可靠性，及时发现设备故障早期征兆，预报故障发展趋势，并提供维修意见和措施。矿山物联网开放式架构和应用平台为设备动态管理系统提供了良好的基础。

1. 系统功能模块

设备动态管理系统的主要功能包括基础管理、状态监测、数据趋势曲线、设备状态分析、通信接口、设备台账管理、系统维护等功能模块组成，如图9-13所示。

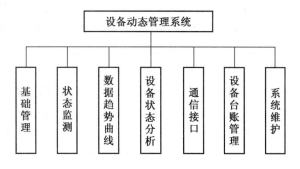

图9-13　系统功能模型

（1）基础管理模块主要包括基本信息维护、测试系统规范与标准的制定等功能。

（2）状态监测模块的功能是对设备进行自动化监测、采集设备的数据。

（3）数据趋势曲线模块的功能是保存设备运行的历史数据，提供历史数据查询，绘制设备历史曲线并能实现设备数据曲线的比较。

（4）设备状态分析模块通过对采集的设备数据进行分析，得出设备运行的健康状态，为设备的维修提供决策支持。

（5）通信接口模块主要负责系统与其他系统的连接、通信协议的制定等功能。

（6）设备台账管理模块主要完成原来静态设备管理系统的功能。

（7）系统维护模块的主要任务是进行数据库备份、增加、删除、修改、升级等功能。

2. 状态感知层设计

设备状态监测的目的是完整采集、存储、整理、分析设备运行的数据，诊断设备健康状况，为状态检修提供有用资料。主要对采集的振动、温度、声学3个方面的数据进行分析。设备的声学监测、振动监测、温度监测均由网络化传感器来实现。图9-14所示为设备监测用的网络化分布式传感器原理框图，此网络化传感器通过以太网口直接作为感知层监测设备，数据通过矿山物联网传输层平台进入到应用基础平台。

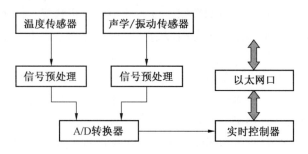

图9-14　网络化分布式传感器原理框图

由于物联网应用平台提供了与应用无关的公共数据处理服务，如数据描述、数据通信接口、数据仓库、中间件、报警处理、报表、人机接口HMI等。设备动态管理系统只要从这个应用平台中取出数据进行具体应用。

9.4.2　设备动态管理系统应用层设计

1. 应用层软件功能

在应用平台数据处理的基础上，应用数据一方面在本地工作站上显示，同时通过环网以 Web 方式发送至供相关科室使用。应用层服务器直接与交换机相连，读取各设备所采集到的数据。应用层软件分为数据集成层、数据接口层和数据表现层。

数据集成层通过 SOAP 机制实现设备原有台账信息和健康状况监测信息的数据集成。

数据接口层采用通信方式（包括 OPC）从数据集成层获取相关数据。数据分两大类：适合存入数据库的数据和以数据文件形式存在的数据（如实时振动数据）。数据库和数据文件均为应用基础平台部分，由矿山物联网应用基础平台部分完成，包括通信的协议格式、数据的接收和用户信息的反馈等。

数据表现层获取数据接口层的信息并显示在表现层中，从而实现和用户交互的功能。

应用层软件设计的主要功能如图 9-15 所示。

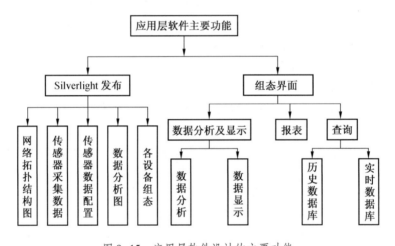

图 9-15　应用层软件设计的主要功能

2. 设备状态预测

设备状态预测主要根据在线监测数据、设备的历史运行状况、同类设备统计数据等进行综合分析，然后利用评估算法对设备的健康状况进行评估，对不合格设备给出不合格原因及检修建议。

设备状态监测具有两个设计要点。一是设计适合实时性的数据采集模块。传统利用上位软件实现判决的方法一般很难保证实时性要求，建议构建基于宽带参数监测结合频率选择性监测算法进行设备状态预测的信息采集平台。对于变化性较大的交流信号，利用机器振动信号，可以采用运行在现场机箱中集成的 FPGA 进行采集，从而具有硬件级的执行速度和稳定性，保证了响应的及时可靠。二是引入设备运行状况模式库的概念，通过研究模式库的自学习与自动建立技术，为煤矿设备状态分析与诊断提供依据。矿山机械设备与其他行业如电力行业机械设备不同之处在于，它很少有故障报道，因此我们对它的故障模式未知。设备运行健康状态模式库是在通过对设备的长期监测，在得到大量数据的基础上进行分析总结，结合设备现场运行情况逐步建立的。在这种情况下，通过引入设备运行健康状况模式库的概念，能提供有效的判别依据。

模式库的模式个体可以选择振动信号的几个统计特征参数：有效值、峰值、峭度、烈度值等。在进行大量数据的统计之后对特征参数设定阈值，联合几组特征量对设备运行状态进行诊断，将在阈值之外的模式个体抛弃，健康的模式个体存入模式库。

模式库建立的初期，结合 10816 国际标准，为了衡量设备的运行健康状况，可以选择振动烈度作为判别标准。振动烈度定义为频率 $10 \sim 1000$ Hz 范围内振动速度的均方根值，是反映一台机器振动状态简明、综合、实用、有效的特征量。通常取在规定的测量点和规定的测量方向上测得的最大值作为机器的振动烈度。

根据以上原则设计的设备状态预测流程如图 9-16 所示。程序可以根据以往的历史数据，通过模式库建立振动分析所需的准则。然后通过对矿山设备进行动态综合分析，预测设备下一时段可能出现的问题，根据上述准则进行报警值研判，必要时发出停机检查的建议。这对于保障矿山设备正常安全运行具有重要意义。

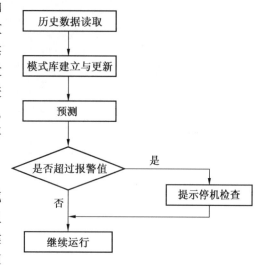

图 9-16　设备状态预测流程图

3. 数据处理显示

NI 公司作为声音和振动测量与分析领域的技术领先者，为音频测试、噪声、振动和粗糙度（NVH）测试、机器状态监测和结构健康监测等应用提供当今最先进的解决方案。NI的图形化系统设计平台，结合了图形化编程软件，以及模块化、开放的硬件，对工程师开发和部署声音和振动测量的解决方案进行了重新地定义，从而减少了开发时间，降低了系统成本。此外，Lab View 提供了机器状态监控（MCM）资源包，资源包由 NI 技术工程师提供，包含了机器状态监测相关的 Demo 程序、应用演示等，为进行 MCM 机器状态监测应用提供了最佳选择。为此，我们选择 NI 公司 Lab View 软件作为上位开发软件，并结合机器状态监控资源包进行上位程序开发。

所设计上位软件按照一定的规则和算法对数据进行处理、清洗，以动画、图片、文字、表格等方式显示，主要包括各种数据分析工具、报表工具、查询工具、数据挖掘工具以及各种基于数据仓库或数据集市开发的应用。

4. Silverlight 信息发布

信息发布功能的目的是供矿山各相关科室使用设备动态管理的信息，这与组态的监控是不同层次的应用。组态监控通常要求更好的实时性，而信息发布更强调信息的大范围使用。信息发布使用 Visual Studio 2010 作为开发工具，用 Express Blend4 开发 UI 界面，选用 .NET 作为开发语言。

客户端只要根据提示信息正确安装 Silverlight 插件即可。以水泵为例，图 9-17 所示为设备动态管理信息发布的显示界面。

通过 Silverlight 技术开发的系统，不同于传统的 Web 应用程序通过刷新页面和弹出窗口显示详细信息。其菜单、信息窗口等都动态的浮现于总体视图之上，用户可以对其进行拖拽、弹出、隐藏等操作，使得监控界面更加简洁、美观，大大增强了用户体验。

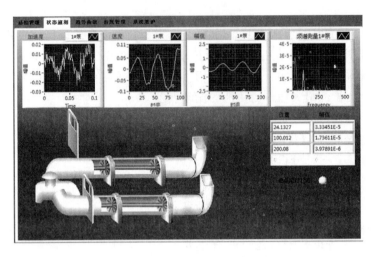

图 9-17　设备动态管理信息发布示例

Silverlight 技术是一种富互联网应用技术（RIA），是为了提高用户体验的丰富性而推出的新型互联网应用技术，具有高度的交互性和丰富的 UI 功能。基于 Windows 平台的应用，本文选择 Silverlight 技术构建设备动态管理的信息发布。

XAML 是微软为构建下一代应用程序界面而创建的一种新的基于 XML 的描述性语言，它对 WPF 程序的所有界面元素进行定制，构成具有 WPF 风格的界面。XAML 语言最终会被编译成 .Net 后台代码，因此它能够与后台进行逻辑处理的 .NET 语言协同工作，其工作性质类似于 HTML。

Silverlight 作为 XAML 的浏览器插件，以编写脚本的方式，向浏览器提供其内部的文档对象模型（DOM）和事件模型。因此，设计人员可将含有图形、动画、时间线的 XAML 文档整合在一起，以便开发人员将它们关联到页面代码，实现其功能。由于 XAML 语言是基于 XML 的，其定义下载至客户端的 UI 则是基于文本的，因此对搜索引擎和防火墙都很友好。

基于矿山物联网开放架构的设备动态管理系统只需要在物联网感知层接入适当的传感器，就可在应用平台上获得数据，开发并实现相关的应用。这种开放式应用体系是矿山物联网应用的典型方式，代表着今后矿山信息化的发展方向。数据采集与分析部分可采用 NI 公司 Lab View 软件，在信息发布方面可采用微软公司基于 RIA 的 Silverlight 技术。作为 Web 端的新一代技术，Silverlight 大大增强了系统的友好性及易用性，符合矿山物联网 Web 应用的发展趋势。

9.5　矿山设备再制造技术

随着设备的使用，设备整体和部件的价值并不是线性降低，尤其是在故障前后，价值往往会出现急剧的变化，而且这些变化还会对其他部件产生影响。此外，即使在正常情况下，各部件的价值也会受到多种因素的交互影响，如开机率、设备持续运转时间、设备环境等，需要建立复杂性模型对设备和部件的可用性价值进行评估。

传统上的维修管理多基于设备的检测情况进行，或直接通过设备使用年限进行折旧。显然，这两种方法虽然简单，但却过于粗糙，而且需要进行反复地检测，无论是时间或是造价成本都较为高昂。对这方面现有的研究多集中于较为宏观的操作准则，而无法提供一个非常具体的定量化工具，如对产品再制造性评价指标体系、可再制造性指数等。一些对设备可再制造价值方面的研究也多着重于设备的外部因素，如从技术、经济、资源、能源、环境和服役性等方面建立的设备再制造性评估模型等。显然，这些研究并没有真正利用到设备本身的数据，尤其是设备在运行过程中全生命周期的数据，因为设备所在的生命周期阶段不同，设备的性能与状态不同，所应采取的周期性维护措施应有所不同；同时，故障的危害程度也有所不同，所应采取的故障维护措施也应有所差异。能够对设备的性能与状态做出科学客观的评价，便能够更为准确地采取相应的预防性维护措施。因此，引入生命周期概念来定性的区别与描述设备的年龄与健康状态，建立评价模型对设备所在生命周期阶段进行评价是非常必要的。为此需研究设备或部件面临再制造时的价值评估问题。

9.5.1　设备生命周期阶段与评价指标建立

在设备的全生命周期评价与维护中，设备各子系统的运行状态直接影响设备整体运行，所以多方面、全方位的生命周期分析至关重要。在设备长期运行中，不同子系统中的零部件会出现不同程度的磨损，设备呈现的运行状态大不相同，采取的维护方式也不尽相同，因此，设备的生命周期的阶段划分与其各子系统的运行状态性能密切相关。将不同子系统的状态评估相关联，建立统一的评价指标，然后对设备的生命周期做出正确的阶段划分，以便后期对设备进行正确的维护。首先，明确设备生命周期大的阶段等级划分，将不同运行状态设备规划到对应的阶段。

设备的生命周期类似于人的生命周期，随着年龄的增长，人的器官也在逐渐地老化并伴随着疾病的发生。人在不同的年龄段，其身体机能，发生某疾病的概率，疾病对其影响是不同的，针对疾病产生的影响所需采取的预防性措施是有很大差别的。人们在医院做各类检查时，都需要填写自己的年龄，很显然，由于生命所处年龄段的不同，其身体机能、身体各部分的性能是不同的，在健康指标上的体现是不同的，疾病表现的特征及应采取的措施也是不同的。在对人的生命周期阶段进行划分时，通常更关心人的身体在综合水平或综合规模上是否达到了某一个级别，即是"幼年期"还是"中年期"等，采用的是价值分类评价的方式，所得评价结论是分等级或类型的，类内不加区分，即只将生命周期做大的阶段等级划分，并不再做细的评价。设备也大致是这样，在不同的运行阶段，各子系统的零部件出现损坏或者故障，使其性能发生变化，设备表现出的特征，可被分为几个阶段。通过分析设备性能与状态发展的特点，以符合典型浴盆曲线的设备为例，也可以将设备的生命周期阶段划分为幼年期、青年期、中年期、老年期和暮年期 5 个阶段，即设备生命周期阶段 = {幼年期，青年期，中年期，老年期和暮年期}，用 S 来表示设备生命周期阶段的集合，S_i 表示设备的生命周期阶段，即有 $S = \{S_1, S_2, S_3, S_4, S_5\}$。设备生命周期阶段评价等级及特点见表 9-2。

表9-2　设备生命周期阶段评价等级

序号	生命周期阶段	特　点
S_1	幼年期	设备初期磨合阶段,新投入的设备首先经历该阶段;故障率较高,其主要由于设计、原料和制造过程中的缺陷造成,故障率呈下降趋势;各项指标表现整体较好,但不是非常稳定;该阶段在整个生命周期中所占时间非常短
S_2	青年期	设备正常磨损前期,即开始正常磨损,磨损程度较小;故障率为整个生命周期中的低谷,且无上升趋势;设备性能稳定,状态最佳;各项指标表现达到整个生命周期阶段中的最佳态;可最好地满足生产要求;该阶段在整个生命周期中所占时间最长
S_3	中年期	设备正常磨损中期,磨损程度略微上升;故障率较最低值出现略微上升的趋势,上升速度较为缓慢;设备性能开始出现衰退,但衰退慢;各项指标表现有下降的趋势;可完全满足生产要求;该阶段在整个生命周期中所占时间长
S_4	老年期	设备正常磨损后期,磨损较为严重;故障率上升速度呈现加快的趋势;性能衰退加速,各项指标表现较差,能满足一般生产要求;该阶段在整个生命周期中所占时间较短
S_5	暮年期	设备正常磨损晚期,磨损非常严重;故障率高度爆发,随时有"病死"可能,各项指标表现非常差,只能满足最低生产要求;该阶段在整个生命周期中所占时间非常短

　　实现设备生命周期阶段划分,确定设备所处的生命周期阶段,关键在于如何根据设备的运行状态所反映的特征全面性地综合评价设备。设备生命周期划分阶段要注意只根据设备的使用年限来推算设备所处的生命周期阶段,不能够正确反映设备运行状态,有失评价的科学性。对设备生命周期阶段的评价需要从多个方面出发,不能利用单一指标片面的评估设备的生命周期阶段,使得后期的维护出现误判,不能够最大限度地利用设备,造成资源浪费。因此,可定性地选取多个指标,根据定性选取评价指标的目的性、全面性、可行性、稳定性、与评价方法协调性5项基本原则确立科学的评价指标体系,科学地构建设备生命阶段评价的指标体系。

　　可表征设备状态的因素有很多,如设备的运行时间、修复率、失效率等。从设备维护的角度出发,考虑到一些因素间较强的关联性,为减少分析的复杂性,这里从可靠性、维修性、设备性能、设备年龄表征4个方面来确定设备生命周期阶段评价指标体系,如图9-18所示。

9.5.2　设备生命周期评价方法

　　设备生命周期阶段划分需要从多个方面来评价设备的性能与状态,对设备所处的生命周期阶段做出评价。多指标综合评价方法可根据评价目的,选择多个评价指标,通过一定的评价方法,对目标做出评价。目前,常用的评价方法有主成分分析法、数据包络分析法、模糊评价法等。模糊评价法是基于模糊数学的综合评价法,针对一些模糊的、难以量化的非确定性问题的解决是非常适合的。设备的状态与性能是逐渐变化的,其具体处于各生命周期阶段之间存在的一个模糊分界域。基于模糊数学的模糊评价法主要通过其他方法来获取指标权重,再利用模糊综合评价法来进行评价,获取指标权重的方法有层次分析法、专家调查法、最大熵技术法等。大多数方法利用模糊评价法,通过层次分析法确定模糊权值,构造出模糊评价模型完成设备的生命周期阶段的划分。

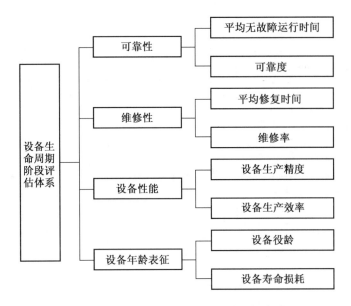

图 9-18　设备生命周期阶段评价指标体系

模糊综合评价方法在多指标综合评价中的应用非常广泛。美国控制论专家 L. A. Zdahe 在发表的《模糊集合论》中，引入了"隶属函数"来描述差异的中间过渡，建立了模糊集合论。模糊综合评价法将模糊数学的相关知识运用到事物的评价中，应用最大隶属度原则和模糊变换原理，通过综合考虑影响某事物的各个因素，对事物进行科学的评价。其过程包括确定评价指标体系，确定评语等级（评价标准），确定指标权值，建立隶属度矩阵，计算模糊合成值，完成综合评价等。

层次分析法（即 AHP 法）是由美国运筹学家 T. L. Santy 于 20 世纪 70 年代提出的，是一种实用的多准则的对复杂现象进行系统化、模型化的决策方法。层次分析法是将一个复杂的决策问题描述为一个多层次的复杂结构，通过模拟人对事物的分析过程，比较判断各个决策在不同准则之下的相对重要度，从而得到决策的优劣顺序，进而进行决策。在层次分析法进行决策的过程中，计算各决策方案的重要度系数是其核心问题，因此其也可作为构造权值的方法。层次分析法通常将评价目标分为不同的层次结构，包括目标层、准则层、方案层等。目标层一般只有一个元素，是预定的目标；准则层为实现目标分析的中间环节；方案层则为实现目标的措施与方案等。对于目标层、准则层、方案层可按照实际需求进行相关的分析。

9.5.3　设备再制造

AHP-模糊综合评价模型可以有效完成设备生命周期阶段的划分，AHP-模糊评价模型如图 9-19 所示，图中对层次分析法与模糊综合评价法的具体步骤进行了描述。

通过对矿山设备全生命周期数据分析及建模处理，对矿山设备再制造有重要意义，便于企业进行再制造决策。当企业在进行再制造决策时，需要将再制造决策分成若干个不同的类别，如原设备再制造、原设备维修、原设备零部件利用、原设备报废等。不同的决策对于设备的价值再利用程度逐级递减，对该设备运行环节所收集数据的建模分析，提出对该设备再制造的参考决策将是再制造管理中至关重要的信息。

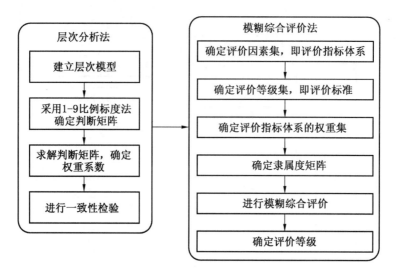

图 9-19　AHP-模糊综合评价模型

通过研究再制造成本和再制造价值之间的关系，可获取待再制造设备中所蕴含的价值，并减少企业对熟练员工的依赖性，推动矿山设备再制造管理在深度和广度上的发展。

9.6　矿山设备远程诊断系统的设计

9.6.1　远程故障诊断系统的框架

远程故障诊断系统 IRDS 是在计算机网络、多媒体和通信技术的迅速发展，故障诊断系统的计算模式、架构和概念及实现技术发生重大变化下提出的。该系统研究的最根本目标是提供使用设备的全生命周期内的诊断维护服务，包括设备使用状况的跟踪监控，以及设备的及时维护和智能诊断支持等，并且力求做到诊断服务的有效性、敏捷性、经济性。

复杂设备的远程智能故障诊断系统将现有的各种在地理位置上或逻辑上异构分布的诊断系统连接到网络中去，使这些系统能完成复杂的诊断，很好地服务于客户，使企业能够在竞争中求得生存，求得优势，求得发展。该系统是一个大型复杂的网络系统，其内部有复杂的信息流，同时还涉及各种复杂的知识和实施方法。

现场监测工作站是诊断系统的基础。在设备日常运行时，其主要功能是采集和记录设备运行过程的状态信息（如从传感器、控制器获取的信号），这些信号按照预定义的格式经过处理，将得到结构化的数据存储在本地数据库。当设备出现故障时，远程诊断中心提供诊断服务，现场监测工作站接收诊断服务器发出的指令，协助其进行诊断。现场计算机和浏览器可以是同一台计算机，也可以是不同的计算机。现场工作站对设备进行实时监控和故障预报，并且具有一定的诊断分析能力，能够处理一些简单的故障问题。

当设备出现严重的故障时，设备现场监测系统不能做出正确的处理，本地系统将请求远程诊断服务。在本地与远程诊断系统建立连接以后，远程诊断软件系统通过人机界面与诊断专家相交互，诊断专家可以根据需要获取本地设备的实时信息或历史信息，通过分析推理后将故障判断反馈给本地系统。远程诊断系统功能主要是对重大故障进行诊断，还具有诊断服务管理、维修计划管理等功能。

9.6.2　远程诊断系统的模式设计

随着计算机信息化、网络化速度不断加快，计算机从大型机到小型机，从独立专用到网络自由连接，从异域网到广域网和 Internet，新的概念层出不穷，"网络"概念深入人心，同时网络计算模式也不断向高级演化。早期的主机/终端结构已发展到客户端/服务器结构，并风行于整个信息领域。然而，随着网络普及速度加快和应用不断升级，客户端/服务器模式越来越显露出弊端，浏览器/服务器瘦客户结构模式应运而生，使逻辑上的两层结构向三层结构发生转变。

实际中常用的系统模式主要有 Client/Server（C/S）和 Brower/Server（B/S）两种。由于要建立的远程分析诊断系统的结构是整个系统构建的前提和关键所在，所以有必要对 C/S 和 B/S 两种结构模式加以比较与分析。

1. 两层 C/S 结构

网络应用可分为用户界面层、业务逻辑层和数据服务层。早期应用中，用户界面层和业务逻辑层没有分开，都位于客户端，而数据服务层位于服务器端，逻辑上是两层，即所谓两层 C/S 结构，如图 9-20 所示，此种模式将一个应用分为两个部分：前端（客户端）、后端（服务器端）。所谓服务器是指向客户端的请求提供服务的逻辑系统。一般来说，客户机向服务器发出请求，让服务器为其完成一部分工作；服务器则处理客户机的请求并返回结果。

这种模式下，客户端承担了较多的工作，即客户服务及业务逻辑服务都由客户端机器来提供，而服务器则充当数据库服务器的角色。如图 9-20 所示，对数据管理是在数据库服务器中进行，如以存储过程和触发器的形式存取数据，而客户端应用程序则要负责用户界面的显示、业务逻辑的处理以及与数据库进行连接。相对于最初的简单应用来说，这种结构的优势在于集中了对数据的处理，用户之间可以共享数据库资源，但是，每个客户端都要进行安装配置，当用户数量多，分布广时就会给安装、维护带来相当大的困难，扩展性不好。此外，每个用户与中央数据库服务器相连时都要保留一个对话，当很多客户同时使用相同资源时，容易产生网络堵塞。

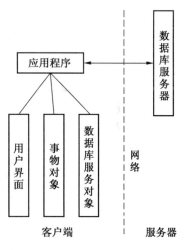

图 9-20　C/S 结构图

综上所述，两层 C/S 结构推动了数据库应用的普及，但随着数据库应用规模的扩大，特别是今天的应用范围由 LAN 扩展到 WAN，甚至扩展到 Internet 时，传统的两层 C/S 结构日益显示出它的弊端来，具体表现在以下几个方面：

（1）执行效率无法满足越来越广泛的客户需求。

（2）两层 C/S 结构的维护成本较大。

（3）大规模的应用系统在负载平衡能力上显得力不从心。

2. 三层 B/S 结构

三层 B/S 结构可以说是分布式的 C/S 结构，如图 9-21 所示。

B/S 模式就是只安装维护服务器（Server），客户端就是浏览器（Browser）。在 B/S 体

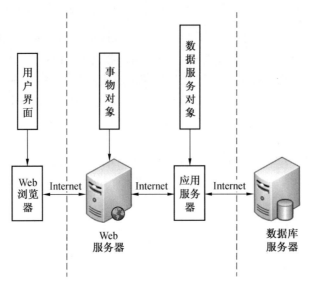

图 9-21　B/S 结构图

系结构中,用户通过浏览器向分布在网络上的 Web 服务器发出请求,服务器对浏览器的请求进行处理,将用户所需信息返回到浏览器。而其余如数据请求、处理、结果返回以及动态网页生成、对数据库的访问和应用程序的执行等工作全部由 Web Server 完成。随着 Windows 将浏览器技术移植入操作系统内部,这种结构已成为当今应用软件的首选体系结构。显然 B/S 结构应用程序相对于传统的 C/S 结构应用程序是一个非常大的进步。

B/S 模式结构具有以下几个明显的优势:

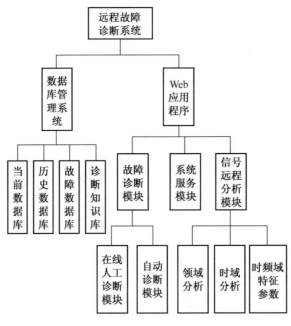

图 9-22　软件功能模块

(1) B/S 结构的客户端是 Web 浏览器,属于瘦客户模式。

（2）成本降低，选择更多。

（3）B/S 结构可以减少网络开销。

B/S 模式具有无可比拟的优势，它提供了一个跨平台、简单一致的浏览环境，使系统的开发环境与应用环境（标准通用的浏览器如 Inernet Explorer、Netscape Navigator 等）相分离，也降低了对网络宽带的要求，还可以集成多种网络服务（如 E-Mail、FTP 等），因此在本系统中采用基于 B/S 的模式结构。

9.6.3 软件的需求分析和功能模块设计

远程故障诊断系统的软件共分为两部分：Web 程序和数据库管理系统。数据库管理系统主要管理各种数据，包括当前 3 天内的历史数据，当前 1 年内的历史数据、故障数据、事件发生记录数据等。Web 程序是这个系统的界面部分，也是系统的核心部分，按功能可分为历史数据分析、故障诊断和事件列表等功能。系统中，信号远程分析模块包括时域分析、频域分析及时频域特征参数统计等功能；故障诊断模块主要有神经网络专家系统诊断和在线人工诊断两种诊断模式。设计的软件功能模块如图 9-22 所示。

10 矿山物联网灾害感知与预警技术

10.1 矿山物联网瓦斯灾害与预警技术

10.1.1 煤矿瓦斯灾害的类型及危害

瓦斯是井下采掘过程中从煤和围岩中涌出的有害气体的总称，如甲烷、二氧化碳、一氧化碳、硫化氢、乙烷、乙烯、二氧化硫等。由于甲烷在其中占90%以上，因此煤炭瓦斯一般指甲烷。在开采过程中，瓦斯会从煤体中释放出来，弥漫在矿井中。瓦斯是煤炭生成过程中的伴生气体，它以吸附和游离两种状态存在于煤体及周围岩层之中，这两种状态不是一成不变的，它们处于不断变化的动态平衡之中，在一定条件下会相互转化。在采掘过程中，会造成地应力的变化，破坏煤体中瓦斯的动态平衡状态，诱发以下灾害。

1. 煤与瓦斯突出

煤与瓦斯突出是煤矿矿井中的严重灾害，是瓦斯特殊涌出中危害性最大的一种。煤与瓦斯突出是指随着煤矿开采深度的增加、瓦斯含量的增加，软弱煤层突破抵抗线，瞬间释放大量瓦斯和煤并伴有震动声响和强烈冲击的地质动力灾害。瓦斯突出的强度与煤体中瓦斯含量、煤层中瓦斯压力、地应力等因素有关。在煤与瓦斯突出过程中，游离瓦斯可以自由逸出，吸附瓦斯亦可从煤体中解吸。显然，煤体中的瓦斯含量越高，突出的强度及瓦斯涌出量亦会越大，煤矿开采深度越深，瓦斯瞬间释放的能量也会越大。

2. 瓦斯燃烧

瓦斯燃烧对于煤矿井下也是一种灾害。瓦斯在空气中浓度低于5%时，瓦斯遇火可以燃烧，但没有足够的燃烧热量向外传播，所以不会发生爆炸。瓦斯浓度超过16%时，由于混合空气中氧气的含量不足，混合气体也没有爆炸性，但遇有新鲜空气时，瓦斯可在混合体与新鲜空气的接触面上燃烧。瓦斯燃烧能引起矿井火灾，瓦斯燃烧也可能转化为瓦斯爆炸，从广义上说，瓦斯燃烧实际上是一种反应速度较慢、威力较小的爆炸。

3. 瓦斯爆炸

瓦斯爆炸是煤矿最严重的瓦斯灾害。瓦斯爆炸是一定浓度的甲烷和空气中的氧气在高温热源作用下发生的激烈氧化反应现象，也就是说，瓦斯爆炸的发生须同时具备一定瓦斯浓度、氧气浓度和点火能量3个条件。由于煤矿井下作业系统结构特性和井下工作人员对空气中氧浓度的需求，瓦斯爆炸的3个条件中的氧气浓度条件往往是具备的。因此，从这个层面理解，瓦斯涌出与积聚以及引爆火源是煤矿瓦斯爆炸灾害发生的主要因素。在井下，引起瓦斯爆炸的点燃源较多。从空间上来看，点燃是从很小的一个点发展开来的，因此，集中放散的任何形式的能量都很容易点燃瓦斯；而均匀加热的一块热板，只有达到很高的温度（如接近瓦斯的自燃温度650 ℃）才能点燃瓦斯。例如，从顶板落下的一块岩石，如果是落在带式输送机的输送带上，则能量被柔软的输送带分散，因此很难引燃瓦斯；而如果是落在坚硬的机械设备表面或岩石上，能量集中在撞击点上放散，则很可能产生足以引燃瓦斯的火花。煤矿井下引起瓦斯爆炸的点燃源主要有如下几类：一是机械类，包括机械运行中的摩擦，坚硬岩石及钢铁支架、设备之间的撞击；二是电气类，与输电线路、电气设备有关的电火花、电弧、电气失爆等；三是火焰类，有燃烧反应的点燃，如吸烟、火灾、气体切割和焊接等；四是炸药类，与炸药爆破有关的点燃，如使用非许可炸药、钻孔充填不当引起爆破火焰等。此外还有其他类型的点燃，如闪电、压缩管路破裂气体喷出等。如果井下的瓦斯浓度处于爆炸界限5%以下，即使有引爆火源（点燃源），也不会引起瓦斯爆炸。可见，风流中的瓦斯浓度是爆炸三要素中最容易控制的因素，也是防治瓦斯爆炸最根本的方法。

煤矿井下一旦发生瓦斯爆炸，将会给矿井带来严重的损害，其危害主要体现在以下几方面：

（1）人员伤亡。瓦斯爆炸后产生的冲击波超压给附近人员造成冲击伤害，爆炸的高温火焰能造成人员烧伤。我国煤矿伤亡事故中瓦斯爆炸伤亡人数占居首位，其中掘进工作面发生瓦斯爆炸事故的次数为最多。

（2）诱发煤尘爆炸。若井巷中沉积着足够量具有爆炸危险的煤尘时，冲击波将煤尘扬起，引起煤尘爆炸。一般情况下，迅速增强的爆炸威力不会使得局部瓦斯爆炸的破坏范围太大；但如果诱发巷道中沉积煤尘爆炸，则必然扩大破坏范围，有时会波及整个矿井。另外，煤尘燃烧反应不完全时会产生大量一氧化碳，致使井下人员中毒死亡。煤矿中的重大恶性事故通常是瓦斯、煤尘同时参与爆炸造成的。

（3）造成火灾。矿井火灾易引发瓦斯爆炸，反之瓦斯爆炸也易引起矿井火灾。瓦斯爆炸时产生大量热量，使周围环境温度可升高到1850 ℃以上，瓦斯爆炸产生的高温火焰能使井下坑木、煤炭等易燃物体燃烧，引起矿井火灾，破坏设备及通风系统。瓦斯爆炸时井下气体迅速膨胀，使有限空间内气压迅速增大，高温高压气体形成强大的冲击波，会使波及的通风、生产设备受到不同程度的损害，有的甚至造成巷道垮塌和整个通风系统破坏。

10.1.2　煤矿瓦斯监测数据特点

煤矿瓦斯是存储在煤与围岩中的一种气藏资源，在煤炭生产过程当中，它通常会以涌出形式排放出来，并在一定条件下形成煤矿突出。因为具有燃烧、爆炸等一系列特点，所以爆炸严重威胁着煤矿的安全生产。煤矿安监系统要求周而复始地对井下甲烷、一氧化碳等气体浓度和风速、粉尘浓度等环境参数进行监测，但由于井下环境条件恶劣，会使监测部件受到温度、灰尘等多种因素影响，在监测数据采集、传输、存储及处理过程中，可能会受到传感器故障、网络传输故障、电磁干扰以及其他人为管理问题影响。因此，煤矿井下特殊的生产环境以及监测系统本身的局限性，使得监测监控系统采集到的振动数据存在数据异常、缺失或精度不可靠等现象。我国建立有煤矿瓦斯突出巡检制度，2013 年 3 月，国家安全生产监督管理总局和国家煤矿安全监察局联合发文，要求各部门建立、完善安全监控和煤与瓦斯突出事故报警系统，建立、完善煤与瓦斯突出事故监测和报警工作机制等。煤矿井下监测数据存在以下特点。

1. 存在监测异常数据

瓦斯浓度的采集识别对于井下工作人员和生产设备的安全十分重要，所以一定要精准地预测并给出井下危险预报。国内很多煤矿中安装了瓦斯监测系统以及瓦斯报警系统，通常会采用信号采集装置采集井下瓦斯浓度模拟信号，并将信号数据集中，经过信号放大、滤波、处理后传递到井上。虽然这样会得到报警的信号，但是存在一个严重的问题就是这样的瓦斯监测错误报警率较高。由于错误的报警信号过于频繁，人们对报警系统变得不信任，对警报变得麻木，当真实瓦斯突出报警时，人们习惯性当作错误报警，造成重大事故，这种伪数据会造成更大的安全隐患。引起误报警的原因很多，比如传感器损坏、电源电压信号不稳定、雷电干扰等强电磁或电压峰值干扰、信号线路问题。为了减小干扰，通过在电源侧、信号传输通道中增加滤波等抗干扰措施，可有效去除其中部分干扰，但传感器本身以及传输故障、雷电冲击或电源脉冲造成瞬间错误信号却无法完全消除。由于矿井井下电气设备种类繁多，环境恶劣，设备在运转时常常会发出各种频段的干扰信号波，形成无规律的电磁干扰，这些电磁干扰信号能在瞬间完全覆盖掉传感器正在传输的信号，产生了监测信号中的"冒大数"现象，也就是通常所谓的大数干扰。图 10-1 所示为某矿工作面传感器 T_1 浓度曲线，波形中的突出部分为干扰信号。大数干扰频繁地引起误报警，瓦斯生产中一旦收到报警信号，为了安全自动切断井下的电源，生产被迫停止。由于报警系统识别有限，计算机和工作站无法区分这些伪数据干扰和真实警报信号，从而导致误报警高达 80%～90%，正常生产因为频繁的错误警报受到很大影响，企业生产和人员安全都面临很大的损失和危险，因此需要对瓦斯数据进行滤波、降噪等预处理。

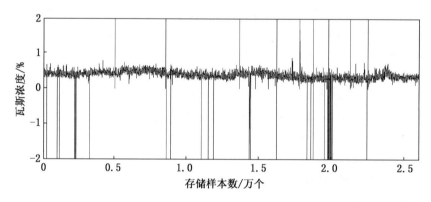

图 10-1　某矿工作面传感器 T_1 浓度曲线

国内外研究人员对于大数干扰问题的处理主要有以下手段：一方面从硬件入手达到滤波的目的，或者从软件方面入手，采用新型数字滤波器和新的软件算法，最新的手段就是采用无线通信手段来监测井下数据，这是未来的趋势。

1）硬件滤波

瓦斯浓度信号是一种缓慢变化的信号，为了滤去 20 Hz 以上变频信号可以在放大器之后增加低通滤波器，不但基本抑制了 50 Hz 电干扰而且也排除了其他高频干扰，又不影响数据的检测。低通滤波器主要的工作要求为：通带在 0～20 Hz，衰减不大于 3 dB；阻带在 40～∞ Hz，衰减不小于 20 dB。有很多滤波器是基于不同种类近似函数，其中 butterworth 滤波器能将通带内增益恒定为 1，相频特性良好满足以上的技术要求，一般情况选择使用该滤波器进行滤波。滤波器设计主要问题为：频率归一化、如何确定滤波器阶次，怎样求取系统传递函数的极点。

2）软件滤波

当监测信号放大时，虽然模拟信号受到抑制和干扰，监测信号仍会被外界因素影响。

想要解决瓦斯中的伪数据和大数干扰，很多监测系统采取软件滤除干扰方法，通过多次采集瓦斯传感器中的数据结果不断对比，去除信号中的干扰信息，还原出传感器的真实信息，使传感器的识别能力和抗干扰能力大大提高。为了保持系统长时间在正常情况下有效地工作，必须高效抑制环境变化对测量精度的影响，使得计算机不响应错误的信息，错开干扰信号频繁爆发的时段。当高速采集样本点时，对输入的模拟量值采用程序筛选和滤波的方法，比如多次采样取平均值，有时也会去除最大点以及最小样本点再取均值，或者预先给定样本点值的合理范围，采集信息后进行比较，滤除不符合范围的样本等，通过以上手段来降低误报警的概率。在数据传输方面，可采用数据检验和多次传输方法，发现错误信息便重新传送，利用软件技术来抗干扰是计算机系统的重要手段。

3）无线通信滤波

目前，国内外在研究采用先进的无线网络覆盖煤矿井下区域，实现有效及时的信号传输。无线网络是煤矿安全综合信息系统中的重要部分，这直接关系到传感信息的正确性和及时性。系统主要包括安全监控模块、事故分析预报模块、应急救灾模块、生产调度模块、常规通信等功能模块。该系统投入使用将改变我国煤矿中安全监测技术通信手段落后的现状。该系统能在当前报警率离奇异常的情况下，高效地降低误报警率，最大限度地降低对企业生产的影响，而且可在线监测监控设备的运行，一旦受到破坏会立即通知系统，系统将做出调整以及警报。

2. 可压缩性

根据煤炭部 1995 年修订的《防治煤与突出细则》要求，煤矿安全监控系统巡检周期不超过 20 s，监测监控测点数不少于 100 个。以 100 个测点来计算，每天的振动数据量为 432000。以煤矿振动数据存储 6 个月计算，服务器端需存储的数据量为 77760000。随着矿山物联网的应用，除了固定监测点，煤矿井下出现大量移动监测点，因此监测数据量急剧增加。数据压缩是一种高效传输和有效存储的解决方法。图 10-2 所示为煤矿井下两种典型测量曲线，其中，图 10-2a 对应平稳状态，图 10-2b 对应突出状态。由图可知，煤矿振动数据是典型的时间序列数据，但在每一个测点又是一个标量信号。对于固定测量节点，其测量数据反映同一地点随时间的变化情况；而对于移动测量节点，其测量数据反映移动空间变化情况。无论以上任一种情况，其特点是随机非稳态，而且时刻产生，海量巨大。因此，需要实施瓦斯灾害特征提取对原始高维数据进行降维压缩，将瓦斯灾害的特征属性由多个信号特征参数的集合进行描述，对这一集合中提取的特征越多、越精细，则对瓦斯灾害准确识别的概率就越高。

一般不直接采用测量信号进行灾害识别，主要因为：①直接监测得到的信号具有较高的维数，这使得分类器的结构非常复杂，而且分类效果也会受到影响；②测量信号中噪声的存在使得直接分类较为困难。因此，必须从测量信号中提取出对特征分类最有效的特征，而抑制其他信息（噪声），这就是特征提取阶段需要完成的工作。公正地说，特征提取在灾害识别中起着核心的作用。特征提取的本质是将瓦斯灾害原始信号进行各种变换，得到有效特征信息的过程。为了得到较低的特征维数，必须对特征向量压缩，以进行特征分类。灾害特征提取、压缩与分类是特征识别的关键技术。

原始测量有时可以直接作为特征信息，有时则必须经过计算后得到一组原始特征。例如，瓦斯浓度检测数据可直接作为瓦斯爆炸灾害的特征信息，因为瓦斯浓度的状态及变化

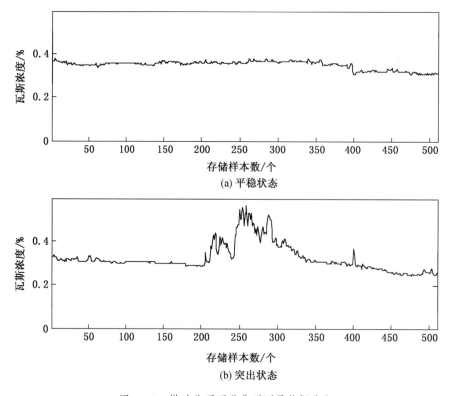

图 10-2 煤矿井下两种典型测量数据曲线

规律反映了瓦斯动力系统的动态特性；而煤层压力、煤体温度信息则不能直接作为瓦斯突出灾害的特征信息，因为这些原始特征的描述不能直接反映瓦斯突出灾害的本质。原始检测数据组成的空间叫测量空间，特征识别赖以进行的空间叫做特征空间。一般来讲，测量空间的数据量较大，为了有效地实现特征识别，就要对原始数据进行变换，得到最能反映瓦斯灾害本质的特征，这是特征提取和选择的过程。通过变换，可把在维数较高的测量空间中表示的模式变为在维数较低的特征空间中表示的模式。瓦斯灾害特征提取的过程，实际上就是去除检测数据中的冗余信息，减小数据量的过程。特征提取也可以看作是将瓦斯灾害原始数据空间变换到特征空间的过程，可以通过数学方法对瓦斯浓度特征进行提取，去掉冗余信息，把原始的高维特征空间变换为低维特征空间，实现特征维数压缩，便于更好地进行融合决策。

瓦斯灾害信息特征提取是对信息进行处理的主要内容之一。特征提取的目的是从原始测量数据中或从一组特征中挑选出一些最有效的特征，以实现降低特征空间的维数。特征提取的作用主要体现在 3 个方面：①提高泛化能力，即对未知样本的预测能力；②决定相关特征，即与学习任务相关的特征；③特征空间的维数约简。

当训练样本的类别已知时，对监督的特征提取来说，实际工作中有 3 种特征提取问题：①是从原始特征集中提取出一定数目的特征，使得分类器的错误率最小，这是一个无约束的组合优化问题；②对于给定的允许错误率，求维数最小的特征子集，这是一种有约束的最优化问题；③在错误率和特征子集的维数之间进行折中。

小波变换具有良好的数据压缩性能，因为一般信号总是可以由数据量很小的低频系数和几个高频层的系数叠加而成。为了检验振动数据的可压缩性，采用小波变换对振动数据进行多尺度分级数据压缩。

信号 $x(t)$ 的小波变换定义为

$$WT_x(a, b) = \frac{1}{\sqrt{a}}\int x(t)\psi\left(\frac{t-b}{a}\right)\mathrm{d}t = \langle x(t), \psi_{a,b}(t) \rangle \quad (10-1)$$

式中　　$\psi(t)$——母小波函数；

$\psi_{a,b}(t)$——小波基函数。

小波变换将信号在一系列小波基函数上进行展开。在实际工程应用中，由于有用信号通常表现为低频信号或是一些比较平稳的信号，而干扰则表现为高频信号。因此，信号可以用数据量很小的低频系数和几个高频层系数来逼近。图 10-3 所示为一个 3 层的分解结构图，图中 cA_i、$cD_i(i = 1, 2, 3)$ 分别为相应层的低频和高频分解系数。

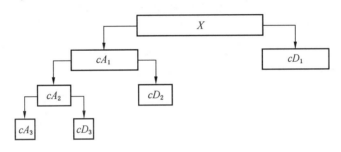

图 10-3　小波三层分解结构

基于小波的数据压缩分为以下几步：

第一步将一维信号的小波分解。首先选择一个小波并确定小波分解的层数，然后对信号 X 进行 N 层小波的分解。

第二步将小波分解的高频系数进行阈值量化处理。对从 1 到 N 的每一层高频小波系数，选择不同的阈值，并用硬阈值进行小波系数的量化。

第三步对量化后的小波系数进行小波重构。根据小波分解的第 N 层低频小波系数和经量化处理后的第 1 层到第 N 层的高频小波系数，进行一维信号的小波重构。

为了衡量参数选择对信号重构的影响，定义重构误差公式为

$$E = \frac{\|\boldsymbol{y} - \boldsymbol{x}\|_2}{\|\boldsymbol{x}\|_2} \quad (10-2)$$

式中　　$\boldsymbol{y}$——重构信号向量；

$\boldsymbol{x}$——原始测量信号向量。

选择小波函数为 Haar 小波函数，高频阈值选为 0。Haar 小波来自匈牙利数学家 Alfréd Haar 于 1909 年提出的 Haar 正交函数集，其定义是

$$\psi(t) = \begin{cases} 1 & 0 \leqslant t < 1/2 \\ -1 & \dfrac{1}{2} \leqslant t < 1 \\ 0 & 其他 \end{cases} \quad (10-3)$$

$\psi(t)$ 的傅里叶变换是

$$\Psi(\Omega) = j\frac{4}{\Omega}\sin^2\left(\frac{\Omega}{4}\right)e^{-j\Omega/2} \qquad (10\text{-}4)$$

Haar 小波具有以下优点：

（1）Haar 小波在时域是紧支撑的，也即其非零区间为（0，1）。

（2）若取 $a = 2^j$，$j \in Z^+$，那么 Haar 小波不但在其整数位移处正交，而且在 j 取不同值时也两两正交，说明 Haar 小波属于正交小波。

（3）Haar 小波为对称小波。Haar 小波是目前唯一既具有对称性又具有有限支撑特性的正交小波。

图 10-4 与图 10-5 分别所示为对于平稳和突出两种状态测量数据，当选择 Haar 小波，并且分解层数 $N=1\sim4$ 四种情况下采用小波变换时数据重构情况，四种分层情况相应压缩比为 1/2、1/4、1/8 和 1/16。由图 10-4 和图 10-5 可知，对于同样的压缩比，平稳信号的重构误差更小，说明平稳信号的可压缩性更好。但不管哪种情况，在压缩比不小于 1/4 情况下，都可较好的重构，重构误差小于 3%，从而说明振动数据具有较好的可压缩性，因而可以采用压缩方法来实现高效传输和有效存储。

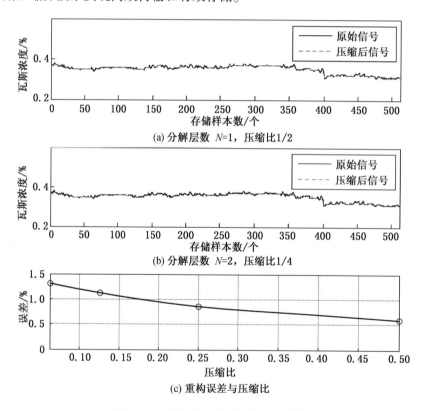

(a) 分解层数 $N=1$，压缩比 1/2

(b) 分解层数 $N=2$，压缩比 1/4

(c) 重构误差与压缩比

图 10-4　平稳状态测量值压缩与重构误差

3. 多源融合性

多传感器信息融合实际上是对人脑综合处理复杂问题的一种功能模拟，是综合利用各种信息的一种方法和技术，其本身是一个决策过程。瓦斯灾害监测是多传感器系统，各种

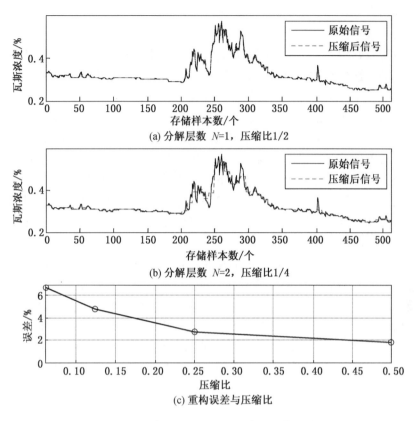

(a) 分解层数 $N=1$，压缩比1/2

(b) 分解层数 $N=2$，压缩比1/4

(c) 重构误差与压缩比

图 10-5 突出状态测量值压缩与重构误差

信源提供的信息具有不同的特征，时变的或非时变的，实时的或非实时的，快变的或缓慢的，模糊的或确定的，精确的或不完整的，可靠的或非可靠的，相互支持的或互补的，也可能是相互矛盾的或冲突的。多传感器融合的基本原理就像人脑综合处理信息的过程一样，它充分利用多个传感器资源，通过对各种传感器及其观测信息的合理支配与使用，将各种传感器在时间和空间的协同、互补及冗余信息依据某种优化准则组合起来，产生对瓦斯灾害的一致性解释和描述。信息融合的目标是基于各种传感器分离观测信息，通过对监测信息的优化组合得到处理过的有效信息。这是最佳协同作用的结果，它的最终目的是利用多个传感器共同联合工作的优势，来提高整个监测系统的有效性。信息融合流程如图10-6 所示。

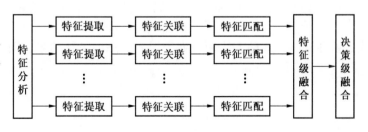

图 10-6 特征级融合流程图

瓦斯数据融合主要分为以下两类。

第一类决策级融合。

在决策级融合方法中，每个传感器都完成变换以便获得独立的身份估计，然后再对来自每个传感器的属性分类进行融合。用于融合身份估计的技术包括表决法、贝叶斯估计法、Dempster-Shafer 方法、推广的证据处理理论、模糊集法以及其他各种特定方法。决策级融合具有很高的灵活性，系统对信息传输带宽要求较低，能有效地反映环境或目标各个侧面的不同类型信息。当一只或几只传感器出现错误时，通过适当的融合，系统还能获得正确的结果，所以，具有容错性；通信量小；抗干扰能力强；对传感器依赖性小；传感器可以是同质的，也可以是异质的等特点。下面简介贝叶斯推理的原理。

贝叶斯估计法是融合静态环境中多传感器低层数据的一种常用方法。其基本思想是，首先对传感器信息进行相容性分析，删除那些可信度很低的信息，然后对保留下来的信息进行贝叶斯估计，求得最优的信息融合。

贝叶斯估计法解决了经典推理方法的某些困难，能在给定一个预先似然估计和附加证据（观测）条件下，更新一个假设的似然函数，当获得新的特征值后，可以将给定假设的先验密度更新为后验密度。贝叶斯推理的一个重要特点是它适用于多假设情况。

贝叶斯估计法的信息描述为概率分布，适用于具有可加高斯噪声的不确定性。当传感器组的观测坐标一致时，可以直接对各种传感器测量数据进行融合。在大多数情况下，多传感器从不同的观测坐标框架下对环境中同一物体进行描述，这时传感器测量数据要以间接的方式采用贝叶斯估计法进行数据融合，即先求出使多个传感器读数一致的瓦斯灾害监测数据。

在多传感器数据进行融合之前，必须确保测量数据代表同一监测变量，即要对传感器进行一致性检验，在进行数据融合时，Mahalanobis 距离是一个非常有用的测度。测度的表达式为

$$T = \frac{1}{2}(x_1 - x_2)^{\mathrm{T}}\boldsymbol{C}^{-1}(x_1 - x_2) \tag{10-5}$$

式中　x_1、x_2——两个传感器数据；

　　　C——与两个传感器相关联的方差阵。

测度表示两个测量之间的一致性，当两个测量一致时，测度最小；当两个测量不一致时，Mahalanobis 距离将变大。

还有一种对特征信息进行一致性检验的方法，就是采用概率距离 d_{ij} 和 d_{ji} 来作为传感器 i 和 j 之间的一致性检验。其中 P_i 和 P_j 是与特征信息 i 和 j 相关联的先验概率，$P_i\left(\dfrac{x}{x_i}\right)$ 和 $P_j\left(\dfrac{x}{x_j}\right)$ 是相应的条件概率，这种方法剔除处于误差状态的特征信息，而保留一致的特征信息。

$$d_{ij} = \int_{x_i}^{x} P_i(x \mid x_i) P_i(x_i)\, \mathrm{d}x \tag{10-6}$$

$$d_{ji} = \int_{x_j}^{x} P_i(x \mid x_j) P_j(x_j)\, \mathrm{d}x \tag{10-7}$$

在贝叶斯估计法的基础上，Durrnat-whyet 提出了多贝叶斯估计，即将每一个传感器看

做一个贝叶斯估计器，将各单独物体的关联概率分布结合成一个联合的后验概率分布函数，然后通过对联合分布函数的似然函数取极值，以求得传感器信息的最终融合值。

第二类特征级融合。

在特征级融合方法中，每个传感器观测一个目标并完成特征提取以获得来自每个传感器的特征向量，然后融合这些特征向量并基于获得的联合特征向量来产生身份估计。所谓特征是能表示研究对象性能、功能、行为等，并因而使其与其他对象相似或相异的信息。特征级融合属于中间层次的信息处理，其方法是先对不同平台的各个传感器提供的特征参数（矩阵）进行分析，之后对其进行特征融合，特征级融合的作用是在区域范围内对各组特征信息进行融合（图10-6）。特征级融合与通常所说的多属性决策不同，首先把有量纲的各个属性映射到 [0，1] 区间，成为一无量纲的量，用以反映各个属性的信任度或可能性；然后按一定的融合规则对反映各个属性的信任度或可能性进行融合，得到定量反映各备选方案信任度或可能性的大小；最后根据特征级融合的结果做出特征级决策。

10.1.3 煤矿井下 MEMS 传感器

微机电系统（MEMS）概念起源于美国物理学家、诺贝尔奖获得者 Richard P Feynman 在 1959 年提出的微型机械的设想。随着 MEMS 技术的迅速发展，作为微机电系统的一个构成部分的微传感器也得到长足的发展。微传感器是利用集成电路工艺和微组装工艺，将基于各种物理效应的机械、电子元器件集成在一个基片上的传感器。微传感器是尺寸微型化的传感器，但随着系统尺寸的变化，它的结构、材料、特性乃至所依据的物理作用原理均可能发生变化。与一般传感器（即宏传感器）相比，微传感器具有以下特点：

（1）空间占有率小。对被测对象的影响小，能在不扰乱周围环境，接近自然的状态下获取信息。

（2）灵敏度高，相应速度快。由于惯性、热容量极小，仅用极少的能量即可产生动作或温度变化；分辨率高，响应快，灵敏度高，能实时地把握局部的运动过状态。

（3）便于集成化和功能化。能提高系统的集成密度，可以用多种传感器的集合体把握微小部位的综合状态量；也可以把信号处理电路和驱动电路与传感元件集成于一体，提高系统的性能，并实现智能化和多功能化。

（4）可靠性高。可通过集成构成伺服系统，用零位法检测；还能实现自诊断、自校正功能。把半导体微加工技术应用于微传感器的制作，能避免因组装引起的特性偏差。将微传感器集成在电路中可以解决寄生电容和导线过多的问题。

（5）消耗电力少，节省资源和能量。

（6）价格低廉。能多个传感器集成在一起且无须组装，可以在一块晶片上集成多个传感器，从而大幅降低材料和制造成本。

煤矿井下传感器是煤矿预防突出和爆炸必不可少的测量仪表，通过自动地将井下甲烷浓度转换成标准电信号输送给关联设备，实现浓度就地显示与超限报警等功能。

目前在煤矿井下使用的甲烷传感器主要有两种：一种是催化燃烧式甲烷传感器；另一种是红外甲烷传感器。

1. 催化燃烧式甲烷传感器

催化燃烧式甲烷传感器的原理是通过对可燃性气体的催化氧化，测量甲烷等可燃性气体在氧化燃烧时所释放的热量并将其转换成电信号，通常用于检测爆炸下限范围内的可燃

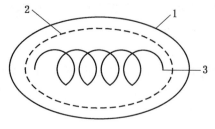

1—催化剂；2—氧化铝（载体）；3—铂丝线圈
图10-7　催化元件结构示意图

性气体浓度。催化燃烧式传感器属于高温传感器，催化元件的检测元件是在铂丝线圈上包以氧化铝和黏合剂形成球状，经烧结而成，其外表面敷有铂、钯等稀有金属的催化层，其结构如图10-7所示。

对铂丝通以电流，使检测元件保持高温（300～400 ℃），此时若与可燃气体（如甲烷气体）接触，甲烷就会在催化剂层上燃烧，燃烧的实质是元件表面吸附的甲烷与吸附的氧离子之间的反应，反应完成后生成 CO_2 和 H_2O 解析，而气相中的氧气被元件吸附并解离，重新补充元件表面上的氧离子。利用元件测量甲烷是基于在其表面测量甲烷燃烧反应放出的热量的原理，即燃烧使铂丝线圈的温度升高，线圈的电阻值就上升。测量铂丝电阻值变化的大小就可以知道可燃气体的浓度。然而，图10-7中的催化元件存在以下两大缺陷：

（1）机械强度不高，长期使用的话催化活性有衰减。铂丝十分纤细，元件工作温度较高，铂丝在高温下工作升华比较严重，线径逐渐变小，元件阻值增大，造成传输器输出零点漂移增大，使用寿命也大大缩短。此外，催化燃烧元件经常处于冷热循环状态（由于气体浓度不同，催化燃烧释放热量变化，气体流速不同热量损失也不同），加之工业环境碰撞、振动，很容易断丝导致元件失效。催化剂工作温度在500 ℃以上且长时间使用，活性衰减不可避免。此外，铂丝催化传感器的元件结构易变形，影响检测的可靠性。

（2）催化燃烧元件功耗高。在便携式仪表中，为降低功耗，延长待机时间，希望铂丝阻值越大越好，这样电阻温度效应才明显，但铂丝不能太细，否则使用中更易出现熔断现象。目前，传统可燃气体催化燃烧传感器中针对便携式仪表，高电压（4.25 V 左右）、低电流（大于50 mA）的催化元件，功耗普遍在200 mW 以上。以目前便携式仪表普遍选用的3600 m·Ah 锂离子充电电池计算，以60 mA 恒电流工作仅能维持60 h，这其中还没有计算主板芯片、夜景显示器等的耗电量，而且便携式仪表往往是多气体检测，还要考虑到其他传感器的用电。因此，降低催化燃烧传感器的功耗显得十分必要。

利用 MEMS 技术制造的微传感器是解决上述问题的捷径。全球有大约600余家单位从事 MEMS 的研制和生产工作，已研制出包括微传感器在内的几百种产品。与传统的传感器相比，它具有体积小、重量轻、成本低、功耗低、可靠性高、适于批量化生产、易于集成和实现智能化的特点。目前，基于 MEMS 技术应用于可燃气体催化燃烧传感器的微加热器已成功上市。

这种基于 MEMS 的微加热器采用硅片上的平面加热器结构，不会出现传统催化元件中出现断路的情况。而且由于加热的铂薄膜厚度小于0.1 μm，电阻阻值远远大于绕丝元件（一般室温下，绕丝元件阻值在10 Ω 左右，而微加热器阻值能达到200 Ω），显著的电阻温度效应会提高传感器的灵敏度。采用基于 MEMS 技术的微加热器作微加热元件，制备基于 MEMS 技术的低功耗甲烷催化燃烧传感器现已成为甲烷催化燃烧传感器研究的一个重要发展方向。其结构为在加热区上先涂覆一层薄膜基底，然后在基底上涂覆催化剂层。但这种微加热器的加热区面积很小（大约0.01 mm²），只有传统催化元件的1%左右，由此带来催化剂负载量小、测量过程中甲院催化燃烧产生的信号强度弱、信噪比较小、难以实用化等一系列问题。

MEMS 技术开启了低功耗传感器尤其是微型热式传感器的新途径。针对矿山物联网便携装备对低功耗传感器的迫切需求，中国矿业大学物联网（感知矿山）研究中心开展了新型甲烷传感元件的研究，设计加工了用于催化燃烧式传感器的悬臂式微加热器，如图 10-8 所示。该微加热器采用绝缘体上硅微机电系统（SOI-MEMS）工艺加工制备，具有功耗低、响应时间短、抗机械冲击、运行寿命长的特点，同时还不受催化剂的影响，由此而具有抗中毒、积碳和高浓度甲烷冲击，以及灵敏度稳定性高的特点，实现了低浓度甲烷传感器的突破，为低功耗智能传感器在矿山的大规模推广提供了可能。

现有甲烷传感器普遍存在功耗大、功能单一、精度不高等一系列缺点，而且由于采用模拟电子技术，造成系统的抗干扰能力和智能化程度都比较低。因此，研制一种便携、多功能、高精度和抗干扰能力强的高可靠性甲烷检测仪是提高煤矿安全生产水平的前提。

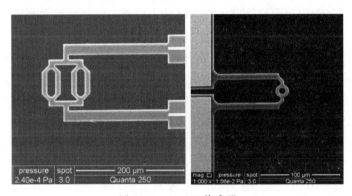

图 10-8　MEMS 传感器

催化燃烧式传感器是当前煤矿中使用最广泛的一种传感器，无论从报警矿灯、便携式报警仪还是安全监控系统，都广泛使用了这种传感器，占据了煤矿检测仪的主导地位，对煤矿安全生产起到了重要作用。

2. 红外甲烷传感器

红外甲烷传感器是针对监测管道内甲烷气体浓度而研制的一种甲烷气体检测仪。该仪器采用红外吸收、扩散式采样、数字式温度补偿以及一体化尘水分离器等技术实现对气体的检测，适用于煤矿瓦斯抽放管道、抽放泵站、加气站输气管路、发电厂输气管路、城市煤气管路、天然气输气管路等的甲烷气体检测。红外甲烷传感器具有以下几大优势：

（1）选择性好。每种气体都有自己的特征红外吸收频率，在对混合气体检测时，各种气体吸收各自对应的特征频率光谱，它们是互相独立、互不干扰的，这为测量混合气体中某种特定气体的浓度提供了条件。因此，采用红外吸收检测气体具有选择性好的优点。

（2）不易受有害气体的影响而中毒、老化。每种仪器都有自己的测量范围，当待测气体浓度过高地超过测量范围时，会造成载体催化类元件中毒失效，测量结果发生很大的偏差，甚至有时再回到正常浓度也不能正常工作，造成检测元件的永久中毒。

（3）响应速度快、稳定性好。气体检测系统在开机后，都要预热一段时间才能正常工作。采用红外吸收原理检测气体，在开机相对短的时间内就能正常工作。当浓度发生变化时，也比其他检测方法能及时做出响应。某些气体检测方法的检测元件工作时，会因为检测元件发热温度升高等因素使得测量不准确。而红外吸收原理检测气体是采用光信号，自身不会引起检测系统发热。测量系统不会受温度的变化而受影响，系统工作稳定性好。

（4）防爆性好。红外吸收原理采用光信号作为检测工作的信号，它和以往采用的电信号不同，它需要的电压低，在矿井、煤气站等有混合爆炸气体的场合，不会成为爆炸的点火因素，具有较好的防爆性。

（5）信噪比高，使用寿命长，测量精度高。采用红外吸收原理，产生的干扰信号小，有用信号明显，系统的信噪比高；同时系统具有零点自动补偿与灵敏度自动补偿功能，因而不用定时校准，具有使用寿命长的优点。

（6）应用范围广。红外吸收原理除了可以应用于气体检测，在石油、纺织行业中对石油成分和比例分析，纺织产品的定性、定量分析，红外热成像技术，红外机械无损探测探伤，以及物体的识别都得到广泛的运用；在军事上的红外夜视，红外制导、导航，红外隐身，红外遥测遥感技术等方面都取得了很好的效果。

国外使用红外原理检测甲烷浓度的技术已较为成熟，红外甲烷传感器已广泛应用于煤矿井下，对安全生产发挥了重要作用。国外的红外气体传感器产品已经历了由大到小、由低浓度测量到高浓度测量的发展阶段。目前不仅有固定式检测仪表，还有便携式检测仪表，对环境的适应能力在不断提高，工作电流也进一步减小。其代表性产品有英国科尔康公司生产的 CIRRUS 型红外传感器，德国德尔格公司生产的红外气体变送器，美国传感器技术有限公司（IST）生产的 IR 型红外光式传感器。这些产品性能稳定，测量准确，为我国开发矿用红外甲烷传感器从技术上提供了借鉴。通过几年的努力，国内先后开发出了具有自主知识产权的红外甲烷传感器，如煤炭科学研究总院重庆分院研究开发的 GJG10 H 型红外甲烷传感器（图 10-9）、GJG100 H(B) 型红外甲烷传感器和 GJG100 H(B) 型（管道用）红外甲烷传感器等。

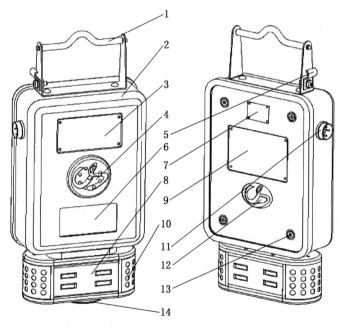

1—提手；2—外壳；3—前铭牌；4—蜂鸣器；5—压线夹；6—显示窗；7—煤安标志牌；8—探头气室
9—后铭牌；10—报警灯；11—电源/通信；12—"CS"标志；13—后盖螺钉；14—标定盖

图 10-9　GJG10H 型红外甲烷传感器外形结构示意图

红外甲烷传感器检测原理如图 10-10 所示。首先由单片机通过控制电路调制红外光源发出一定频率的红外光，红外光通过充有待测气体的光学气室，到达两片波长完全不同的滤光片，一路探测滤光片允许目标气体特征吸收波长的光通过，另一路参比滤光片允许不可能被目标气体吸收的红外光通过。经过滤光片筛选的红外光最终到达红外线探测元件转换为电信号，由后部滤波放大电路处理后输入到快速多路 AD 转换器。由于红外线检测受温度影响很大，所以需要温度补偿。

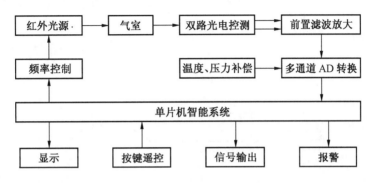

图 10-10 红外甲烷传感器检测原理

10.1.4 煤矿井下分布式数据采集模型和监测系统架构

现有煤矿系统中，矿工属于被动感知环境状态。矿井中，温度等信息由固定监测点传送到调度室，当振动数据超限后，调度室再以有线或无线通信方式通知矿工，矿工无法实时获取周围的环境信息，也无法构建井下人员定位和无线联络系统。

中国矿业大学物联网（感知矿山）研究中心研发了一种智能矿灯，该智能矿灯中安置了低功耗传感器。在矿山物联网系统中，由于矿工在井下行走，各个智能矿灯构成了井下分布式移动振动数据采集装置。移动振动数据采集装置（简称为移动检测仪）周期性采集井下振动数据，并通过无线接入点将测量数据传输到上位机中进行存储和分析。因此，移动测量数据格式应包括以下参量中的一种或几种：

```
struct gas
{char CoalMineNo; /＊煤矿编号＊/
int APNo; /＊无线接入点（AP）编号（或地址）＊/
char location; /＊测点物理位置＊/
float data_gas_sample; /＊测点浓度（数据采集值）＊/
float time_gas_sample /＊测点浓度数据获取时间＊/
}
```

根据移动检测仪测量数据，就可以描绘出井下立体空间随时间变化曲线。

矿灯作为测量的载体，除了担负感知周围环境任务，还担负照明功能，以及应急通信功能。根据《煤矿安全规程》，矿灯要最低能连续正常使用 11 h，而矿灯是否低能耗应用是其能否满足使用时限的重要制约因素。因此，存在移动检测仪测量和传输数据时如何降低能耗的问题。

同时，在矿山物联网架构下，由于智能矿灯的使用，矿井出现了大量移动检测仪，使得矿灯的调教和校准工作量剧增，因此出现智能矿灯中传感器数据修正问题。

　　根据矿山物联网架构，构建煤矿井下分布式移动振动数据流采集系统架构如图 10-11 所示。

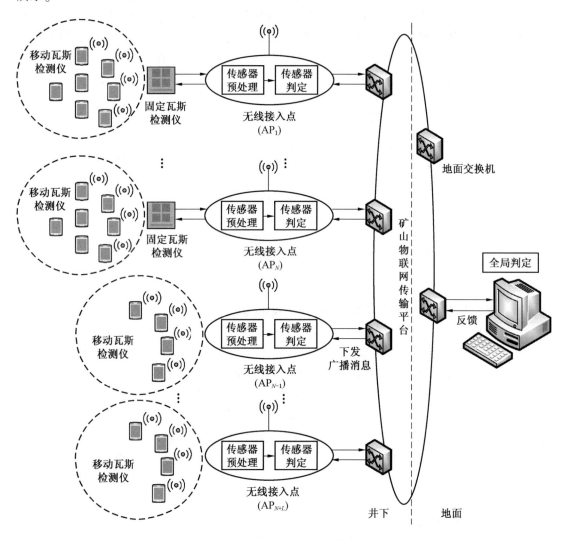

图 10-11　监测系统架构

　　图 10-11 中，无线接入点通过工业以太网与上位机相连，移动检测仪通过无线方式与无线接入点相连，由此构建了井上下有线、无线一体化网络监测监控平台。假设矿井中安装有 N 个固定检测仪，为了便于比较固定检测仪与其周围移动检测仪测量数据之间的关系，需在每一固定检测仪旁加装一个无线接入点，并且无线接入点与固定检测仪采用短有线方式连接，电源线共用，这样保证无线接入点和固定检测仪处于同一空间点上。

　　无线接入点作为一个智能网关，需预先编入具有简单传感器预处理单元和传感器判定单元功能程序。佩戴具有检测功能智能矿灯的工人在井下行走时，当其途经固定检测仪时，其检测的移动监测数据传入与固定检测仪相连的无线接入点，无线接入点同时收集固定检测仪检测的数据和途经无线接入点的移动检测仪检测的数据，经简单处理和判定后，通过井下交换机、矿山物联网传输平台、地面交换机上传到地面工作站。可以认为此时移动检测仪和固定检测仪监测的是同一空间、同一时刻的数据，因而可将两类数据合在一起进行比较和分析。

对于没有安装固定监测仪的无线接入点，无线接入点则仅将接收到的移动检测仪监测的数据，经简单处理和判定后，上传到地面工作站。

地面工作站对收集到的不同无线接入点上传的数据进行全局判定。每一个无线接入点基于自己的局域探测独立完成同一数据汇聚任务，并将数据汇聚结果传送到地面工作站。地面工作站将综合全局判定，结果以广播形式下发到每一个无线接入点（无线接入点 1 至无线接入点 $N+L$），无线接入点负责通知附近移动检测仪以及与之相连的固定检测仪。

通过利用邻近固定检测仪检测数据对移动检测仪检测数据进行相关性分析处理，对移动检测仪检测数据进行置信度分析。当置信度降低时，通过矿山物联网传输平台和无线接入点对移动检测仪中的传感器进行修正，以减轻大量移动检测仪传感器需要调校的工作量。由于校验结果以广播形式下发到每一个无线接入点，无线接入点负责通知附近移动检测仪以及与之相连的固定检测仪，一般情况下每一个移动检测仪都会被某一个无线接入点关联，从而保证校验信息不丢失。当矿工行走至非法区域或由于当前区域未布设无线接入点时，移动检测仪可修正信息的接收，采用机会通信模型进行。

10.2 矿山物联网突水灾害与预警技术

我国是世界上矿井水害最严重的国家之一，采煤工作面和巷道顶底板隔水层的岩溶承压水所造成的突水事故占我国矿井水害事故的 30% 以上。由于地下矿井的开采深度和强度不断增大，大规模的煤炭开发导致的开采条件也越来越多样性，造成了水压、水温和地下应力的不断增大，有的地区的水压甚至达到了预警线，严重威胁到人员的安全。随着时间的推移和开采强度的不断扩大，矿井水灾问题将变得越来越严重，矿井面临的安全问题也越来越突出。水灾对矿井造成的破坏是毁灭性的，由于水灾发生的预测性难，一旦水灾发生，不仅会造成矿井人员的严重伤亡，造成难以估算的损失，同时还会对矿井造成难以修复的结局，造成的经济损失更是不言而喻。更有一个明显的问题就是水灾造成的矿井灾害抢救难度大，一旦产生水灾，基本上很难在有限的时间内挽回人员的生命和经济损失。所以说水害是影响矿井安全的非常重要的问题之一，对于矿井突水预警技术的研究，能够高效准确地提取现场的参数信息，并发给地面上的主站处理系统，使得矿井人员能够实时准确地获取矿井下的水文信息，并准确做出判断。

矿井底板突水包括两种方式：第一种是薄层的整体破裂；第二种是厚层的局部破裂。在矿井底板下方有一层阻水层，也就是说地下水首先会经过阻水层才会达到底板。所以，煤炭底板层的阻水能力首先表现在阻水层的阻水能力上。

对于阻水层来讲：①如果阻水层比较薄，随着煤炭不断地开采，阻水层上层受到的压力逐渐减小，而阻水层下层因为不断受到水的冲击和压力，当上层压力抵抗不住下层的水冲击压力时，就会导致矿井突水，造成灾害；②如果阻水层比较厚，一般有足够的承受能力抵抗来自地下水的冲击，但是不可忽视的是，由于阻水层岩石不会质地均衡，难免某个地方会出现缺陷，抵抗能力就会大大减弱，特别是裂隙和空洞部分。

根据水力压裂的力学原理可知，当某个裂隙或空洞受到地下水的不断冲击，这个裂隙或空洞会不断地扩大，裂隙或空洞的扩大造成的危害表示整个阻水层的承受能力不断减弱，日积月累，裂隙或空洞扩大到使得整个阻水层的承受能力无法再抵抗地下水的压力，便会形成突水。从两种底板突水的方式上来讲，第一种造成的突水会比较快而且影响的面积比较大；第二种造成的突水在形成突水之前影响是逐渐累积的，直到整体的损伤达到了一定程度，才会导致突水。结合矿井突水的两种方式以及各种矿井突水事故的原因总结可知，任何一次的矿井突水都不是一个突变的过程，而是经过了一个问题从产生到发展，从小到大，从量变到质变的过程；而且各个阶段或是在其发展的过程中都会呈现出不同的表象和预兆。所以说，矿井灾害的发生是有规律可循的，如果能够及时有效地监测各类矿井突水的参数信息，并实时分析和整合，便可以实现矿井突水的提前预测，这样便可以做好各类防范措施，避免人员的伤亡和经济的损失。所以，通过对矿井突水灾害的地质结构、水文信息等各种影响因素进行综合分析，分析总结矿井突水的内在原理，并总结出导致矿井突水的主要因素，将这些关键因素和参数信息转换为矿井突水灾害的预警参数，集合各类参数，建立预警体系，结合矿井参数信息采集技术、数据分析技术、数据传输技术等，便可设计开发出矿井突水预警系统，通过对系统进行工业性的试验已确定系统的可用性，便可以真正实现矿井突水灾害的提前预测和报警，为防范和治理矿井突水灾害提供准确有效的参数信息。

10.2.1　矿井突水的分类

常见的煤矿井下突水灾害主要分为地表水灾害、孔隙水灾害、裂隙水灾害 3 种。

1. 地表水灾害

地表水灾害是指在矿井的周围若存在河流、湖泊、水渠、鱼塘等地上表面的积水，或是持续下雨造成的低洼处的积水，当这些地方的积水水位上涨，并慢慢高过矿井井口时，这些积水就会灌入矿井中。除此之外，由于地表裂隙、空洞和塌陷造成积水渗入井中，这些都归属地表水灾害。根据其危害的方式可以分为以下几种。一是持续的降水造成河流、湖泊、水渠、鱼塘的水位不断攀升，若攀升幅度超过井口高度，便会形成水灾；另外，河流、湖泊、水渠、鱼塘底部由于各种固体物的堆积也会造成水位的攀升，导致水灾。二是由于地表会存在各种裂隙、空洞或是塌陷，如果有大量的水存留于此，随着时间的累积，这些裂隙、空洞或是塌陷的程度和面积会随着水的不断渗透和冲击而扩大，扩大到一定程度就会渗入矿井中，造成淹井。三是地表水与煤层顶底板的含水层如果有断层或是裂隙，水也会慢慢渗透，随着时间推移，顶层的承受能力不断减弱，也会产生突水，造成矿井灾难。

2. 孔隙水灾害

孔隙水灾害是指有的煤层周围是被各种松软的砂层、卵石层、黏土层所包围或覆盖，这类岩层渗水能力非常好，在煤层开采的过程中，如果事先考察煤层时没有仔细或是准确地搞清楚煤层的实际情况，可能会在后期开采过程中加设的煤岩柱的数量不够，对煤层周围的其他包围层的承受能力就会大大减弱，特别是随着水的不断渗入，这些外围层的压力会不断增大，最后造成塌陷和水的渗入，产生矿井水灾。

3. 裂隙水灾害

裂隙水灾害是指那些煤层顶部或是周围虽然是被厚重的岩石层所包围，但是不可忽视的是这些岩石层并不是密封或是牢不可破的，里面包含着各种裂隙，如果有水渗入，随着时间的累积，这些裂隙会被冲击得越来越大，岩石层的抗压能力自然就会慢慢减弱，直到最后再也无法承受外界水的压力，造成突水。

10.2.2 矿井突水的发生条件

由实际经验和总结分析可知，矿井周围的大量水源只是构成矿井水灾的间接威胁，这些水源能否进入矿井，还需要一个重要因素，就是充水水道，充水水道是指水源进入矿井的必经之道。充水水道是多种多样的，每种类型的水灾都对应了一种类型的充水水道。所以，在煤矿开采初期或是开采之前的勘查中，针对矿井周围的水源进行充分的考察，并能详细勘查出各种充水水道的存在，是一种防止矿井突水非常有效的方法。矿井突水的发生往往伴随着下列条件。

1. 构造断裂带和接触带

构造断裂带和接触带是威胁矿井突水的重要因素之一，从我国实际的煤矿情况分析可知，我国很多煤矿周围存在着各种各样的断裂带和接触带。这些断裂带和接触带一旦在其周围存在着大量的水，这些水就会慢慢地渗入，更严重的是，水的不断渗入和冲击会加大断裂带的断裂程度，使其渗水的能力不断增大，这就慢慢地变成了充水水道，对矿井安全产生直接的威胁。除了水的渗入，断裂层的岩石不断破碎也会造成断裂带的整体结构不断被破坏，裂隙的扩大便会形成充水水道，所以充分勘查和掌握好矿井周围的断裂带对预防矿井突水有着重要的意义。

2. 导水陷落柱

我国北方有的煤矿的底部是属于可溶岩体性质的底层，这些可溶岩体如果遇到水的不断冲击，便会慢慢形成巨大的岩溶空洞，岩溶空洞的产生对上层煤层的支撑能力便会大大减弱，一旦这些支撑上层煤层的导水陷落柱无法再支撑煤层，煤层便会塌陷，下层的水便会渗入，造成矿井灾害。

3. 采矿造成的裂隙通道

由于煤矿普遍存在于地下，在煤矿的不断开采过程中，煤层的空洞就会越来越大，但是煤层上面是存在岩层和地表层的，如果空洞不断增加，那么原本支撑上层岩层和地表层的力量就会慢慢失去平衡，上层就会逐步出现断裂或是裂隙，这些断裂或是裂隙一旦产生，就会导致岩层上方的水渗入进来，水的渗入加快了断裂或裂隙程度的加深，直到最后形成良好的充水水道，充水水道的形成便会慢慢使得上层无法承受水的进入，水便会大量涌入矿井中，造成突水。

4. 封闭不良的钻孔

在煤矿的勘查和建矿初期，需要在矿井内打下很多的钻孔，这些钻孔往往非常接近水层，如果处理不当，水会直接渗透到矿井内；另外，有些钻孔会深入断裂层或是裂隙内，使得断裂层或是裂隙中的水有了良好的通道进入矿井中，与此同时，这些钻孔还会导致底层的承受能力减弱，严重影响到矿井的安全。因此，施工完成后需要对钻孔进行封闭，以避免对矿井安全产生威胁。

10.2.3 矿井分布式突水监测系统

矿井分布式突水监测系统结构如图 10-12 所示。井上部分主要由以太网、服务器、交换机、上位机和配套软件系统构成；井下部分由采集节点、路由节点、汇聚节点组成。

采集节点部署在钻孔处，由电池供电，采用定时和超限发送的工作模式。在定时发送模式下，采集节点每 3 min 发送一次数据；在超限发送模式下，当采集数据超过设定阈值时立即发送，从而最大限度地降低节点功耗，保证及时获取报警信息。采集节点可通过自身携带的液晶显示模块显示当前监测值，方便井下工作人员实时查看各个监测点的水文参数。路由节点负责将采集节点传来的监测数据进行数据融合，并通过多跳方式传送至汇聚节点。路由节点由本质安全型电源供电。汇聚节点将路由节点的数据传送至上位机进行显示及分析。汇聚节点由本质安全型电源供电。

　　传感器组网采用 ZigBee 体系。考虑到井下密集多径、空间狭小、介质不均匀的特殊环境，系统采用簇状-树形网络拓扑结构。

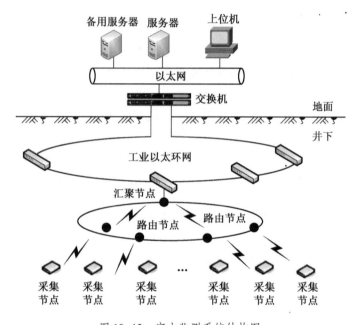

图 10-12　突水监测系统结构图

1. 硬件设计

　　路由节点负责将簇内若干采集节点监测的参数进行汇总，通过数据融合以及多跳传送至汇聚节点。路由节点通过找寻、建立和修复网络报文的路由信息，可有效地延长网络覆盖范围。汇聚节点的处理能力和通信能力相对较强，其连接无线传感器网络与有线网络，实现两种通信协议之间的转换，同时具有存储转发功能，将收集的数据转发到外部网络，并可发布管理节点的通信任务。采集节点在整个网络中属于终端设备，主要由传感器、采集模块、信号调理电路、处理器模块、电源管理模块以及液晶显示模块组成，如图 10-13 所示。采集节点可根据需要挂接一种或多种水位传感器、水压传感器、采集接口。

　　传感器类型根据现场需求来选取，以水压采集节点为例进行介绍，水压传感器以弹性材料为基体，根据受力形式加工成环、梁、膜、片等形状，在基体上刻蚀、粘贴或溅射 4 个等值电阻，组成一个惠斯通电桥。当基体受压后，电桥失去平衡，输出一个与压力成正比的电压信号。考虑到矿井水文地质条件差异，当钻孔揭露含水层水压高、水位超过孔口标高时，采用表压式传感器，传感器与法兰连接后安装在钻孔上；当钻孔水位低于孔口标高时，采用投入式传感器，将其投入到水下采集水压值。

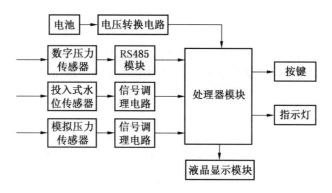

图 10-13 采集节点结构

2. 软件设计

节点软件可实现数据实时采集、定时发送、电池电压监测、液晶屏显示、汇聚节点协议转换等功能。程序开发环境为 IAR Embedded Workbench for MCS，开发语言为 C 语言。采集节点程序流程如图 10-14 所示。协议栈的执行步骤：首先初始化堆栈、I/O、定时器等模块；然后进入循环，执行协议栈的入口函数以及硬件配置文件，通过调用 NLME_ NetworkDiscoveryRequest 协议栈检测采集节点附近是否有网络存在，若有则调用 NLME_ OrphanJionRequest 加入该网络；接下来通过 bindAddClusterIdToList（）函数加入路由节点的绑定表；最后进行周期性采集应用程序。

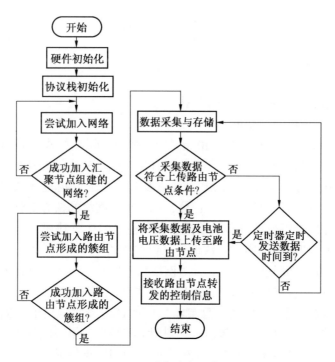

图 10-14 采集节点程序流程

路由节点的主要功能是允许其他设备加入网络及多跳路由。路由节点的软件程序同样是通过硬件、协议栈初始化后，调用协议栈函数 NLME_ NetworkDiscoveryRequest 和NLME_

OrphanJionRequest 加入网络。路由节点定义了一些相关命令和属性的集合簇，采集节点通过绑定命令加入簇。绑定建立之后，路由节点将簇内节点发来的数据进行汇总，向汇聚节点传输，同时进行液晶显示。汇聚节点负责网络的启动和配置。其上电后建立（个人局域网 PAN），之后进行 Zigbee 协议与以太网协议的相互转换。协议转换程序的基础为 SPI 读写程序。

3. 上位机软件设计

上位机软件基于 Visual Studio 开发平台设计，采用 C/S 架构，开发语言为 C#. net，数据库采用 SQL Server2005，客户端监测界面采用 Windows 呈现基础技术实现。系统监测数据可在上位机显示和存储，显示方式为动态曲线、监测点位置图和网络拓扑图，内容包括节点采集的实时数据和节点工作状态数据。采用关系型数据库结构，设计了监测区域、监测点、监测值等 7 个数据表结构，可通过系统客户端软件进行数据显示、数据分析、数据存储、图形动画显示。软件功能结构如图 10-15 所示。

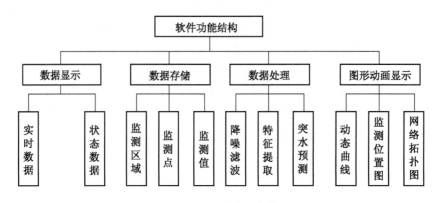

图 10-15　软件功能结构图

10.2.4　基于 BP 神经网络的突水预测模型

BP 神经网络（Back-propagation Neutral Network）是基于误差反向传播算法（BP 算法）的多层前向神经网络，采用由导师学习的训练方式，是 J. L. McCelland 和 D. E. Rumelhart 以及研究小组在 1986 年研究设计出来的算法。神经网络学习算法中实际应用最为广泛的是 BP 算法，目前应用 BP 算法以及其变化形式构造神经网络学习模型最为广泛，它体现了神经网络最为经典的一部分，也是神经网络的核心部分。

BP 神经网络非线性特征可以实现数据输入和输出的任意映射，这使得它在许多领域得到了广泛的应用，如模式识别、函数逼近、数据压缩等领域。BP 神经网络的学习过程按照有导师的方式进行网络学习训练，分为网络输入信号正向传播和误差信号反向传播两种形式。在正向传播中，输入数据从输入层经过隐含层逐步计算结果，将其传向输出层，网络的训练过程中输入模式的网络信息与输出层的各神经元输出值对应；在学习的过程中，若输出层得不到预先设定的期望输出，则网络按减小期望输出与实际输出的误差理论原则，误差传播进入反向传播，即开始从输出层经中间层再传回输入层，这样层层修正各连接权值和学习误差。随着误差逆向传播不断进行训练，其在此学习过程中网络的输入模式响应正确率不断提高，这样不断地循环直到训练次数达到预先设定的训练次数或误差信号达到允许的范围之内，则网络训练结束。

BP 网络是一种单向传播的多层前向网络，网络结构由输入层、隐含层和输出层组成，其中隐含层可以是多层也可以是一层，层与层之间的节点通过网络权值相连接；输入层和隐含层之间的激活函数通常为 Sigmoid 型，隐含层与输出层间的传递函数一般采用线性函数，网络结构如图 10-16 所示。

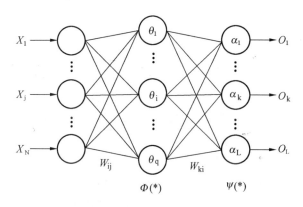

图 10-16　BP 神经网络结构图

设 BP 网络的输入层、中间层和输出层分别有 NI、NJ 和 NK 个神经元。中间层第 j 个神经元的输入为

$$\mathrm{net}_j = \sum_{i=1}^{NI} w_{ij} o_i \quad j = 1,\ 2,\ \cdots,\ NJ \tag{10-8}$$

式中　w_{ij}——输入层中第 i 个神经元到中间层第 j 个神经元的权值；

　　　o_i——输入层中第 i 个神经元的输出。

输出层第 k 个神经元的输入为

$$\mathrm{net}_k = \sum_{j=1}^{NJ} w_{jk} o_j \quad k = 1,\ 2,\ \cdots,\ NK \tag{10-9}$$

式中　w_{jk}——中间层中第 j 个神经元到输出层第 k 个神经元的权值；

　　　o_j——中间层中第 k 个神经元的输出。

输入层、中间层和输出层的输出分别为

$$o_i = \mathrm{net}_i = x_i \tag{10-10}$$

$$o_j = f_j(\mathrm{net}_j,\ \theta_j) = \frac{1}{1 + e^{-(\mathrm{net}_j - \theta_j)}} \tag{10-11}$$

$$y_k = o_k = f_k(\mathrm{net}_k,\ \theta_k) = \frac{1}{1 + e^{-(\mathrm{net}_k - \theta_k)}} \tag{10-12}$$

式中　θ_j、θ_k——中间层第 j 个神经元和输出层第 k 个神经元的阈值。

BP 网络的训练采用基于梯度法的 δ 学习律，其目标是使网络输出与训练样本的均方误差最小。设训练样本为 p 个，其中输入向量为 $x^1,\ x^2,\ \cdots,\ x^p$；输出向量为 $y^1,\ y^2,\ \cdots,\ y^p$；相应的教师值（样本）向量为 $t^1,\ t^2,\ \cdots,\ t^p$，则第 p 个样本的均方误差为

$$E^p = \frac{1}{2} \sum_{k=1}^{NK} (t_k^p - y_k^p)^2 \tag{10-13}$$

式中　t_k^p、y_k^p——第 k 个输出神经元第 p 个样本的教师值和实际输出值。

输出层的权值调整为

$$\Delta w_{jk}(n+1) = \eta \delta_k^p O_j^p + \alpha \Delta w_{jk}(n) \tag{10-14}$$

$$\delta_k^p = (t_k^p - y_k^p) f'_k(\mathrm{net}_k^p) \tag{10-15}$$

式中　　η——学习率；

　　　　α——动量因子。

中间层的权值调整为

$$\Delta w_{ij}(n+1) = \eta \delta_j^i O_i^p + \alpha \Delta w_{ij}(n) \tag{10-16}$$

$$\delta_j^p = f'_j(\mathrm{net}_j^p) \sum_{k=1}^{NK} \delta_{pk} w_{jk} \tag{10-17}$$

阈值的调整与权值相类似，不再赘述。

BP 神经网络具有以下两点局限性：

（1）训练时间长，收敛速度慢。BP 算法对样本进行逐个学习时，网络易出现遗忘现象，即"学了新的忘了旧的"，因此网络需对样本不断循环重复学习，这样导致算法的学习时间自然加长。一般来讲，较为简单的问题，采用 BP 神经网络进行训练通常需迭代几千次，甚至上万次才能达到收敛，故该算法不适宜于处理海量数据。

（2）易陷入局部极小点。BP 算法就本质而言，采用梯度下降法对网络的权值和阈值进行调整，这使得网络容易陷入局部极小点，且可能出现求解的问题后得不到目标最优解。

为了建立煤矿突水预测 BP 网络模型，与突水相关的众多因素需要全面统计和分析。虽然这些因素综合作用导致矿井发生事故，已被矿井水文地质工作实践所证实了，但是目前尚难以用精确的数学语言来描述矿井突水与诸多因素之间的关系。模型中含水层方面的条件考虑了含水层水压、厚度、水源、含水层与工作面距离这些因素；开采方面的条件考虑了煤层采高、工作面走向长度、工作面面积、倾角这些因素；构造方面的条件考虑了有无构造、构造充水性、构造类型（陷落柱、断层、断裂带）、断层落差这些因素；而岩性组合条件则考虑了矿井主要充水含水层与工作面间砂性岩、灰岩、泥性岩及其他岩段的厚度百分比。所有这些因素构成了预测模型的 18 维（本模型选定突水影响因子 18 个）输入变量，模型的输出则为是否突水。突水特征模型如图 10-17 所示。

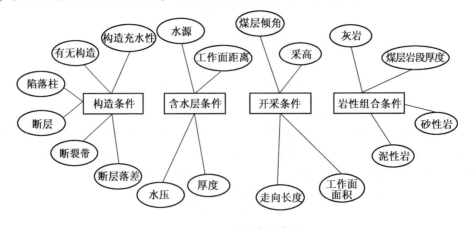

图 10-17　突水特征模型

在进行突水预测之前需要对预测模型的网络结构进行设置，采用三层神经网络来建立模型。根据上述影响煤矿的 18 个突水因子，确定输入层的神经元个数为 18 个；网络的输出层结点个数为 1，对应矿井是否突水。神经网络模型如图 10-18 所示。

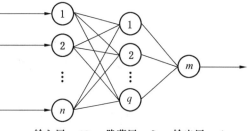

输入层 $n=18$　　隐藏层 $q=9$　　输出层 $m=1$

图 10-18　神经网络模型图

10.3　矿山物联网矿震灾害与预警技术

煤矿冲击地压是引发矿山灾害的一种重要诱因。冲击地压是指由于煤矿开采活动造成矿山井巷或工作面周围岩体承受较大的应力而集聚大量的势能，这些势能的瞬时释放造成岩层断裂、地层破坏失稳，常常会产生突发的、剧烈的作用，伴有煤岩体抛出、巨响及气浪等现象，具有很强的破坏性。目前，对于冲击地压的实时监测主要有电磁辐射法、声发射法（地音法）、微震法等，并已开发出基于不同方法的监测系统。但这些冲击地压监测均存在以下问题：

（1）它们都是从某个单一方面来监测冲击地压，只能接入单一类型的传感器。然而矿山的冲击地压成因复杂，产生的信号蕴含比较丰富的信息，因而应该同时进行多种参数的监测。但目前尚没有这样的多参数同时监测的系统。为了达到对多种参数综合监测的目的，不得不同时使用多个监测系统，如目前已使用的系统分别有声发射监测系统、SOS 微震监测系统、钻屑法、电磁辐射监测系统等。成本的高昂使得绝大部分矿山都放弃安装多套系统。

（2）即使使用了多套冲击地压监测系统，由于这些系统监测的数据不能融合到一个系统中，因此，并不能用软件对这些数据进行综合处理，只能分别由人工进行相关的说明。

（3）目前已有的冲击地压监测系统均为集中监测式系统，即都是由地面主机，通过多路专用电缆下井，每根电缆接一个传感器，通常监测通道数有限，如 4 路、8 路、16 路等。由于这些监测系统通道数的限制，测量通道的扩展受到影响，不能随着煤矿开采的需要任意扩展测量数量，不方便使用。

（4）不利于今后应用的扩展。当今后出现新的矿山冲击地压监测方法时，集中式监测系统不能将新的监测传感器及方法融入监测系统里面，因而不能进行功能扩展应用。

物联网的理念给各行各业网络化监测与控制带来了革命性的变化。基于矿山物联网的分布式冲击矿压监测系统，是一种无须重新布置通信网且系统通道数及监测信号种类几乎不受限制的冲击地压监测方法。系统利用煤矿已有矿山物联网传输平台（通常是无线感知层网络+工业以太网主干网），采用多种类型网络化传感器，同时进行多种冲击地压现象的监测。所有类型的传感器均可直接接入物联网传输平台，利用 IP 进行寻址，传感器数量和测量通道数几乎不受限制。监测主机从物联网传输平台中读取相关数据，通过专用的冲击地压监测应用软件进行信息融合和冲击地压趋势分析。

10.3.1　分布式冲击地压监测系统组成

基于矿山物联网的分布式冲击地压监测系统的组成如图 10-19 所示。系统由监测主机、物联网应用平台、物联网传输平台、网络化传感器等组成。

网络传感器分别有电磁辐射传感器、声发射传感器、微震传感器及其他类型的矿山冲

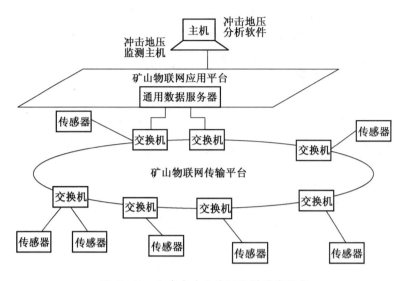

图 10-19 分布式冲击地压监测系统组成

击地压监测传感器。传感器中的电路对电磁信号、声发射信号和微震信号进行放大、滤波处理，数字化后转换成以太网数据格式。这些传感器分别根据监测需要布置安装在煤矿井下监测点，并直接连接到矿山物联网主干传输网络。

主干传输网络大都采用 1000M 工业以太网，交换机为主干传输网络上的节点。对于无线连接的传感器，可通过无线接入网（WiFi 或 WSN）再连接到主干网。通过物联网传输平台，从传感器来的数据进入矿山物联网应用平台的通用数据服务器。

应用平台是矿山物联网通用的数据处理平台，由网络传感器采集电磁信号、声发射信号和微震信号等在应用平台里进行统一的处理，如滤波、定时分析、报警设定、报表处理等。

冲击地压监测主机从应用平台提取所需要的经过初步处理的电磁辐射信号、声发射信号和微震信号等，并结合其他矿压信号进行计算、分析和震源的定位。

10.3.2　分布式传感器

网络化传感器如图 10-20 所示，包括 3 种不同类型的传感器，分别为电磁辐射传感器、声发射传感器、微震传感器。传感器头均是外购器件。3 种传感器监测的信号具有不同的频率特性，电磁辐射信号频率最高，通常在 5 kHz 以上，一般取 60 kHz 以下；声发射信号的频率通常在 60 Hz 到 5 kHz 之间；而微震信号的频率最低，在几十赫兹以下。因此，3 路信号的放大器分别采用不同带宽的信号放大器。

PIC18F97J60 单片机具有 64 K 闪存程序存储器，39 脚 I/O 口。该单片机除具有一般单片机的开关量输入输出、逻辑运算等功能外，还具有 11 通道的 10 位模数转换器模块（A/D）采样功能。特别是芯片内嵌入了 IEEE 802.3 兼容的以太网控制器和 MAC 接入层、10Base-T 物理层，以及专用的 8 KB 发送/接收缓冲器 SRAM 等，可方便地实现 10 M 以太网通信。电路中的 LEDA 和 LEDB 用于指示以太网通信状态。

3 路信号分别放大后经单片机的 AN2～AN4 口输入到单片机，进行实时数据采集，变成数字信号，存在单片机的以太网通信缓存 SRAM 中，以供网络查询。以太网口的通信通

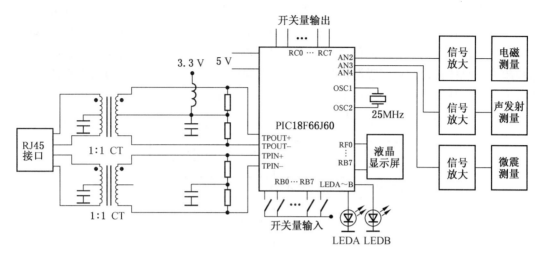

图 10-20 分布式传感器功能框图

过 TPOUT 和 TPIN 实时传送，CT 是专用的以太网通信脉冲变压器，与 RJ45 接口为一体化器件。

如上所述，冲击地压各种信号频率在 60 kHz 以下，根据 PIC 单片机采样频率计算公式：

$$f = 25000000/(\text{ADCS}+1)/(\text{SAMC}+1) = 25000000/(4+1)/(19+1) = 250 \text{ kHz}$$

$$(10\text{-}18)$$

最高采样频率可达 250 kHz，这样如平均分配到 3 路信号，则每路信号的采样频率约为 83 kHz，不能保证 60 kHz 信号的采样要求。实际中采取非均匀分配采样技术，即频率高的电磁辐射信号采用高的采样率，而其他信号采用较低的采样率，以满足对冲击地压信号动态采样的要求。

分布式网络化传感器提供 8 个本地数字量输入口和 8 个数字量输出口，供煤矿井下本地的开关量监控使用。采用了一块可选用的液晶显示屏接在 PIC 单片机的 RF0~RF7 口上，在传感器现场调试时使用，以显示调试信息。

10.3.3 分析处理应用软件

监测信号经矿山物联网平台传输到应用平台后，由监测主机中的冲击地压分析应用软件来进行分析，该应用软件的主要功能如图 10-21 所示。目前，软件中仅考虑了对常用的电磁辐射、声发射、微震 3 种信号的分析。每个传感器监测信号的种类、时间、地址均打包在 IP 数据包中，以供软件进行不同类型信号的处理。由于各种冲击地压信号事件的特殊性，首先需要对各种不同类型的信号进行基本特征分析和处理，以区别各种信号的特征。最基本特征有事件发生的时间，这对于进行震源定位非常重要。还有震动信号的频率，一般认为 5 kHz 以上为电磁辐射信号，传播距离较近；声发射信号在 60~5000 Hz 之间，适合中距离传播；微震信号的频率在 60 Hz 以下，适合在地层中远距离传播。再次是振铃持续时间和衰减速度等。因此，事件基本特征处理中首先对各类信号进行时间提取和滤波处理。

这些特征包括各种事件的包络特征、频数、发生时间、持续时间、频率变化、大事件计数、小事件计数；在这些特征分析的基础上进行事件相关性分析。事件相关性分析主要是用于确定来自不同传感器的信号的确是同一个事件的信号。有了上述分析结果，然后对本次冲击地压事件的 3 种不同信息（电磁信号、声发射和微震）进行数据融合，提取冲击地压事件的总体特性，进行震源定位，对事件的强度、发生频次、总体包络上升速率、各种频率成分在地层及岩层中传播的规律、衰减特性、冲击地压趋势等进行分析，最终以报表、图形及三维形式输出分析结果。

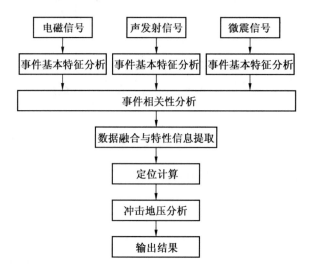

图 10-21　应用层分析处理软件主要功能

10.3.4　分布式矿震监测系统特点

　　基于矿山物联网架构的分布式冲击矿压监测系统，与其他单一功能的集中式冲击地压监测系统相比，本系统具有如下特点：

　　（1）分布式监测系统集成了目前常用的几种冲击地压监测方法，有利于从传感器层一直到信息集成层等多个层次实现多种监测手段的信息融合，方便对冲击地压的成因及其发展趋势进行更为充分的说明。

　　（2）利用矿山物联网已有的网络传输平台，无须布置专用传输网络，监测点的传感器只需要就近连接到交换机，实现灵活方便的分布式测量。

　　（3）从系统原理可见，分布式监测系统的通道数仅受 IP 地址的限制，如果采用 IPv6 体系，理论上可以无限扩展。彻底克服了普通冲击地压监测系统通道数受限的问题。

　　（4）网络化监测基于统一的监测方式，传感器种类不受限制，有利于多种传感器同时测量，使得冲击地压监测系统的种类几乎不受限制。

　　（5）矿山分布式测量是"网络就是仪器"概念的具体实现。改变了传感器通过专用电缆直接接入测量仪器的传统方式，符合国际测量技术发展方向。

　　（6）分布式测量系统有利于今后应用的扩展。当出现新的矿山冲击地压监测方法时，本监测方法的开放性可以将新的方法融入监测系统里面来，进行功能扩展应用非常方便。

　　（7）多种信息进行信息融合和冲击地压趋势分析，解决了现有冲击地压监测系统中大量有用信息丢失的问题。

可见，这些特点有效解决了传统冲击地压监测系统存在的问题。此外，系统可以采用大量冗余的传感器，使监测信息更为丰富、可靠。本系统的分布式监测也代表着矿山物联网环境下矿山灾害监测的发展方向。

10.3.5　微震传感器的无线电能传输

分布式微震传感器的工作时间一般都很长，传感器节点自身携带的电池往往无法满足煤矿的长期工作需求，需要经常更换节点，增加了人力和物力的开销。为确保分布式监测网络能够有效正常运转，往往是采用无线电能传输方式对传感器节点进行充电。

1. 无线电能传输井下应用模型

煤矿井下空间狭小、环境复杂，将无线电能传输装置的发射端安装在煤矿井下周期性移动的设备（如机车、猴车等）上，将接收装置安装在需要充电的无线传感器节点上，如图10-22所示。因为用于运输煤炭的机车、运输人员的猴车等移动设备会经常出现在煤矿井下的生产和运输等各个位置，其活动范围可以覆盖无线传感器网络的各个无线传感器节点。因此，利用安装在机车和猴车上的无线电能传输系统的发送装置，可以不断地给无线传感器节点进行电能补充，提高无线传感器节点的续航能力，从而保证无线传感器网络的稳定运行。

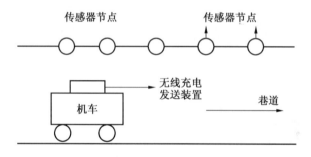

图10-22　井下无线电能传输系统应用模型示意图

2. 磁耦合谐振式无线电能传输系统构成

磁耦合谐振式无线电能传输系统由能量发射端和能量接收端组成。构成示意图如图10-23所示。线圈的参数对电能传输至关重要，主要有线圈半径、线圈电感、线圈互感等影响因素。

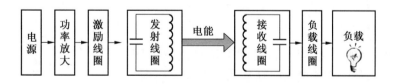

图10-23　无线电能传输系统构成示意图

1）线圈半径设计

为提高无线电能传输系统的传输性能，需要尽可能提高发射线圈的品质因数和使流过发射线圈的电流产生的磁场强度尽可能大。磁场强度与线圈半径 a 以及线圈轴线上传输距离 d 有关。其磁场公式如下：

$$H(a, d) = \frac{I^2 a}{2\sqrt{a^2 + d^2}} \tag{10-19}$$

在实际的煤矿井下应用中，传输距离应该达到 1~2 m，因此，线圈的半径应该为70~140 cm。

2）线圈电感

电流在圆形的线圈中流动不会产生突变且损耗较小。因此，系统线圈均被设计成圆形。设单匝圆形线圈半径为 a，导线半径为 b，当 $a \gg b$ 时，其简化计算公式为

$$L(a, b) = \mu_0 a \left[\ln\left(\frac{8a}{b}\right) - 2 \right] \tag{10-20}$$

式中 μ_0——真空磁导率，取 $4\pi \times 10^{-7}$。

当 $a = 10b$ 时，误差仅为 1.1%，随着 a 和 b 差值的增大，其精度也会随之增高。

与外接的调谐电容相比，线圈的分布电容一般较小，可以忽略不计。

线圈本身的电阻，由欧姆损耗电阻 R_0 和辐射损耗电阻 R_r 组成：

$$R_0 = \sqrt{\frac{\mu_0 \omega}{2\sigma}} \frac{l}{4\pi b} \tag{10-21}$$

$$R_r = \sqrt{\frac{\mu_0}{\xi_0}} \left[\frac{\pi}{12} n^2 \left(\frac{\omega r}{c}\right)^4 + \frac{2}{3\pi^3} \left(\frac{\omega h}{c}\right)^2 \right] \tag{10-22}$$

$$R = R_0 + R_r \tag{10-23}$$

式中 μ_0——线圈磁导率；

ξ_0——真空介电常数；

σ——线圈电导率；

l——螺旋线圈轴向长度；

b——线圈导线有效截面积的半径；

c——光速；

h——线圈螺距；

n——线圈匝数。

由于欧姆损耗电阻在数兆赫兹频率以上，均远大于辐射损耗电阻，因此：

$$R \approx R_0 \tag{10-24}$$

3）线圈互感

空间中两个线圈：线圈 i 和线圈 j 相对位置如图10-24所示。当线圈 i 和线圈 j 同轴且两个互相平行时，将 Neumann 公式经过化简后得到两个线圈之间的互感大小：

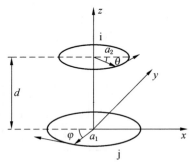

图10-24 同轴且平行的线圈

$$M = \frac{N_1 N_2 \mu_0}{4\pi} \int_0^{2\pi} d\varphi \int_0^{2\pi} \frac{a_1 a_2 \cos(\theta - \varphi) d\theta}{\sqrt{(a_1 \cos\varphi - a_2 \cos\theta)^2 + (a_2 \sin\theta - a_1 \sin\varphi)^2 + d_{12}^2}} \tag{10-25}$$

式中 μ_0——真空磁导率；

a_1、a_2——线圈 i 和线圈 j 的半径；

N_1、N_2——线圈 i 和线圈 j 的匝数；

d_{12}——线圈 i 和线圈 j 之间的轴向距离；

θ、φ——积分因子。

多匝情况可在此基础上进行叠加和修正。

10.3.6 矿震定位技术

矿震定位是矿震监测监控系统中的最基本也是最经典的问题之一。对于地层构造、地震活动，以及灾害预测等问题都具有重大意义。矿震定位计算也称为矿震反演，即使用已经产生和接收到的信息来反推测震动发生前的位置和地层构造情况，在矿震反演中，所需得到的结果参数有震源位置、震动时刻、震级等，这些参数都是通过传感器接收到的信号分析得出，仅是分析的方法不同。矿震定位一般分为 3 个步骤：选定速度模型、使用定位算法建立数学模型、算法评价。

1. 速度模型

根据地球物理中惠更斯原理与斯奈尔定理可知，震动波沿球型表面向各个方向传播，并且在相同介质中的传播速度是相同的，在介质间相交的表面上发生反射和折射，并且折射前后波的传输角度和速度变化仅与两种介质相关。当前国内外研究的震动波速度模型分为 3 种，分别为单一速度模型、层速度模型和网格速度模型。单一速度模型很容易理解，即认为震动波传播的整个区域是均匀介质，因此震动波在其中的传播速度是一致的。层速度模型则考虑地球内部层状地质结构，认为在同一地质层中介质是一致的，将震动波速度按照垂直于地面的方向划分不同的传输介质层，并为每一层定义一个传输速度。而网格速度模型，则是将传输介质更加细致地分成二维或三维的网格，认为每一个单元格中的介质是均匀的，而网格之间介质是不同的，并为每一个单元格赋一个特定的速度值。地层的实际介质环境并不是完全均匀、相同的，大体上按照层序变化，但是每一层中也存在不符合层序规律的"障碍物"，如煤层中可能存在岩石块、裂隙和构造突变等。结合以上分析可以看出，速度模型划分越细致，则对实际情况的反演程度就越好。正如目前的三维网格速度模型，单元格划分越细致，理论上得到的定位结果就越准确，但是同样带来的计算开销也越大，计算所消耗的时间也越长。对于定位精度与速度模型细分所产生的时间损耗之间的矛盾，地球物理方面的学者已有详细的论述。但是无论是何种速度模型，三者所对应的定位测距方法是相似的，区别在于未知参量或者未知变量的数量、算法复杂度不同，但是其反演原理与实现方式是一致的。

2. 矿震定位方法

矿震定位中，影响定位精度的因素有很多，包括速度模型、定位算法模型和传感器阵列布置，目前定位算法的发展，使得各种传感器阵列的位置部署都可以得到良好的数学模型，因此，阵列排布对定位精度的影响也随之降低，相对而言，精度对定位算法的依赖愈加增长。矿震定位算法是一个根据接收到的信息来推导出震动源信息的过程。其中接收的信息是指传感器节点接收到的震动波信号，包括初至时间和振幅相位等，而需要得出的震源参数包括震源位置、震动时刻、震级能量等。从传感器信息到震源参数的映射可以表示为一个数学过程。定位方法有空间几何法和到达时间法两大类，这是根据它们使用的数学模型的不同划分的。空间几何法是通过震源位置相对于传感器的距离和角度来定位的，通过描述一个传感器点接收到的三维垂直正交方向上的信息的差异，可以描述纵波和横波到达时间和振幅的关系，从而确定震源相对于该传感器的角度和距离。此方法所需要使用到三维三分量传感器，监测参数是每个分量上的到达时间和振幅。其优点是只需要一个传感器即可以定位到震动源位置，缺点在于对传感器的性能要求比较高。到达时间法是只通过纵波和横波相对于传感器的到达时间信息即初始信息来实现定位。由于在地层传播介质中，传播时间相比于振幅保留得更加完整，信息更为稳定，因此，到达时间的可靠性比振幅要高。在实际应用中，到达时间法是普遍使用的方法。其原理也较简单易于实现，即通过不同位置传感器对同一次震动活动所获得的到达时间信息的差异来建立一个函数模型，继而通过数学方式判断震源的位置。

矿震定位问题的实质在于求目标函数的极小值，在实际应用中多假设煤岩体为均匀、各向同性介质，此时从震源到第 i 个检波器的时间可由下式确定：

$$(t_i - t_0) = \frac{\sqrt{(x_0 - x_i)^2 + (y_0 - y_i)^2 + (z_0 - z_i)^2}}{V} \tag{10-26}$$

式中　　(x_0, y_0, z_0)——震源坐标；

　　　　(x_i, y_i, z_i)——检波器坐标；

　　　　　　V——均匀介质中波速；

　　　　　　t_i——震波到达第 i 个检波器的时间；

　　　　　　t_0——震源的起震时刻。

显然，式（10-26）中有 x_0、y_0、z_0、t_0 4 个未知量，因此，当有 4 个独立的检波器时便可以解出震源坐标和起震时刻。

遗传算法具有天然的并行性，在迭代过程中，每个模型的适应度计算、变异、交叉等操作都可以很方便地进行并行化改造，符合目前技术发展的趋势，此处选择将遗传算法作为震源定位的求解方法。

遗传算法的单个迭代过程如下：

（1）繁殖。从模型空间随机产生一组模型，称这组模型为父模型，这组模型也是整个算法开始的起点。对这组模型分别计算每个模型对应的目标函数值，根据目标函数值的大小确定每个模型繁殖的可能性，适应度越高的模型具有更大的可能性进行后代的繁殖。

（2）交配。交配的方法模拟自然界中动物的交配，用于产生新的子模型，具有更高适应能力的父模型将有更大的可能性进行交配从而产生具有更优良性能的子代模型。

（3）变异。变异是指把子模型的基因，即待求解变量的描述方式中的某些位进行随机修改。变异与交配的区别是对于交配来说，交配所产生的子模型中的各参数值不会超出各自的边界值，而变异却是随机的，可以产生随机的变化，从这个角度来看，变异是生物体进化的动力，也是遗传算法具有全局搜索能力的动力。根据遗传算法的计算步骤和震源定位的原理，微震定位方法如下。

以二维情况下的定位为例，当介质平均速度 v 已知时，解方程组：

$$\begin{cases} \dfrac{\sqrt{(x_1 - x)^2 + (y_1 - y)^2}}{v} - \dfrac{\sqrt{(x_2 - x)^2 + (y_2 - y)^2}}{v} = t_{12} \\[3mm] \dfrac{\sqrt{(x_2 - x)^2 + (y_2 - y)^2}}{v} - \dfrac{\sqrt{(x_3 - x)^2 + (y_3 - y)^2}}{v} = t_{23} \end{cases} \tag{10-27}$$

式中 (x_1, y_1)、(x_2, y_2)、(x_3, y_3)——检波器坐标；

(x, y)——震源坐标；

t_{12}、t_{23}——测得的时差。可设置遗传算法的目标函数为

$$Z = \left| \begin{array}{c} \dfrac{\sqrt{(x_1 - x)^2 + (y_1 - y)^2}}{v} - \dfrac{\sqrt{(x_2 - x)^2 + (y_2 - y)^2}}{v} + \\[3mm] \dfrac{\sqrt{(x_2 - x)^2 + (y_2 - y)^2}}{v} - \dfrac{\sqrt{(x_3 - x)^2 + (y_3 - y)^2}}{v} - t_{12} - t_{23} \end{array} \right| \tag{10-28}$$

使得目标函数 Z 最小的 (x, y) 组合即为震源坐标的数值解。

当介质平均速度 v 未知时，解方程组：

$$\begin{cases} \dfrac{\sqrt{(x_1 - x)^2 + (y_1 - y)^2}}{v} - \dfrac{\sqrt{(x_2 - x)^2 + (y_2 - y)^2}}{v} = t_{12} \\[3mm] \dfrac{\sqrt{(x_2 - x)^2 + (y_2 - y)^2}}{v} - \dfrac{\sqrt{(x_3 - x)^2 + (y_3 - y)^2}}{v} = t_{23} \\[3mm] \dfrac{\sqrt{(x_3 - x)^2 + (y_3 - y)^2}}{v} - \dfrac{\sqrt{(x_4 - x)^2 + (y_4 - y)^2}}{v} = t_{34} \end{cases} \tag{10-29}$$

式中 (x_1, y_1)、(x_2, y_2)、(x_3, y_3)、(x_4, y_4)——检波器坐标；

t_{12}、t_{23}、t_{34}——测得的到达时差；

(x, y)——震源坐标。

将方程组两两相除后，可以消去平均速度 v，因此，可以设置遗传算法的目标函数为

$$Z = \left| \begin{array}{c} \dfrac{\sqrt{(x_1 - x)^2 + (y_1 - y)^2} - \sqrt{(x_2 - x)^2 + (y_2 - y)^2}}{\sqrt{(x_2 - x)^2 + (y_2 - y)^2} - \sqrt{(x_3 - x)^2 + (y_3 - y)^2}} + \\[3mm] \dfrac{\sqrt{(x_1 - x)^2 + (y_1 - y)^2} - \sqrt{(x_2 - x)^2 + (y_2 - y)^2}}{\sqrt{(x_3 - x)^2 + (y_3 - y)^2} - \sqrt{(x_4 - x)^2 + (y_4 - y)^2}} - \dfrac{t_{12}}{t_{23}} - \dfrac{t_{12}}{t_{34}} \end{array} \right| \tag{10-30}$$

使目标函数 Z 最小的 (x, y) 组合即为震源坐标的数值解，以此实现震源目标的定位。

11 矿山物联网示范工程

11.1 徐矿集团夹河煤矿智慧矿山物联网示范工程

"徐矿集团夹河煤矿智慧矿山物联网示范工程"是江苏省科技创新与成果转化专项引导资金项目，2011年11月23日通过国家安全生产监督管理总局组织有关专家的技术鉴定，项目总体技术达到国际先进水平，建议加快技术成果的推广与应用。

1. 感知矿山物联网示范工程总体设计

感知矿山物联网概念：通过各种感知技术、信息传输技术、信息处理技术和矿山多学科技术，实现对真实矿山整体及相关现象可视化、数字化及智慧化感知。感知矿山是物联网应用的一个重要领域。

其总体目标是：将矿山地质、矿山测量、矿山建设、矿山生产、矿山安全、产品加工与运销、矿山生态等方面信息全面数字化，将感知技术、传输技术、信息处理、智能计算、云计算、现代控制技术、现代信息管理等与现代采矿及矿物加工技术紧密结合，构成矿山人与人、人与物、物与物相联的网络，动态详尽地描述并控制矿山安全生产与运营的全过程。以高效、安全、绿色开采为目标，保证矿山经济的可持续增长，保证矿山自然环境的生态稳定。

2. 井下人员环境感知系统实现

智能矿灯实现井下人员环境信息感知，是从被动感知到主动感知改变的系统，主要由WiFi通信终端、铁锂矿灯灯头、人员定位标签组成。智能通信终端包括微控制器，温度、甲烷、加速度传感器，液晶显示器，蜂蜜器，指示灯等部分。

3. 基于虚拟现实的感知矿山三维展示平台

基于虚拟现实的感知矿山三维展示平台是感知矿山物联网示范工程的重要组成部分。本系统以真实矿山为基础，建立一个三维矿山模型，然后以感知层获得的各种实时信息为数据驱动，采用虚拟现实技术对井下人员和环境进行实时、三维、动态的模拟与展现。

本平台软件开发主要基于 MFC、SQL Server 2008 和 OGRE 三维引擎技术，实现了场景切换、人员车辆定位、摄像机漫游、人员查询、车辆查询、井下统计、人员报警、轨迹回放等多种主要功能。系统关键技术包括以下几点。

（1）感知信息的实时获取和优化技术。

本系统对于接收到的坐标位置，利用各种坐标优化算法将问题坐标进行自动的筛选和优化，以得到最能逼近真实情况的三维坐标，然后就可以利用此优化数据进行比较精确和实时的人员车辆定位。

（2）真实矿井的三维建模技术。

以真实巷道的 CAD 图为基础，应用先进的二维转三维技术，将二维平面巷道转化为满足真实地理情况的三维巷道。

（3）井下三维巷道的漫游技术。

利用三维引擎 OGRE 真实展现和模拟了井下的实时情况，并且对于人员和车辆真实地表现其位置和特点，在此基础上，用户还可以根据自己的需要对整个巷道进行全方位、无死角、立体式的漫游，如图 11-1 所示。

（4）井下实时目标的三维定位技术。

通过对井下场景进行区域划分，并对每个区域进行相应子建模，在进行三维定位过程中通过寻找实际定位信息的最近邻吸引子来进行容错处理，经过计算将实际定位信息转化为三维定位信息，达到精确定位的目的。另外，为了避免空间区域划分中可能存在的交叉情况而出现的抖动现象，引入了兴趣点优先的处理技术。

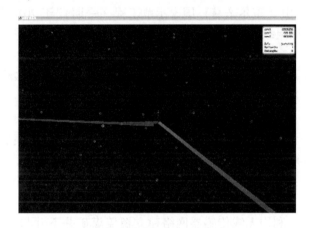

图 11-1　井下三维巷道的漫游

4. 运营情况

（1）先进的监测与诊断系统，使事故时间大大降低。

以夹河智慧矿山物联网示范工程为例，系统投入运行以来，降低了设备故障率，运行前万吨事故时间为 5.92 min/10^4 t，运行后为 0.482 min/10^4 t。因此，项目实施后事故时间降低 5.44 min/10^4 t，按照矿井每年提升 100×10^4 t 原煤计算，每年可增加生产时间 15.87 h，矿井按照每小时提升 1000 t 原煤计算，吨煤利润按照 300 元/t 计算，为矿井多创经济效益 476.1 万元以上。

（2）实现人员分流、减少了人工成本。

在夹河智慧矿山物联网示范工程中，井下-600 m 泵房实现了远程集中控制，每班次减少了水泵司机、值班电工 2 人（3 班/d、每人每周工作 5 d，人均工资 232 元/班），每年至少降低工资成本 88.91 万元；井下变电所实现了无人值守，减少人数 10 人，节省成本 440 万元。在兴隆庄矿基于物联网的设备无线点检自动化系统中，每年为选煤厂减少人工成本 175 万元。在兴隆庄矿综合自动化系统中，每年减少职工成本 400 万元。

（3）提高矿工安全生产水平。

撤销了井下机电设备的操作司机，大大改善了工人的劳动环境和条件；结合智能矿灯使工人主动感知周围工作环境，并可以对工人实现井下精确定位，大大提高了下井工人的安全保障。

（4）物联网技术在煤矿的首次应用，反响强烈，为全国大中型煤矿起到示范作用。

示范工程验收后，受到国家和省部委领导的高度重视，多次去现场考察调研。中央电视台财经频道《经济半小时》栏目以"物联网改善城市生活、智慧矿山实现自动采矿"为题，将夹河煤矿示范工程作为物联网行业应用的两个典型之一进行了报道，其他如《科技日报》《中国能源报》等多个媒体应对项目的总体思路、技术方案、实施效果等进行全面报道，增加了智慧矿山示范工程的影响力。

智慧矿山物联网示范工程实施后，矿山部分监测数据已接入物联网中心云服务器，为后续分析和提供远程服务奠定了基础。

11.2　山煤集团感知矿山（霍尔辛赫）国家示范工程

"山煤集团感知矿山（霍尔辛赫）国家示范工程（一期）"于 2012 年 12 月通过了国家安全生产监督管理总局组织的技术鉴定。项目针对煤矿安全生产的需求，以物联网技术为手段，以综合自动化为实施基础，以 3 个感知为重点研究方向，解决了在感知矿山物联网系统架构、感知网络关键技术研究、时空信息集成交换技术、井下移动目标连续定位等方面的一批关键技术，并推出了一系列产品。

1. 建设内容

（1）系统集成平台建设：建设全矿井安全、人员、设备的感知集成平台，实现全矿井地面远程监控，包括集群服务器、数据库平台、集成软件建设等。

（2）骨干网建设：包括井上、井下 1000M 高速工业以太网和调度指挥控制中心工业以太网建设。

（3）感知网建设：利用无线传感器网络建立覆盖煤矿井下并与 1000M 工业以太网相结合的无线自组网系统。

（4）应用子系统建设：为煤矿装备了若干技术先进、信息畅通、指挥灵活、综合处理能力强的应用系统，包括：井下人员环境感知系统；设备健康状态感知系统；矿山灾害感知系统；骨干及无线感知网络；感知矿山信息集成交换平台；感知矿山信息联动系统；基于 GIS 的井下移动目标连续定位及管理系统；基于虚拟现实的矿山感知信息三维展示平台；感知矿山物联网运行维护管理系统。

项目实现了感知信息的统一共享与交换，为煤矿安全生产提供了可靠的信息支撑环境。系统具有较强的开放性和扩展性，可以根据需要扩展、构成其他更多的子系统。运行以来表明完全达到技术合同性能指标要求，与国内外同类系统相比具有整体性强、综合性好、功能全的特点。

2. 设备状态感知系统实现

设备状态感知系统包括：综采工作面监控系统，主煤流运输监控系统，主、副井提升监控系统，主通风机监控系统，压风机监控系统，排水监控系统，35 kV 变电所监控系统和井下变电所监控系统。

根据霍尔辛赫煤矿具体情况，首先建设基于 GIS 的井下配电网管理系统作为设备健康状态感知系统的平台，在此基础上添加通风机、带式输送机、水泵等设备的故障诊断。

在井下变电所自动化改造基础上，采用 Smallworld 对霍尔辛赫煤矿井下供电系统在GIS 中进行建模、地理可视化、实时监测及配电网络分析，实现对供电设备资产的管理与电网遥测数据的地理可视化。监测界面如图 11-2 与图 11-3 所示。

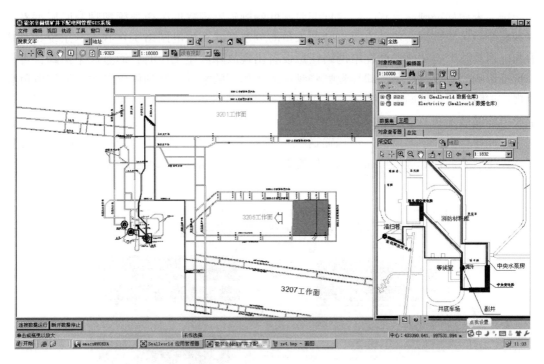

图 11-2　井下配电网管理系统主界面

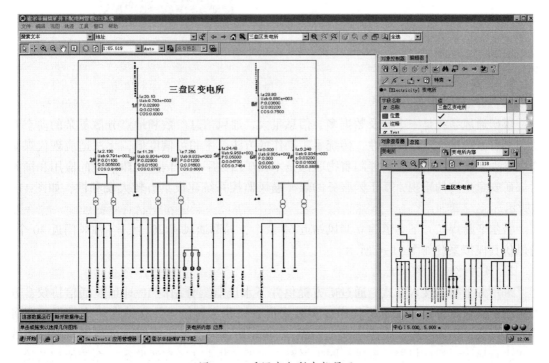

图 11-3　采区变电所内部展示

井下变电所自动监控采集到的遥测遥信数据集中存储在 SQL Server 中，通过建立远程连接，访问 SQL Server 数据库，匹配设备信息，查找采集的数据，并定位于配电网络地理空间中，采用局部刷新方式，以合理的时间间隔刷新监测数据，在系统地理空间展示界面中动态更新监测数据，使矿方机电管理人员时刻掌握井下配电网络工作状态。系统具有井下配电网故障分析功能，当配电网络任意设备出现故障停止工作时，通过网络追踪，可以分析受影响的范围及设备，即导致哪些盘区或工作面的配电点受到停电影响。当用电负载出现停工时，可以反向追踪造成停工的配电设备，查找配电网络相关线路的开关或节点、定位可能的故障源。

在此平台上添加通风机、带式输送机、水泵等设备的模型，接入各设备的实时信息，实现设备状态的预处理、特征提取、报警处理、追忆数据存储和监测数据传输，如图11-4 所示。

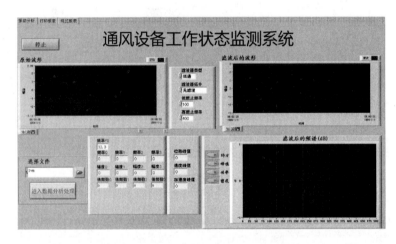

图11-4 通风机状态监测效果图

3. 灾害感知系统

1）通风管理系统

煤矿通风系统是一个涉及数据多、信息量大、通风信息参数和地点分散复杂的动态系统，具有繁杂的地理空间属性，传统手工操作的方法效率和可信度低，无法适应现代煤矿通风管理系统发展的需要。伴随着物联网技术在矿山数字化、信息化建设中的应用和国家对煤矿安全生产的重视，基于云服务的煤矿通风监控系统建设具有较大便利性，如图11-5 所示。

霍尔辛赫煤矿井下巷道建立测风站近60 余个，局部通风机20 个，各种风门近40 个。通风仿真模拟系统如图11-6 所示。

2）矿井水文监测系统

采用井下分站接入方式，通过矿方提供井下水压监测分站的 IP 地址及通信协议，开发水压监测数据传输协议解析程序，实时采集各钻孔水压值，并存储在机房数据库服务器。在感知矿山平台中，构建水文监测系统 Web 站点，将水压数据通过列表与实时曲线方式进行显示，根据报警信息进行同步报警，实现矿井水文的在线监测。系统架构及接入方案如图11-7 所示。

矿井水文监测系统应用效果如图11-8 所示，在矿井采掘工程图中的水文孔附近，实时显示钻孔当前水压、报警阈值信息，在图中右上方实时显示当前矿井静压水流量、水仓

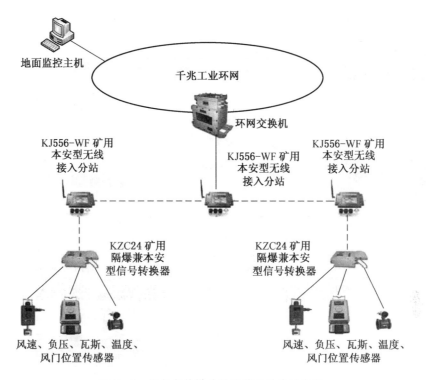

图 11-5　霍尔辛赫煤矿通风管理系统示意图

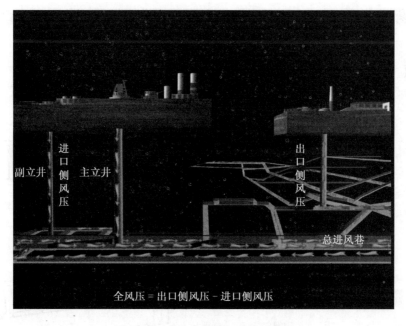

图 11-6　通风仿真模拟系统效果图

排水量及根据公式计算的矿井涌水量。在地图界面左侧，显示钻孔水压、矿井涌水量动态曲线以及当前报警信息。在系统菜单栏，提供报警阈值设置、用户登录配置与历史记录查

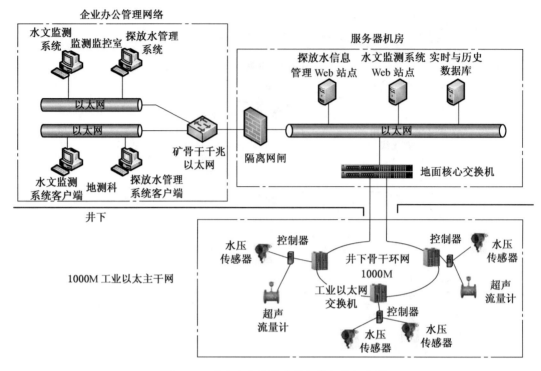

图 11-7　矿井水文监测系统架构与接入方案

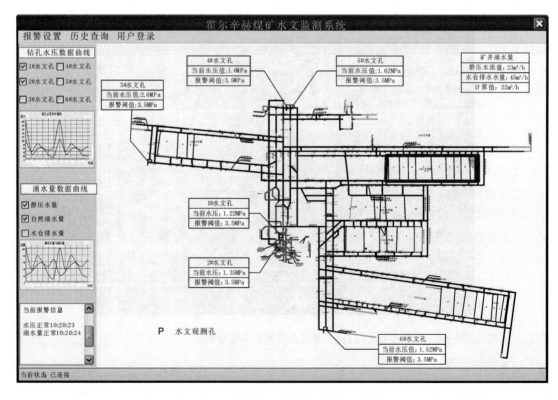

图 11-8　矿井水文监测系统应用效果

询，保证系统的安全性，提升系统使用灵活性与实用性。

4. 感知矿山信息集成交换平台

感知矿山信息集成交换平台确保煤矿所有安全生产、人员、设备、管理信息等复杂异构信息在一个统一数据平台存储，在异构条件下进行联通与共享，能够使不同功能的应用系统联系起来，协调有序运行。它是 M2M 平台的核心，实现将采集的感知信息及时的处理并转发给其他的服务器，从而保证信息动态顺畅的沟通。它处于信息采集与应用服务之间，是信息交换的核心模块。

各类传感器完成数据的采集，经过统一数据接口交付至信息预处理单元，然后由预处理单元对信息进行初步处理后进入时空实时数据库。时空实时数据库按照应用服务器预订服务，从时空实时数据库中提取特征信息并以主动路由模式交付给特定的应用服务器。平台资源监管模块负责动态管理 M2M 信息平台中的各种软硬件资源，确保通信系统有条不紊地工作。

感知矿山信息集成交换平台主要包含以下 6 方面功能。

（1）异构数据的统一接入。针对各种纷繁复杂的感知数据，采用统一规范的标准接入至 M2M 信息平台中，确保异构传感器信息的有效性和多维度关联。

（2）定位标签数据的接入。接收来自定位服务器的众多定位标签的空间数据，并实时存入时空实时数据库的 Hash 表中，实现空间属性与基本属性的关联。

（3）感知信息的接收与发送。接收来自感知信息平台的各类下行消息，并存储至短信待发队列中，感知设备休眠结束时，将消息发送至对应目标；同时接收来自人员、环境等信息终端及原有监控服务器的各类实时感知信息。

（4）多传感信息快速预处理。针对复杂传感器的实时数据自相关特征及多维互相关特征，采用有限长数字滤波和关联分析对信号降噪平滑后输出至时空实时数据库。

（5）主动路由。针对不同应用服务的不同定制服务，主动有序地从时空实时数据库中提取特征信息构建特征信息队列，并主动定时/非定时地将队列推送至应用服务器。

（6）动态资源管理。实现对实时 Hash 表、任务线程、系统资源、实时队列等方面的管理，确保系统运行的连续性和稳定性。

5. 感知矿山物联网运行维护管理系统

感知矿山物联网运行维护管理系统是将感知矿山物联网的各个子系统，如 GIS、信息集成交换平台、信息联动系统、3DVR、数据库服务器、基础信息（人员、设备）等信息进行统一管理的后台支撑管理系统，是确保"三个感知"得以实现的中坚后盾，主要实现煤矿人员设备基础信息的管理，实时监测与感知矿山相关的主要网络设备、服务器及工作站的工作信息状态。

感知矿山物联网运行维护管理系统包含信息查询、信息管理、基本设置和运行状态监测 4 部分。主要功能如下：①信息查询完成人员个人基本信息、信息终端信息及定位卡信息的查询和显示；②信息管理完成煤矿人员、感知设备、定位卡、IP 资源、通信端口等资源的统一管理，对职工信息列表显示，实现对基本信息的添加、编辑和删除；③基本设置完成对人员的工作个人信息及种类/职务种类/团队名称等基本参数，以及系统初始化启动所需的必要参数、原始启动记录、必要的运行参数的设置，此外还包括人员与感知设备关联关系的绑定/解除等操作；④运行状态监测完成对各服务器及工作站的运行、通信状况的监测和显示。

系统运行的工作原理如下：根据各信息之间的关联关系设计出的查询算法，可以实现对人员/信息终端/定位卡信息的绑定查询和显示；进入信息管理即人员管理界面时，列表方式的查询算法实现了对工人信息按职位列表显示，当选择某个工人时，显示工人的详细信息，并可进行信息的添加、编辑和删除；基本设置模块采用与信息管理模块相同的查询算法，将人员按不同的工作种类/职务种类/团队名称列表显示，并提供添加、编辑和删除操作；系统记录各子系统（服务器及工作站）的异常报告，并将其工作状态和通信状况显示出来，出现异常时，通信指示灯变为红色。感知矿山人员信息管理及监控系统实现了集信息查询、信息管理、信息设置、运行及通信状态监测等于一体。

6. 运营情况

项目实施以来，撤销矿井地面设备和井下机电硐室的岗位工（操作司机），并合并有关机构减少岗位工和管理人员 40 人，平均每人工资及职工福利按 5 万元/人年计算，每年减少支出 200 万元。实现矿井机电设备工况在线监测，实施故障诊断，提高设备的开车率和运行效率。平均每年多生产原煤 $20×10^4$ t，每年煤矿增加产值 450 元×$20×10^4$ t = 9000 万元。由于优化调度，实现集中控制，减少设备的空运时间，提高了设备运行效率，降低了电耗，每年节约电费 200 万元左右。有效地提高了井下安全保障，减少了事故发生率，减少了伤亡补助 100 万元。

7. 提供服务情况

目前，已为矿上提供远程人员定位信息服务、设备状态监测等服务，灾害感知也已具备接入条件。

11.3 矿井综合自动化三维可视全息系统

本项目综合应用虚拟现实技术、计算机网络技术、自动控制技术、通信技术和传感器技术，是一个多学科、综合型的科研课题。主要研究内容包括：矿井生产系统（包含通风、排水、提升、运输、压风和供电等系统）基于三维的数字化控制技术、信息集成技术与综合管理技术。

1. 项目主要工作

一是建立智能管控一体综合自动化系统。对矿井六大子系统进行自动化改造，建设 3 个控制中心。

二是建立基于三维可视化平台的生产监控系统。分别完成对地层、煤层、巷道的地质建模和机电设备的几何建模，整合矿井所有与综合自动化相关的机电设备场景。解决三维可视虚拟场景与实时系统无缝对接的技术难题，实现三维环境下监控。

三是实现矿井安全生产全息的整合。整合安全生产系统的设备所处地理环境、设备运行、视频监控、设备维护、故障诊断、设备管理等信息，打通基本安全生产信息到决策信息之间信息流动的关键一环，为机电设备的维护工作提供了新的思路，为生产流程优化提供科学依据，为矿井重大事故灾难应急救援提供决策支持，对有效防止继发性灾害发生，保障抢险救援安全，提高应急救援能力具有重大的意义。

这些工作从不同角度，不同层面上实现了煤矿生产的安全高效。

（1）通过综合自动化的实施，实现两个目的：①自动化本身带来了减人甚至无人，这从本质上避免了重大人员伤亡；②通过优化自动化技术，可以从本质上保持矿井生产的安全性。

（2）通过虚拟现实技术的引入，打破了综合自动化系统和安全监控的传统模式。采用三维虚拟模型及场景，取代了现有自动化系统中的二维显示，使系统信息更丰富，生产过程的监控更加形象直观，大大拉近了调度中心与生产环节之间的距离，使无人值守成为可能。

（3）通过建立全矿井的三维可视化全息系统，对矿井重大灾害的预测及预警提供决策支持。并在灾害发生后，合理安排人员自救、井上人员指挥、组织人员营救等工作。对下有效提升各子系统的协作水平，对上为安全生产科学决策提供支持。

2. 系统功能

1）远程监控功能

在三维环境下，实现煤矿供电、排水、通风、压风、运输、提升等主要动力系统的实时监控和综合管理有机结合，全方位直观再现设备地理环境、设备运行、视频监控，维护、故障诊断、设备管理等全部信息。

2）基于全息的综合管理功能

（1）系统联动。以通风系统为例，根据生产负荷数据及当前值，并结合井下风速、温度，确定合理的通风量，与通风系统联动，实现经济供风。

（2）矿井重大灾害的救灾、避灾。三维全息平台直观再现井下关键通路的实际布置及实时信息，使专家可在地面指挥中心迅速掌握井下情况巷道、硐室、水路、供电线路、通信线路（包括光纤、视频、电话）布置、避灾线路，把握安全要害环节，指挥救灾、避灾工作。

（3）灾后恢复。重大灾害发生后，一方面要积极指挥人员撤离，同时也要及时抢修关键通路，尽快恢复通风、供电、通信等系统的正常运行。三维可视全息系统提供了大量的有用数据，如设备位置、线路布置，这些都为灾后抢修工作的安排提供了合理的参考，节约了查找资料的宝贵时间，摆脱了对个别专业人员的过分依赖。

（4）设备维护。根据设备基本参数、故障诊断结论、维护维修历史、设备地理布置等信息等，安排设备检修工作。

本项目整合了矿井安全生产的全息，为机电设备的维护工作提供了新的思路，为矿井重大事故灾难应急救援提供决策支持，对有效防止继发性灾害发生，保障抢险救援安全，提高应急救援水平具有重大的意义。

3. 项目特色

（1）实施了多个生产子系统的自动化改造并构建了智能管控一体化的新型网络平台，工作量大，效果显著。完成了蒋庄煤矿井上下12个变电所、2个水平的泵房、双风井双风机以及压风机房的自动化升级改造任务，实现上述生产系统的无人值守。建立了两级调度、三个控制中心、分布式分级冗余控制体系，并接入主副井提升和带式输送机运输系统。以矿调度指挥控制中心为主，以排水供电控制中心和通风、压风、提升、带式输送机控制中心为辅，共同实现了对矿井生产及安全等系统的远程智能监控。

（2）实现了综合自动化系统的三维可视化，项目利用虚拟现实技术建立矿井基于地理信息系统的地层、巷道、生产系统以及机电设备等的三维虚拟模型，使操作与管理人员不需要亲自深入井巷工作面，在远程计算机或者控制台上就可以对整个矿区漫游，深入到井上下依托真实地理信息的生产系统各个虚拟场景中。项目通过研究三维可视化平台与自动化系统的无缝对接技术，建立矿井安全生产系统的三维可视化监控平台，整合供电、排水、通风、压风自动化控制系统以及主副井提升、带式输送机运输等接入系统，使监控人员能够与现场各个生产系统进行"身临其境"的交互。配合工业摄像头，在虚拟场景中引入视频，实现在虚拟与现实之间的自由切换，降低虚拟场景带来的不真实感。由于虚拟现实系统的沉浸感和互动性不但能够给用户带来强烈、逼真的感官冲击，获得身临其境的体验，还可以通过其数据接口在虚拟环境中随时获取项目的实时数据资料，实现三维监控，给人耳目一新的感觉。

（3）建立了矿井安全生产统一信息平台，整合了矿井生产全部信息，消除内部信息孤岛。在此三维全息平台的基础上，开发了矿井安全生产系统的综合管理功能，对下有效提升了各子系统的协作水平，对上为安全生产科学决策提供支持，为全面实现数字化矿山奠定了坚实的基础。

本项目已在山东省枣矿集团蒋庄煤矿实际应用，运行结果表明，系统技术先进、使用灵活、可扩展性能强，在矿井安全生产，减员提效中发挥着重要的作用，产生了巨大经济和社会效益。

项目应用虚拟现实技术革新了矿井综合自动化系统的传统模式，以全息平台推进了"数字矿山"的建设步伐，以科技创新提升了煤炭行业的整体安全水平，在山东省尚属首次，在国内煤炭行业也独树一帜，经鉴定达到了国际先进水平。本项目在煤矿综合自动化方面做出了很好的典范，具有广阔的推广应用前景。

11.4　矿井通风机智能监测及故障诊断系统

本项目综合应用了智能控制技术、电力电子技术、传感器技术、通信技术及故障诊断技术，是一个多学科、综合型的科研课题。本项目以通风系统安全、可靠、经济、实用、先进为出发点，通过研究开发，提高了通风设备的运行效益以及综合管理和智能决策水平。

1. 项目主要工作

（1）建立矿井主通风机智能变频控制与故障诊断决策支持系统，实现对通风系统的远程监控、故障诊断、决策支持、综合管理等功能。

（2）研究主通风机安全节能的控制技术。根据风机运行状态、矿井通风要求，产生控制命令，采用高压变频调速系统迅速响应控制命令，实现对风机的闭环控制。同时针对通风系统滞后、非线性的特点，研究设计了包括主、副两个 PI 调节器的通风串级控制系统。在控制系统中采用风量、转速作为系统反馈量。同时引入井下生产计划等信息作为控制系统的前馈量，进行前馈控制。采用自调整神经网络，建立了通风系统的非线性动态模型。

（3）研究通风系统设备的故障诊断技术。根据设备实时运行参数与历史数据，迅速评估设备当前工作状态。实现故障报警，提供故障原因分析、故障解决方案等，并给出相应检修工作计划。

这三个方面层层递进，全面系统解决了矿井主通风机监控与故障诊断的一系列关键问题，实现了矿井通风机安全、连续、高效、经济运行，提高了矿井生产的安全和经济整体水平。

2. 系统主要功能

本系统的上位监控软件采用了客户机/服务器模式。其中包括两台互为备用的操作服务器和一台操作终端，主要实现数据的采集和处理，服务器安装 SQL Server 2000，实现数据的存储功能。一台风机操作终端实现对风机的画面显示、曲线绘制、运行报表，以及报警、打印等功能。

1）设备运行管理功能

设备状态参数显示：振动幅值、电机电流、当前负荷、温度等。

主界面显示：设备运行动画、各个测点的实时数据。

历史参数查询：可按给定时间段显示上述参数，支持多种显示形式（列表、曲线等）；同时提供报警历史查询和事故追忆。

报警：一旦参数超限，提供声光报警。

控制方式切换：依托矿井综合自动化数据及网络平台，在通风系统中引入氧气浓度、井下风速、采掘工作面温度等重要参数，提供参数的趋势图，为控制方式的选择以及风量的确定提供参考。提供了开环、单回路闭环、串级闭环三种控制方式的选择。其中，开环控制提供变频器频率设定功能，直接控制通风量。

2）设备故障管理功能

（1）信号分析。信号分析显示对振动信号的多种分析结果，主要有以下几点。

时域分析：波形、幅值、轴心轨迹、轴心位置、轴系运动仿真、小波变换。

频域分析：频谱、相位、瀑布图、滤波分析、细化谱、倒频谱、包络分析。

趋势分析和相关趋势分析：任一个或多个参数相对某一个参数的变化趋势。

在每个信号分析波形显示窗口的旁边设立说明，解释各个图形的含义。如当前的频谱图中有哪些主要的频谱，该设备的故障频谱有哪些，当前的频谱图说明设备处于何种状态（这项功能目前许多故障诊断软件都不具备）。

（2）故障诊断结果及建议。提供唯一确定的设备故障诊断结果，主要有以下几点：①故障诊断结论；②当前状态评估；③维护建议（提供不同状态对应的不同维护建议）。

（3）报警。一旦出现当前状态为"正常"以下，提供报警功能及应急解决方案。

3）设备检修管理功能

（1）提供日、星期、月甚至更长时间周期的检修任务单。其中日检修任务单每天在点击本功能菜单时自动跳出。检修任务单分为常规检修任务单和状态检修任务单。常规检修任务单提供通风机的日常维护内容。状态检修任务单根据风机的故障诊断及状态评估结论，安排风机的检修内容，主要包括：待检设备名称、当前状态评估结论、检修项目。检修任务单上还依据设备位置及检修紧迫程度提供检修优化后的路径。

（2）检修历史查询。可以按照设备、时间、人员等查询历史的检修信息，查询历史检修工单。

（3）检修工单。提供检修工单，强制检修人员填写，和当天检修任务书结合在一起。检修前需打印任务书，检修后需填写检修情况说明并确认，这样才代表检修工作全部完成，否则系统提醒检修人员录入。

维修工单可完成对维修活动的全程跟踪，记录设备维修过程。基于检修工单的维修活动跟踪管理可以解决设备维修历史记录存档不完整、设备维护经验个人化及知识不能转化为企业范围的智力资本等难题。

（4）检修帮助。针对不同设备提供专业维护知识和案例分析。案例分析主要借助于检修自动生成，可以查到矿井的大型设备经常有哪些故障、都是怎么解决的。与历史查询不同，历史查询是流水账式的；而本功能需要数据挖掘技术，对检修工单的其中的一些条目进行分析才能得到。

4）设备参数管理功能

（1）设备基本参数。设备基本参数包括编号、型号、额定参数、安装位置、工作状态、生产厂家、供应商、投产日期、检修情况、备件数量等。

（2）设备更新管理。一旦更换设备，提供对新设备进行上述参数输入的窗口。这项工作可在检修工单中选择"更换设备"时自动弹出。

5）其他功能

（1）报表设计与检索打印功能。采用灵活的数据报表功能，用户可以根据实际需要设计不同的报表模板，并可实现报表的打印功能。系统提供了各种日报表、月报表等报表打印功能，并且实现了系统任意显示界面的图片打印功能。

（2）Web 浏览功能。可提供 Web 浏览功能，使在局域网中的任何计算机，经授权均能浏览各类曲线、报表和实时图形。

（3）权限管理功能。为了系统的安全性，本系统采用了账号管理机制，限制不同人员的访问权限，来实现系统安全。在本系统中，共设置了管理员级、值班主任级和值班员级3 个级别的访问权限。登录之后的操作员拥有自己的访问级别，决定了他对操作站软件的操作权限。同时系统设定了访问时间，超出访问时间时，将自动注销用户。

（4）事故自动报警。当接到某事故信号时，计算机监控软件上立即显示相应事故部位、时间和内容，并自动推出相关画面，同时伴有音响报警、自动打印记录功能。当保护动作后，相应开关发出闪烁信号，以提醒运行人员的注意。

3. 项目特色

（1）构建了功能全面的"矿井主通风机智能变频控制与故障诊断决策支持系统"，将远程监控、故障诊断、决策支持、综合管理有机结合，达到了无人值守，实现了对煤矿通风系统双井、双风机的安全生产、高效节能与科学管理。

（2）实现了主通风机的变频控制。利用变频器，通过调节电机速度来改变风量，达到了节能降耗的目的。

（3）解决了通风系统闭环控制的大滞后性和非线性的问题。设计了包括主、副两个调节器的通风串级控制系统。采用风量、转速作为反馈量，引入井下生产计划作为前馈量，快速响应风量需求的变化，提高了通风控制系统的控制性能。

（4）实现了基于信息融合技术的通风机故障诊断。采集通风机的振动、电流、温度等信号，利用信息熵技术从通风机运行数据中提取故障特征向量；采用信息融合技术融合多传感器的信息，对通风机进行故障诊断。由于综合利用多方面信息，有效降低了诊断结果的不确定性，实现了对通风设备全面与准确的诊断。

（5）提供了通风系统设备的综合管理和决策支持功能。利用专家系统，根据设备历史记录、状态评估及故障诊断结论，提供故障原因分析、故障解决方案等决策支持。实现了设备的状态检修，革新了矿井设备维护管理模式。

（6）本项目属于自主研发。研制的风门到位检测控制装置，解决了风道中位置式到位传感器安装调整困难、对环境要求高的缺陷，定位准确且紧闭程度可控，避免了漏风现象，提高了通风系统的效率，达到了节能的目的，获得实用新型专利一项。

本项目已在山东省枣庄矿业（集团）有限责任公司高庄煤矿得到全面应用，经现场运行表明，系统功能完善、技术先进、性能可靠，取得了显著的经济和社会效益，在矿井重要机电设备监控、故障诊断及设备维护方面做出了很好的典范，具有广阔的推广应用前景。

12 基于无线传感网络的选煤厂设备点检系统

12.1 总体方案设计

随着选煤厂生产规模不断扩大，生产工艺过程日益复杂，产品煤的要求也更为精细，计算机集控系统在选煤厂中的应用成为必然。然而目前，国内对煤炭洗选加工的自动化主要还是集中在集散控制及网络化集控技术改造上，对设备运行健康状况的分析及信息化管理还很少涉及。

选煤厂的许多设备均是常年 24 h 运转，一旦出现设备故障，会严重影响生产，而设备点检制度在维持生产安全可靠运行方面能发挥非常重要的作用。因此，在现有设备定期维护的基础上，建立选煤厂关键设备运行健康状况的点检制度，对设备运行故障进行早期预防性诊断、防止设备过维修或欠维修、减少关键设备发生故障的可能性是非常必要的。传统的设备点检制度因为信息处理速度慢，准确性差，管理乱，可靠性低而很难适应企业生产和管理的需求。同时选煤厂设备布置众多，情况复杂，监测点分散，建立传统的有线监测存在较大的困难，且电缆费用昂贵，使用和维护不方便。

在综合分析上述情况下，结合煤矿选煤厂已有的综合自动化系统，可以开发以物联网三层架构为基础，以无线传感器网络技术为感知层网络的系统方案。在选煤厂构建一个设备运行健康状况点检自动化系统，对选煤厂关键设备的振动、温度等反映设备运行状况的参数进行监测，通过具有自组织能力的无线传感器网络，按点检系统的要求，将监测量传输到监控中心。由监控中心点检自动化软件对采集到的数据进行分析，给出设备健康状况报告，指导设备的维修维护，并自动建立设备运行健康状况模式库。基于无线传感器网络的选煤厂设备点检自动化系统，目前已在兖矿集团兴隆庄煤矿选煤厂投入使用。

1. 系统总体架构

选煤厂分洗煤、动筛、准备和压滤 4 个车间，各车间监测的信息分别通过各自车间构建的网络传送到网关节点，然后通过工业以太网传输到信息中心。选煤厂四大车间总体框架如图 12-1 所示。

无线网络系统由终端（测量）节点、路由及网关节点等组成，网关节点设计在厂房的三层。终端节点和路由节点实际是相同的节点，只是在信号采集与传输中所起的作用不同。路由节点不负责信号的采集，它的作用是自组网络和多跳路由。通过与本层内其他测量节点进行通信，获取测量节点的测量数据，然后多跳传输到网关节点，由网关节点接入选煤厂现有的工业以太网。最后，通过工业以太网送入监控室的计算机网络，进入点检软件系统进行分析。

无线传感器网络采用 ZigBee 网络传输协议，数据传输中采用多层次握手方式，保证数据传输的准确可靠。采用 2.4 GHz 传输频率，功耗小、灵活度高，符合环保要求和国际通用规范。无线传感器网络系统配置快捷容易，组网接入灵活方便，几台、几十台或几百台均可，支持 5 级路由深度。可以在需要安放传感器的地方任意布置，无须电源和数据线，增加和减少数据点非常容易。由于没有数据线，省去了综合布线的成本，传感器无线网络更容易应用，安装成本低。系统节点耗电低，电池使用时间长，支持各种类型传感器和执行器件。双向传送数据和控制命令，不但可以从网络节点传出数据，而且双向通信功能可以将控制命令传到与无线终端相连的传感器、无线路由器，也可将数据送入到网络显示或控制远程设备。具有全系统可靠性自动恢复功能，内置冗余保证在个别节点不在网络系统时，节点数据将自动路由到一个替换节点以保证系统的可靠稳定。同时，通过可视化上位机显示，可在 PC 机上查看网络拓扑结构及网络连接时实变化、传感器数据输出显示、传感器数据配置、控制各节点传感器等情况。

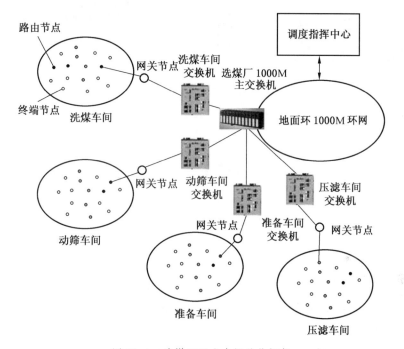

图 12-1　选煤厂四大车间总体框架

2. 技术架构

每一系统主要分为两部分：下位机传感器节点负责监测电气设备，并进行数据采集和无线传感器网络内部的组网以及数据传输和管理；上位机数据管理软件负责对传输上来的数据进行处理。主洗或动筛车间技术架构如图 12-2 所示。由于监测区域包括两个厂区，而每一厂区监测点较为分散，因此将采用多串口通信技术。

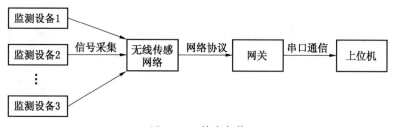

图 12-2　技术架构

3. 监测方案

选煤厂监测方案如图 12-3 所示。传感器和无线节点采用有线连接方式，而无线节点采集的数据通过无线方式传送到网关节点。其中，温度传感器采用接触式和非接触式两种，实现监测特性互补。

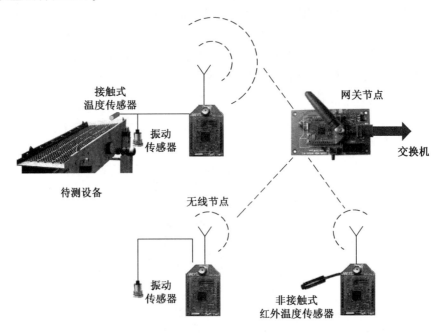

图 12-3　选煤厂监测方案

12.2　硬件设计

硬件设计部分包括无线传感器网络节点设计、各节点之间的无线自组织网络、节点运行所需要的电源。

12.2.1　无线传感器网络节点设计

1. 无线节点设计

无线传感器网络节点的主要功能为采集监测设备的温度和振动信号，其结构如图 12-4 所示。

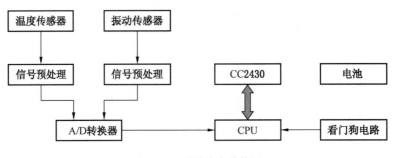

图 12-4　测量节点结构图

无线节点选用 TI 公司 CC2430 芯片，能够提高系统性能，满足以 ZigBee 为基础的 2.4 GHz ISM 波段应用，以及对低成本、低功耗的要求。它结合一个高性能 2.4 GHz DSSS（直接序列扩频）射频收发器核心和一个工业级小巧高效的 8051 控制器。

CC2430 芯片采用 0.18 μm CMOS 工艺生产，在接收和发射模式下，电流损耗分别低于 27 mA 或 25 mA。CC2430 的休眠模式和转换到主动模式的超短时间的特性，特别适合那些要求电池寿命非常长的应用。

电路设计时在 CC2430 公版电路上增加了复位电路，并且编写了看门狗程序在程序跑飞等意外情况下给 CC2430 模块进行复位。同时，为了扩展 I/O 接口电路，设计了节电底板电路。

2. 振动信号采集研究

本系统对振动信号的采集，选用美新公司的三轴加速度传感器 CXL25GP3，其最小量程为 ±25 g，并且包含一个多晶硅传感器及使用一个信号调节电路实现开环测量加速度的系统构架。输出的电压信号是一个与加速度呈线性关系的交流信号。该加速度计不仅能够应用于倾斜测量的静态加速度还能应用于测量动作、冲击及振动等动态加速度。振动传感器原理框图如图 12-5 所示。

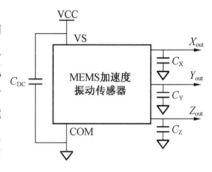

图 12-5 振动传感器原理框图

MEMS 加速度振动传感器在 X、Y 及 Z 轴频率响应是有规格限定的。在 3 个输出引脚上需要加上电容构成一个低通滤波器来增加传感器输出信号的抗锯齿及降低噪声的能力。带宽 F_{-3dB} 与电容 C_X、C_Y 及 C_Z 的关系如下：

$$F_{-3dB} = 1/\left[2\pi(32k\Omega) \times C_{(X, Y, Z)}\right] \tag{12-1}$$

1）电路图

图 12-6 所示为所设计振动传感器外观图。其中，图 12-6a 所示为 PCB 板，图 12-6b 所示为加入芯片及外围元件后的顶视图。

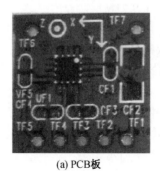
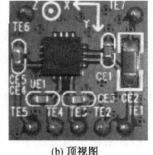

(a) PCB板 (b) 顶视图

图 12-6 振动传感器外观图

2）确定 ADC 采样参数

（1）ADC 转换时间的确定。

ADC 运行在 32 MHz 的系统时钟上，它经过 8 分频得到 4 MHz 的时钟。Δ-Σ 调制器和滤波器均使用的是 4 MHz 时钟。

执行一个转换所需的时间取决于所选取的抽取率，计算公式为

$$T_{conv} = (抽样率 + 16) \times 0.25 \tag{12-2}$$

（2）参考电压的确定。

由于振动传感器输出信号在加速度为 0 时的输出电压为 1.5 V 上下，最高输出电压为 V_s-0.3 V，而供电电池电压在 3.3 V。故选用 AVDD_SOC 引脚电压作为参考电压。

（3）抽取率（采样位数）的确定。

当抽取率设置为 64 时

$$\Delta v = \frac{AVDD-SOC}{2^{8-1}} = \frac{3.3}{128} = 25.7 \text{ mV} \tag{12-3}$$

此时转换周期为

$$T_s > 3T_{conv} = 3 \times (64 + 16) \times 0.25 = 60 \text{ μs} \tag{12-4}$$

则

$$f_s < 1/T_s = 16.7 \text{ kHz} \tag{12-5}$$

当抽取率设置为 128 时

$$\Delta v = \frac{AVDD-SOC}{2^{10-1}} = \frac{3.3}{512} = 6.445 \text{ mV} \tag{12-6}$$

此时转换周期为

$$T_s > 3T_{conv} = 3 \times (128 + 16) \times 0.25 = 108 \text{ μs} \tag{12-7}$$

则

$$f_s < 1/T_s = 9.25 \text{ kHz} \tag{12-8}$$

当抽取率设置为 256 时

$$\Delta v = \frac{AVDD-SOC}{2^{12-1}} = \frac{3.3}{2048} = 1.611 \text{ mV} \tag{12-9}$$

此时转换周期为

$$T_s > 3T_{conv} = 3 \times (256 + 16) \times 0.25 = 204 \text{ μs} \tag{12-10}$$
$$f_s < 1/T_s = 4.9 \text{ kHz}$$

机械的振动频率一般为 1 kHz 以下，则 f_s 应在大于 6 kHz 时取得理想采样效果，故设置抽取率为 256 不能满足采样要求。而当抽取率设置为 64 时，$\Delta v = 25.7$ mV，采样精度不够高，故应设置抽取率为 128，此时 ADCCON2.SDIV 设置为 0x01。

3）A/D 采样程序流程图

当采集振动事件在 ZigBee 2006 操作系统中被触发后，首先配置相关寄存器，依次采集 X、Y 和 Z 轴，当每个轴采集满 1024 个点后退出 ADC 转换，并将采集到的数据通过天线发送至协调节点。A/D 采样程序流程如图 12-7 所示。

3. 温度信号采集的研究

对选煤厂温度检测，采用接触式的 DS18B20 传感器和非接触式的 HBIR0810 红外温度传感器监测方式。

1）DS18B20 传感器

由于 DS18B20 芯片采用单总线协议，只需要将数据引脚与单片机 CC2430 的 I/O 端口进行连接即可，因此接口电路非常简单。CC2430 通过端口的方向寄存器来设置端口的输

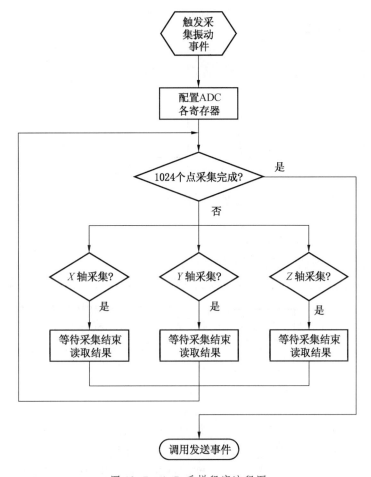

图 12-7 A/D 采样程序流程图

入输出方向，来实现单总线的数据读写功能，图 12-8 所示为具体的接口电路。

在图 12-8 的电路设计中，DATA 端口外接一个 4.7 kΩ 的上拉电阻，保证该单总线在没有数据传输时始终为高电平。

DS18B20 采用单总线协议，该协议能够实现数据的双向传输，这样必须包括数据的读写，另外必须具备复位功能。

（1）初始化总线复位。在总线上进行数据读写之前，必须将总线进行复位。由单片机通过总线向 DS18B20 发低电平脉冲，等待响应，在 DS18B20 接收到复位信号后给出响应。总线复位的时序图如图 12-9 所示。

（2）数据读写。DS18B20 有两类 8 位命令控制字节，分别是 ROM 功能命令控制字节和内存命令控制字节。利用 MCU 在总线上写入这些命令字节就可以有效地控制 DS18B20。主要包括：

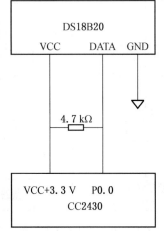

图 12-8 DS18B20 与 CC2430 连接电路

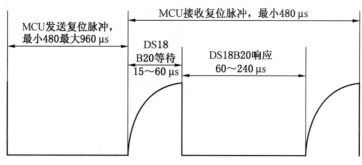

图 12-9   DS18B20 复位时序图

0xCC——若总线上只挂一个传感器,用该命令字节可以省去比对传感器出厂时设定的 64 位身份 ID 的时间。

0x44——温度转换命令字节,MCU 发送该字节后,必须等到 DS18B20 输出"1"时才可读数据,若为"0"说明传感器仍处于温度转换状态中。

0xBE——读数据命令字节,单片机发送该命令字节后,DS18B20 串行输出 16 位数。

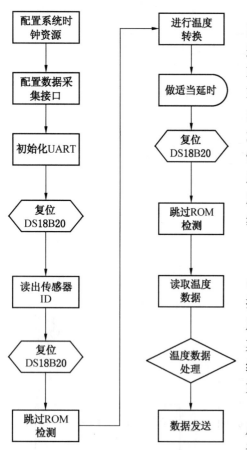

图 12-10   DS18B20 采集数据流程

CC2430 从 DS18B20 读取温度的软件流程如图 12-10 所示。程序的开始要设置时钟资源,进行数据采集接口的初始化,读取 DS18B20 的 ID 并存放在数组中,复位 DS18B20,发跳过 ROM 检测命令,发启动 DS18B20 开始温度转换的命令,做适当的延时,初始化 DS18B20(发复位脉冲),发跳过 ROM 检测命令,发读取存储器中的温度值的命令,读取高速暂存中的温度信息并存放在数组中,对第 0 和第 1 字节的温度数据进行数据处理,接着进行数据的发送,然后再进行下一轮温度转换等循环程序。

2)HBIR0810 红外温度传感器

红外温度传感器 HBIR0810 专用集成电路(ASIC)和微控制器(MCU),只需要将 CC2430 控制器的 UART 端口引脚与 HBIR0810 相连,利用 Modbus 协议进行数据的设置和传输,即可对其发送控制指令及读取温度数据,实现非接触红外测温,最终通过串口查看数据。具体电路如图 12-11 所示。

红外测温探头的输出方式为 UART,因此利用 CC2430 的串行通信接口的 UART 模式与它相连,进行数据的有效采集。程序大致可以分为四部分:

(1)系统初始化。系统初始化主要包括主控制器 CC2430 系统时钟、通用数字 I/O 接口相关寄存器、串口的控制/状态寄存器的配置和红外 HBIR0810 的波特率、ID、响应时

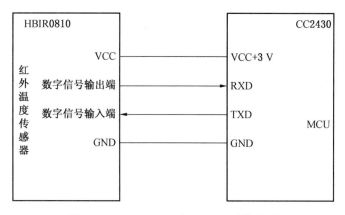

图 12-11　HBIR0810 与 CC2430 连接电路

间、辐射率相关参数设置两部分。

（2）数据总体流程。数据总体流程如图 12-12 所示。由于 HBIR0810 红外温度传感器集成信号处理电路及环境温度补偿电路，只需要 MCU 发送读取目标温度的命令帧给红外温度传感器后，红外温度传感器接收到信号，通过串口把温度信号返回给 MCU，不需要对红外的具体测温过程进行设置分析。

（3）发送数据流程。发送数据流程如图 12-13 所示。MCU 向红外写入数据时，把读取目标温度的命令帧写入 USART0 收/发数据缓冲器 U0DBUF，发送到输出引脚 TXD，通过红外温度传感器的数字信号输入端输入，等待红外温度传感器的响应。

（4）接收数据流程。

接收数据流程如图 12-14 所示。MCU 读取红外温度传感器的数据时，数据从红外温

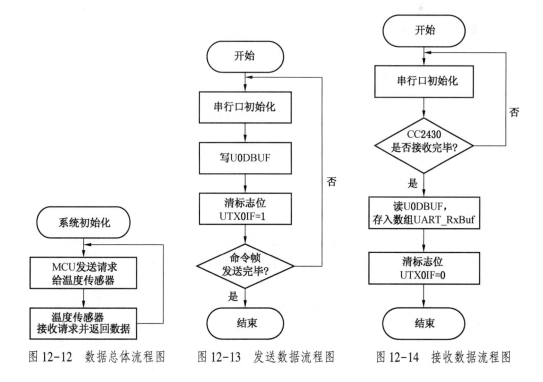

图 12-12　数据总体流程图　　图 12-13　发送数据流程图　　图 12-14　接收数据流程图

度传感器的数字信号输出端输出给 MCU。MCU 等待温度传感器传输信号结束后，从 US-ART0 收/发数据缓冲器 U0DBUF 中读取数据，保存数据到数组中。

12.2.2　现场节点无线自组网数据传输研究

1. 树形网络拓扑结构

选煤厂监测点分散，分布在洗煤车间、动筛车间等四大车间。这些车间均采用全金属的框架结构，车间中楼层与楼层之间不能实现直接无线通信，且在车间的每一层中存在很多大型的金属选煤设备。这样的环境对无线电磁波的传输存在较大折射、反射和吸收等阻碍作用。

根据选煤厂监测环境的特点和监测数据的需求方式，采用对各个车间建立相互独立的树形拓扑结构 ZigBee 监测网络的组网方式。在各个车间分别设置一个协调节点，配置不同的 PAN-ID 和不同的通信信道，建立独立的 ZigBee 网络，互不干扰，然后通过千兆工业以太网，将监测数据直接传输到监控中心。

2. ZigBee 组网实现

1）系统初始化

系统启动代码需要完成初始化硬件平台和软件架构所需要的各个模块，为操作系统的运行做好准备工作，主要分为初始化系统时钟、检测芯片工作电压、初始化堆栈、初始化各个硬件模块、初始化 FLASH 存储、形成芯片 MAC 地址、初始化非易失变量、初始化 MAC 层协议、初始化应用帧层协议、初始化操作系统等十余部分。

2）操作系统的执行

启动代码为操作系统的执行做好准备工作后，就开始执行操作系统入口程序，并由此彻底将控制权交给操作系统。

操作系统的实体只有一行代码：osal_Start_system（）。这个函数就是轮转查询式操作系统的主题部分，它所做的即是不断地查询每个任务中是否有事件发生，如果发生，就执行相应的函数，如果没有发生，就查询下一个任务。

系统专门分配了存放所有任务事件的 tasksEvents［］数组，每一个单元对应存放每一个任务的所有事件，在这个函数中首先通过一个 do-while 循环来遍历 tasksEvents［］，找到一个具有待处理事件的优先级最高的任务，序号低的任务优先级高，然后跳出循环，此时，就得到了最高优先级任务的序号 idx，然后通过"events＝tasksEvents［idx］"语句，将这个当前具有最高优先级的任务的事件取出，接着就调用"tasksArr［idx］""inx，events"函数来执行具体的处理函数，taskArr［］是一个函数指针数组，根据不同的 idx 就可以执行不同的函数。

3. 数据传输

数据的采集和传输程序在 App 目录下实现。因为操作系统是多任务操作系统，在应用程序编写过程中，不要出现死循环的程序，避免节点出现死机现象。

1）振动和温度数据采集

振动和温度数据采集被定义为一个 App 事件：SAMPLEAPP_COLLECTION_EVT。一旦该事件被触发，操作系统马上就调用相应的采集程序对温度和振动信号进行采集。由于 CC2430 节点是一个微型的无线传感器单片系统，处理器资源和无线数据传输资源都有限，振动和温度信号被 CC2430 节点采集以后，存储在节点中。温度数据以十六进制的数据格式存储在 Temperture_Data［ ］；振动传感器是三轴加速度传感器，测量的振动信号是个三维量，采用 Vib_datax［ ］、Vib_datay［ ］、Vib_dataz［ ］三个数组分别存储 X 轴、Y 轴和 Z 轴数据信息。当数据都采集完成后再对其进行发送。

2）数据的传输

在监测网络中，每个终端节点采集 3 kb 振动数据，而 ZigBee 网络每个节点传输速率理论上有 250 kb/s，在实际应用中每个节点最大速率也只不过才 60 kb/s。因此，网络会出现拥塞，丢包严重。我们采用一种应用层的时分复用方式解决此问题。协调节点把网络对每个监测节点提供的监测数据传输服务分成一个个相互独立、互不相关的时间片段。在同一个时间片段内，网络只对一个节点的监测数据流提供服务，其余节点的监测数据流进入等待状态。当一个节点的监测数据传输完成后，这个节点所使用的时间片段结束，进入下一个时间片段，这时网络又对另外一个节点的监测数据提供服务。其工作过程如图 12-15 所示。

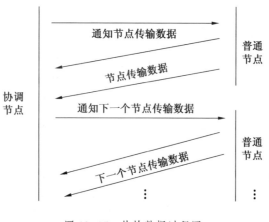

图 12-15　传输数据过程图

4. 系统流程

ZigBee 节点组网的整个系统流程如图 12-16 所示。协调节点首先对操作系统进行初始化，然后将操作系统管理节点的工作，并且根据节点配置 PAN-ID 和通信信道建立 ZigBee 网络，然后等待终端节点的加入网络，并且记录终端节点网络地址。最后，根据定时时间查询终端节点监测的数据。终端节点也是首先对操作系统进行初始化，然后将操作系统管理节点的工作，并且根据节点配置 PAN-ID 和通信信道寻找 ZigBee 网络并加入，同时发送自己使用的网络地址，最后等待协调节点查询数据。

12.2.3　无线节点供电研究

无线节点采用外部适配器或内置锂电池进行供电，并可自动切换。电源管理电路影响到整个系统的方案设计和功能实现，其重要性不言而喻。当现场供电不方便或者节电不需要长期监测时，可以采用内置锂电池进行供电；当现场供电方便或者节电需要长时间不间断工作时，建议采用外部供电。一般来说，终端节点可以采用内置锂电池供电方式，其工作时间的长短取决于锂电池的容量和采集器的功耗。基于此，系统采用低功耗设计方案：一是在可以满足系统要求的前提下，尽可能地取低功耗的芯片；二是电路中某些部分在不

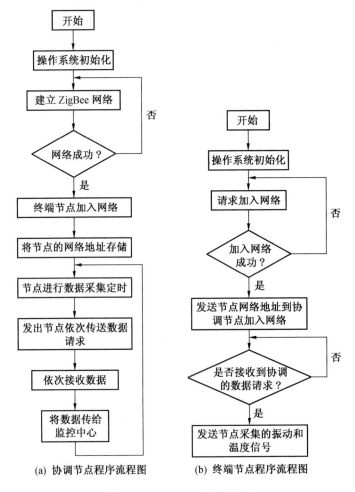

(a) 协调节点程序流程图　　(b) 终端节点程序流程图

图 12-16　ZigBee 系统流程图

需要其工作时可以置于低功耗模式，以降低功耗。

由于锂电池中电量会随着工作时间的延续不断消耗，在消耗到一定程度时便不能继续给节点正常供电。为此电源电路中设计了锂电池电量监测电路，在电量不足之前产生指示信息，提示监测人员及时进行充电或更换电量充足的锂电池。

再者，对此做出休眠节能机制的研究。在网络中，只有电池供电的终端节点 RFD 能进入低功耗休眠状态；协调节点和路由节是 FFD 节点，要维持 ZigBee 网络的存在和数据转发，不能进入休眠状态。

CC2430 使用的协议栈 Z-stack 提供了两种 sleep 模式：LITE 和 DEEP（PM2/PM3）。当系统需要唤醒去执行一些周期性的事件时，使用 LITE sleep；当系统没有被定制周期事件而是通过外部中断（如按键）来唤醒设备，使用 DEEP sleep。

ZigBee 终端节点要进入休眠状态，必须满足以下条件：

（1）添加编译选项：POWER_SAVING。

（2）在 f8wConfig.cfg 里设置：-DRFD_RCVC_ALWAYS_ON=FALSE。

（3）关闭 Key 轮询，开关 Key 中断。

（4）确保 Z-stack 里所有的任务都支持 POWER_SAVING，没有周期性的激励（唤醒事件、活动事件）。

12.3   软件设计

软件设计部分主要是指主机软件，包括软件接口部分、数据分析部分、模式库部分、Intouch 显示部分和 Web 发布部分。

12.3.1   软件接口部分设计

软件接口在整个点检系统当中起着承上启下的关键作用。在本系统中，每个车间各组成一个无线传感网络，分别通过各自的网关把信息传输到各个车间的工业以太网交换机上。然后再把信息汇聚到选煤厂 1000M 主干网交换机，最后信息经过接口程序接收与处理，进入选煤厂指挥调度中心的监控主机上进行分析与处理。

1. 功能分类

软件接口部分包括数据通信模块、数据处理模块、接口界面模块 3 个部分。

（1）数据通信模块。在整个系统中通信模块具体负责与网关进行通信，接收现场网关传来的各项数据，它是上位机系统软件与现场设备的桥梁。

（2）数据处理模块。由于上位机接收到的数据源是按一定的规范封装成帧的一串一串的原始数据，这些信息在没有经过分类提取之前是无法加以利用的。根据实际的需要，数据处理模块主要负责将各个字段的信息从缓存字节流中提取出来，将其转化成为有实际意义的、可以供高层决策使用的信息数据。

（3）接口界面模块。系统接口界面模块主要负责对接口数据的控制、处理的管理工作。包括发送开始采集命令、关闭采集命令、定时采集命令等。

2. 通信协议的确定

1）数据接收协议

采集到的信息，即关键设备的温度或振动，通过网络经接口程序，传输到监控中心之后，由监控中心点检自动化软件对采集到的数据进行分析，给出设备健康状况报告，指导设备的维修维护，并自动建立设备运行健康状况模式库。其中，最重要的是根据数据接收的协议协调好下位机与上位机的通信。数据包格式定义见表 12-1。

表 12-1   数 据 包 格 式 定 义

FF	节点号	数据类型	长度	...	00

其中，FF 表示包头；00 表示包尾。节点号用 1、2、3…表示，最大数目根据现场的监测点定节点数进行调整；数据类型用 0、1、2、3、4、5、6 分别表示，0 表示温度，1 表示开始、暂停，2 表示网络拓扑，3 表示定时时间常数，4 表示振动 X，5 表示振动 Y，6 表示振动 Z；长度表示数据的长度，具体数值大小是从长度的后一个字节开始到包尾 00 前的大小。

（1）温度数据包格式。温度数据包格式定义见表 12-2。

表 12-2   温 度 数 据 包 格 式

FF	ID	00	01	XX	00

其中，XX 表示温度值。例如，FF 01 00 01 18 00 表示温度数据包，并且此时的温度数据为 18 ℃。

（2）开始和暂停数据采样包格式。开始和暂停数据采样数据包格式见表 12-3。

表 12-3　开始和暂停数据采样数据包格式

FF	FF	01	01	XX	00

其中，XX 表示传输的开始和暂停标识符，00 表示暂停采样，01 表示开始采样。例如，FF FF 01 01 00 00 表示发送的是暂停采样数据包；FF FF 01 01 01 00 表示发送的是开始采样数据包。

需要注意的是，开始和暂停不支持单个节点的开始和暂停，它是对整个网络而言，控制网络中的所有节点。

（3）网络拓扑结构数据包格式。网络拓扑结构数据包格式见表 12-4。

表 12-4　网络拓扑结构数据包格式

FF	ID	02	05	ID1	ID2	ID3	ID4	ID5	00

其中，数据类型标识为 2，最大跳数为 5。例如，FF 01 02 05 01 07 04 06 03 00 表示发送的是网络拓扑数据包，并且此时表示这 5 个节点的网络拓扑结构关系为（子→父）：01→07→04→06→03。

网络拓扑信息包是每个节点在接收到协调节点发送的请求数据命令后，在发送振动数据之前，发送该网络拓扑信息包。

例如，对一个如图 12-17 所示的网络拓扑结构，节点拓扑结构关系（子→父）：ID1→ID2→ID3→ID4→ID5，其相应的网络拓扑数据包形成过程如图 12-18 所示。根据此图，接收到的数据包结构为：FF D1 02 05 D1 D2 D3 00 00 00。

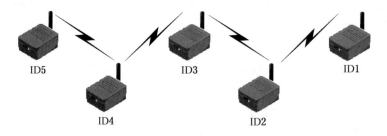

图 12-17　网络拓扑结构

（4）定时时间常数数据包格式。定时时间常数数据包格式见表 12-5。

表 12-5　定时时间常数数据包格式

FF	ID	03	02	XX	YY	00

其中，数据类型标识为 3，数据长度为 2，XX 和 YY 表示定时时间。假如，假设定时时间是 1 h（3600 s，这里以秒为单位），（3600）D＝ox0E10，那么这里发送的数据指令为 FF 01 03 02 0E 10 00。

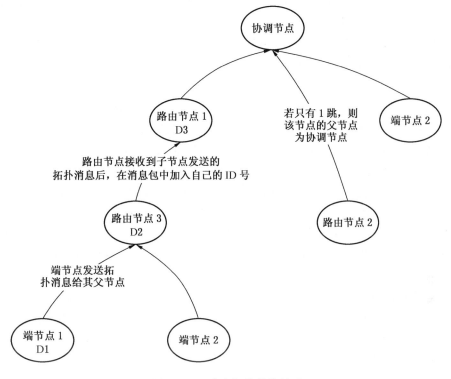

图 12-18 节点拓扑结构关系

同样，定时时间不支持单个节点的定时时间，它是对整个网络而言，控制网络中的所有节点。

（5）振动数据包格式。振动数据包格式见表 12-6。

其中，长度 A = 1+X；数据包序号是从 0 开始，4 表示 X 轴方向上的振动。例如，FF 08 04 47 07 7E 7E 7D 7E 7F 7F 7E 7E 7F 7D 7E 7F 7E 7E 7D 7E 7F 7E 7F 80 7F 7D 7E 7D 7F 7D 7E 7D 7D 7F 7F 7E 7D 7E 7F 7E 7F 7E 7E 7D 7E 7F 7E 7D 7E 7E 7E 7E 7E 7D 7F 7D 7E 80 7E 7E 7E 7F 7D 7E 7F 7F 7E 7F 7F 7E 7E 7E 7F 00 数据包表示 8 号节点的 X 轴方向的第 7 包振动数据。

表 12-6 振动数据包格式

FF	ID	4	A	包序号	1, 2…X	00

2）历史存储协议

数据接收之后，最终还是需要上位机软件来调用这些数据，进而处理、显示给用户。所以，需要协调好数据的储存格式。数据存储主要是存文本文件，分为实时数据和历史数据两个部分。

（1）实时数据存储。

存储路径：D：\ realdata。程序运行时自动生成文件夹"realdata"，用于存储各个节点实时数据。该文件夹下包含一个命名为"nodestatus"的文本文件，用来实时地存储每一个节点的生存状态；包含命名为如 rd_16_t、rd_16_x、rd_16_y、rd_16_z 四个文本文件（以 16 号节点为例，每个节点有 4 个文本文件），用来分别存储 16 号节点的温度、X 轴振动、Y 轴振动、Z 轴振动的数据。

（2）历史数据存储。

存储路径：D：\histdata。程序运行时自动生成文件夹"histdata"，用于存储各节点历史数据。该文件夹下包含命名为如 hd_16_t_20101210175446、hd_16_x_20101210175448、hd_16_y_20101210175449、hd_16_z_20101210175450 四个文本文件（这里以 16 号节点为例，每个节点有 4 个文本文件，而且文本文件名字里面包含精确到秒的时间信息），用来分别存储 16 号节点的温度、X 轴振动、Y 轴振动、Z 轴振动的数据。

3）容错技术设计

系统的干扰或多或少、或大或小总是存在的，并且在特定的条件下还有可能对管理系统造成大的干扰，因此，还应该在程序编制中采取软件容错技术。所谓容错，就是在干扰不能避免的情况下，一旦其对系统造成大的干扰而使系统出现异常时，控制系统能对其及时地进行反应，并根据出错时的状态决定进一步补救措施。软件中主要使用了以下容错技术：

（1）程序重复执行技术。

在程序执行过程中，一旦发现现场故障或错误，在某些情况下可以重新执行被干扰的先行指令若干次。若重复执行成功，说明引起控制系统故障的原因为干扰，否则是干扰以外的原因，此时会出现输出软件失败并停机、报警现象。

（2）对死循环作处理。

在程序中设计了软件狗定时程序，当定时超过原定时间时，可以断定系统进入了死循环。当控制系统进入了死循环，可以根据程序的判断，决定下一步是停机还是进入相关的子程序进行系统的恢复。

（3）丢包报警处理。

在编写程序的过程中，对数据包中所包含数据不完整的情况采取删除措施。删除一次，计数器自加一次，当计数器大于设定的数值后，软件发出报警。这样可以及时反映数据传输过程中的不稳定的传输路线，为无线传感器网络路由的设计也提供了参照。

12.3.2　数据分析部分设计

数据分析部分主要是针对振动信号。当机器出现某种形式的故障后，必然反映为振动信号时域波形上的变化和频率成分的改变，因此通过时域波形及其频谱得到的一些统计特征参数，即时域和频域统计指标，可以用于对机器运行状态的快速评价和诊断。

在时域分析诊断中，普遍采用振动信号的均值、均方根值、方差、差分值、概率密度函数、概率分布函数、自相关函数、互相关函数以及波峰因素、波形因素、峭度等无量纲特征参数。对设备运行的振动信号进行时域上的观察分析，可以对设备的运行状况作粗略判断。

在频域分析诊断中，直接对振动信号进行频谱分析，结合频谱图的结构和故障特征频率，可以对设备的早期故障进行较精密的诊断。

1. 时域分析

1）信号的预处理

振动信号预处理是将振动测试中采集到的数据尽可能真实地还原成实际振动状况的最

基本数据加工方式，主要包括消除多项式趋势项和平滑处理。

偏离基线随时间变化的整个过程被称为信号的趋势项。测试信号中往往因测试仪器温度变化造成趋势项。消除多项式趋势项的主要目的是消除偏离基线的信号，提高信号的正确性。本设计中主要采用多项式最小二乘法。

数据采集器采样得到的振动信号数据往往叠加有噪声信号。其中，随机干扰信号频带较宽，有时高频成分所占比例较大，使得离散数据绘成的振动曲线呈现许多毛刺，很不光滑。为了削弱干扰信号的影响，提高振动曲线的光滑度，因此需要对数据进行平滑处理。主要方法有平均法和五点三次平滑法。本设计中我们采用五点三次平滑法。

2）加速度、速度和位移的计算

（1）加速度值计算。振动传感器采集的数据为 X、Y、Z 轴 3 个方向的电压值，通过公式将它们转化为加速度值 a。

设采集的数据为 data，则

X 轴方向的加速度值为

$$a_X = \frac{\dfrac{\text{data} \times 2}{2^9} \times 3.33 - 1.64}{0.34} \times 9.8 \qquad (12-11)$$

Y 轴方向的加速度值为

$$a_Y = \frac{\dfrac{\text{data} \times 2}{2^9} \times 3.33 - 1.63}{0.34} \times 9.8 \qquad (12-12)$$

Z 轴方向的加速度值为

$$a_Z = \frac{\dfrac{\text{data} \times 2}{2^9} \times 3.33 - 1.73}{0.34} \times 9.8 \qquad (12-13)$$

X、Y、Z 轴 3 个方向的合加速度即为振动信号的加速度值：

$$a = \sqrt{a_X^2 + a_Y^2 + a_Z^2}$$

（2）速度和位移计算。连续加速度信号 $a(t)$ 转化为速度信号 $v(t)$ 时可以通过在时间 t 上积分得到，即 $v(t) = \int a(t) \mathrm{d}(t)$。而对于离散加速度信号 $a(n)$ 来说，要得到离散速度信号 $v(n)$，只能通过求和来实现。而积分的本质就是求和，所以通过积分定理可以推出求离散速度信号的公式为 $v(n) = \sum\limits_{m=1}^{n} a(m) \Delta t$，其中 Δt 为采样时间间隔。同理，位移信号可由速度信号累加和求得：$s(n) = \sum\limits_{m=1}^{n} v(m) \Delta t$。

3）时域统计指标

（1）均值。均值的数学表达式为

$$\bar{X} = \frac{1}{N} \sum_{n=1}^{N} x_n \qquad (12-14)$$

它反映信号中的静态部分，一般对诊断不起作用，但对计算其他参数有很大影响，所以，一般在计算时应先从数据中去除均值，剩下对诊断有用的动态部分。

（2）有效值。有效值也称为均方根值，它的数学表达式为

$$X_{rms} = \sqrt{\frac{1}{N} \sum_{i=1}^{N} x_i^2} \quad (12-15)$$

它反映信号平均能量大小，特别适用于具有随机振动性质物理量的测量。在理论上，具有单点缺陷的故障振动虽然冲击波峰的振幅大，但持续时间短，用有效值来表示，其特征并不明显。实际情况是，轴承元件的安装不可能绝对理想，轴承系统还存在共振现象，因此，单点缺陷故障的瞬时冲击将引起信号短时剧烈颤动，从而使其有效值有所增大。有效值不但可以反映轴承元件工作表面的磨损情况，对于剥落、腐蚀等点故障也能有效地反映。有效值是评价设备运行状态的一个有效的统计指标。

（3）峰值。峰值定义为信号波形中的最大幅值：

$$X_P = \max[|x(n)|] \quad (12-16)$$

峰值大小可以反映设备某一局部故障点的冲击力的大小。冲击力越大，峰值越高，因此在检测由设备工作表面剥落、腐蚀等原因所造成的冲击性振动时，峰值比有效值更能明显地反映出轴承运行的故障状态。

（4）峭度值。峭度指标的定义为

$$C_q = \frac{\frac{1}{N} \sum_{i=1}^{N} (|x_i| - \bar{X})^4}{X_{rms}^4} \quad (12-17)$$

式中　X_{rms}——振动信号有效值。

峭度系数是表示设备工作表面出现疲劳故障时，工作面缺陷处产生的冲击脉冲，故障越大，冲击响应幅值越大，故障现象越明显。一般情况下，随着故障的增大，均方根值、方根幅值、绝对平均值、峭度及峰值会不同程度地增大，且峭度最为敏感。峭度对探测信号中含有脉冲的故障最敏感、有效。

（5）烈度值。对于离散的振动速度信号 $v(n)$，振动烈度的计算公式为

$$v_{rms} = \sqrt{\frac{1}{N} \sum_{n=1}^{N-1} v^2(n)} \quad (12-18)$$

振动烈度定义为频率 10~1000 Hz 范围内振动速度的均方根值，是反映一台机器振动状态简明综合、实用有效的特征量。通常取在规定的测量点和规定的测量方向上测得的最大值作为机器的振动烈度。

（6）差分值。差分值计算公式为

$$a(n) = x(n) - x(n+1) \quad (12-19)$$

差分值的大小可以反映某一时刻设备局部故障点的冲击力波动的大小。波动越大，差分值越大，因此，通过对差分值的判断，可以确定设备工作是否处于一个稳定的状态。

（7）阈值设定。运用统计指标对设备运行状态进行诊断，必须为其正常状态下振动信号的统计指标值确定一个变化范围，当统计值超出这个范围时，判定设备运行失常。假定正常振动信号的统计指标 X 服从正态分布 $X \sim N(\mu, \sigma^2)$，则 X 的统计值 x 的概率密度函数为

$$f(x) = \frac{1}{\sqrt{2\pi}\sigma} e^{-\frac{(x-\mu)^2}{2\sigma^2}} \quad -\infty < x < \infty \quad (12-20)$$

统计值 x 越靠近其均值 μ，它的概率密度越大，出现的可能性越大；反之亦然。统计值 x 位于 $\mu \pm 3\sigma$ 范围内的概率达到了 99.74%，而位于 $\mu \pm 3\sigma$ 以外的概率已经很小了，仅为 0.26%。在此假设，当统计值 x 超出 $\mu \pm 3\sigma$ 范围即判定设备运行状态异常。所以，将一个正常运行的设备误诊为故障的概率仅为 0.26%。以 $\mu \pm 3\sigma$ 作为滚动轴承运行异常的诊断阈值。

统计指标分布的均值 $\mu = \dfrac{1}{N}\sum\limits_{i=1}^{N} x_i$，标准差 $\sigma = \sqrt{\dfrac{1}{N-1}\sum\limits_{i=1}^{N}\left[x_i - \mu\right]^2}$，其中 x_i 为振动信号的若干个统计指标，如有效值、峰值、峭度等。则设备运行异常的诊断阈值为

$$X_{\text{上下限}} = \mu \pm 3\sigma = \frac{1}{N}\sum_{i=1}^{N} x_i \pm 3\sqrt{\frac{1}{N-1}\sum_{i=1}^{N}\left[x_i - \mu\right]^2} \tag{12-21}$$

2. 频域分析

频谱值是振动加速度信号傅里叶变换之后的实部和虚部平方和的平均根值，即 $F(\omega) = \sqrt{Re(\omega)^2 + Im(\omega)^2}$，频谱就是频率的分布曲线。

以上是振动数据分析的时频域参数，主要通过 C 语言编写程序完成。

12.3.3　模式库部分设计

1. 模式库的构建

模式库的构建，也就是对模式进行分类、描述和存储，建立一个库来对模式进行组织和管理。可见，要构建一个模式库所需要研究的几个方面包括如何对库中的模式进行有效的分类、描述和存储。

模式采掘主要就是先提出尚未被验证过的候选模式，并通过验证而形成正式模式的过程。首先将候选模式进行验证，如果验证成功则通过验证，该候选模式成为正式模式；若验证失败，则考虑抛弃该候选模式。设备运行健康状态模式库是在通过对设备的长期监测，在得到大量数据的基础上进行分析总结，结合设备现场运行情况逐步建立的。

模式库的模式个体可以选择振动信号的几个统计特征参数：有效值、峰值、峭度、烈度值等。在进行大量数据的统计之后对特征参数设定阈值，联合几组特征量对设备运行状态进行诊断，将在阈值之外的模式个体抛弃，健康的模式个体存入模式库。模式库建立流程如图 12-19 所示。

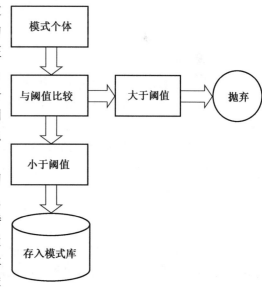

图 12-19　模式库建立流程图

2. 模式库的更新

将新的"好"的模式放在模式库第一位，后面的模式依次向后移，若库已满则最后一个模式被抛弃，采用"先入先出"的原则更新模式库。库中每一个模式还必须附带一个属性——包含该模式的个体的适应度在变化之前连续保持不变的个数，把新个体和库中相应

列中的模式进行比较。若有相同的则保持不变，其属性值选择较人的一个；若没有相同的，则把新模式放到第一位；若库已满则去除属性值最小的那个模式。

12.3.4　Intouch 显示部分设计

软件支持诸如安全、画面、报警、操作和报警记录、趋势等 HMI 的核心功能，可以对整个选煤厂进行全面监控，动态地掌握各个车间的实时运行状况。本系统的上位机监测软件采用 Wonderware 公司的 Intouch 组态软件开发，实现的功能包括现场数据采集的显示、画面调用与显示、数据报表、事故自动报警与查询、事故报警处理情况查询、分析结果给出设备运行状况、安全保护等。

实时监测：实时监测现场设备温度及振动数据。

实时和历史曲线：可显示系统内所有设置记录的监测点。

实时和历史报警：可显示系统内的实时和历史报警。

登录信息记录查询：可按天查询出登录信息日志。

报警记录查询：可按天查询出报警信息日志。

报警处理情况查询：可按天查询出相应设备报警后的处理情况。

组态报表：基于 Excel。

分析结果展示：根据测得的温度、振动数据，经过分析处理，得到一个魔方用以反映设备运行状况。

各车间拓扑图：可显示节点是否在工作及分布节点的组网情况图。

软件界面包括标题栏、菜单栏、状态栏和信息栏 4 个部分。标题栏显示程序名称；菜单栏显示程序功能；状态栏显示设备报警状态及值班人员姓名；信息栏显示运行状态以及当前工作时间等。

上位 Intouch 显示的内容主要有以下几部分。

1. 温度曲线显示

通过点击设备选择界面上的不同按钮，可以查看相应设备的温度曲线图，从温度曲线图上可以看出设备的温度变化趋势、某一段时间内温度的最大和最小值以及温度超限报警和确认。当温度超限时（阈值可以根据实际情况设定）会有红色闪烁并伴随有报警声，点击"确认"按钮红色闪烁停止。同时，还会弹出一个提示对话框，用于提醒用户某设备发生报警。

2. 温度数据表格形式显示

通过表格可以很直观地查看当前运行设备的温度值。

3. 振动曲线

振动曲线主要通过调用 Flash 画出曲线实现，从中可以看出设备 X、Y、Z 三个方向的振动变化趋势，若振动异常会给出相应的报警。

4. 拓扑图

拓扑图显示所有节点组网情况及节点是否处于运行状态，被点亮的节点表示处于工作状态，绿色表示正常，红色表示有故障，线条表示节点组网情况。

5. 分析结果显示

分析结果主要显示设备振动的快速傅里叶变换频谱、加速度及差分曲线；并且给出了设备振动的烈度、峭度和最大峰值；另外，根据烈度、峭度和最大峰值画出一个"魔方"，其大小可以根据采集数据变化而变化，从而直观反映出设备的振动情况。最后，根据温度、烈度、峭度和最大峰值的正常与否给出设备运行状态的总体评价。

6. 历史趋势

由历史趋势控件来显示某个时间段内所查询设备的温度曲线，趋势的时间范围及趋势图整体大小可以通过按钮来调节。对历史趋势进行设置，可以选择显示模式："最小/最大值图""平均/散点图"和"均值/棒图"。如果默认情况下的设备不是所想查询的，可以通过按钮来改变各支笔所代表的设备。

7. 报警记录

报警记录包括实时报警记录和历史报警记录。

当设备的温度超过设定值时，会有报警发生，系统会在实时报警记录中显示发生问题的设备的详细情况，并能发出报警声，直到工作人员确认。报警时按钮闪烁为红色，确认后变为黄色，温度正常后又会变成绿色。

历史报警记录表显示以往报警记录，最上面为最近一次报警。如果有报警记录未被确认，则该条记录会出现闪烁。

8. 报警处理记录

当设备温度报警时，除了会弹出提示对话框，还会弹出一个报警处理的窗口，如图12-20a 所示。

(a) 报警处理前　　　　　　　　　(b) 报警处理后

图 12-20　报警处理窗口

假设值班人员输入将要去处理报警人员的姓名为赵雪，回车确认后，图中会显示已安排赵雪去处理报警，确认后将会记录下该操作（图12-20b）。

过一段时间后，点击"报警处理完成情况"按钮，弹出如图12-21所示界面。在图中长方形框中输入处理方法后，按照实际情况选择"是"或者"否"，系统则会记录下该信息，以便于查询，如图12-22所示。

图 12-21　温度值报警处理情况输入后对话框

9. 系统信息设置与查询

（1）声音报警与特殊功能键。用户可以根据需要启用或者禁用报警声音，建议启用报

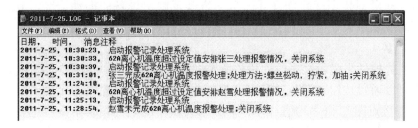

图 12-22 温度值报警处理情况记录

警声音。Alt、Esc 和徽标键 3 个特殊功能键也可以根据需要选择禁用与否。

（2）登录信息查询。可以查看当日或者历史登录系统的用户信息。

（3）报警信息查询。设备发生报警时信息会被系统记入相应的文本文件中，用户可从此查询相应日期的报警信息。

（4）报警处理查询。前面在报警记录时提到，用户所做的相应操作都被系统记录，在此可以查看设备报警后的处理情况，包括安排谁去处理该报警及处理的时间、方法和结果。

10. 报表

通过设定好报表开始查询日期、报表起始查询时间、采样时间间隔和查询数据时间长度后，单击"生成报表"按钮，则会在设定的目录下生成 .CSV 文件。此格式的文件可以用 Excel 打开。此 Excel 可能无法完全满足报表的需要，要把其中的数据复制到相应的模板中，才可以生成我们所需的报表，报表模板根据需要而建立。报表可以通过相应按钮查看。

11. 登录用户管理

本系统还提供登录用户管理功能，当以管理员级别的用户登录时，可以增加、删减用户，还可以更新已有用户的密码和访问级别。其他用户可以配置自己的密码。

12.3.5　Web 发布设计

Web 发布可以对整个选煤厂进行全面监控，动态地掌握各个车间的实时运行状况。下位机采集的数据等不便于远程的查看，经 Web 发布后，可以通过客户端浏览器直观地查看，包括实时数据——模拟量（温度、振动数据）的显示；报警显示——报告温度异常等；历史曲线显示——显示选定测点以往的历史曲线、状态动画示意图等；还有数据分析后的傅里叶变换频谱、加速度、差分等数据的曲线显示；分析后设备的健康状态参数（包括峭度、烈度、最大峰值）的显示。另外，节点的工作状态以及存活状态可以通过拓扑图动态地显示出来。

1. 监测信息范围

系统将 4 个系统监测信息集成一个总的监测系统：洗煤车间监测系统、动筛车间监测系统、准备车间监测系统和压滤车间监测系统。

监测信息包括：主要生产设施（泵、鼓风机、给煤机、离心机、精煤筛、矸石筛、中煤筛、中煤斗子、矸石斗子、带式输送机）设备基本量和实时信息（温度、振动）等。

2. 网页浏览效果

经过一系列的设置，在同一局域网的任意一台客户端浏览器上输入服务器的 IP 后，可以看到煤矿设备点检系统的首页（图 12-23），点击首页上的任何一个功能按钮都可以打开各自对应的功能。

图 12-23 远程发布部分点检系统首页

点击"各车间动态查询"按钮，可以查看各个车间的实时数据显示、温度报警等。以下均以洗煤车间为例。点击"各车间动态查询按钮"，出现"设备选择"页面窗口，在此页面上选择要查看的车间和设备进行相应的查看。例如，点击设备选择页面上的"98A 鼓风机"按钮，即可查看"98A 鼓风机"的数据传输状态和温度报警。

点击"数据分析图"按钮，可以查看相应车间的数据分析结果，包括振动参数的实时显示以及报警等。图 12-24 所示为"98A 鼓风机"分析数据的显示，此图中显示了对"98A 鼓风机"的三轴振动数据进行了傅里叶变换及求三轴加速度、差分运算后的分析曲线。而图中的烈度、峭度、最大峰值魔方图则动态地显示了对三轴振动数据进行分析运算后求得的烈度、峭度、最大峰值的变化。最后根据分析数据的结果显示，可以判断出各个设备运行状态的优劣。

点击"洗煤网络拓扑结构"按钮，可以查看洗煤车间各节点的工作状态、存活状态以及各个节点的传输路径，如果节点死亡会出现报警提示。

12.4 系统主要功能与特点

1. 构建了选煤厂钢架结构环境下全覆盖自组织无线传感器网络

选煤厂监测点分散，分布在洗煤车间、动筛车间、准备车间和压滤车间。兴隆庄煤矿选煤厂洗煤车间曾获鲁班奖，源于其全金属的框架结构。构建基于无线传感器网络的监测网络时，车间中楼层与楼层之间不能直接实现无线通信，金属是射频能量的一个强大的反射体，车间的每一层中金属设备遍布，以及来自每一台设备发动机、轴承的强烈振动，使得射频环境更加恶劣和复杂，导致了网络布点的困难。设计时，根据现场情况，研究确定

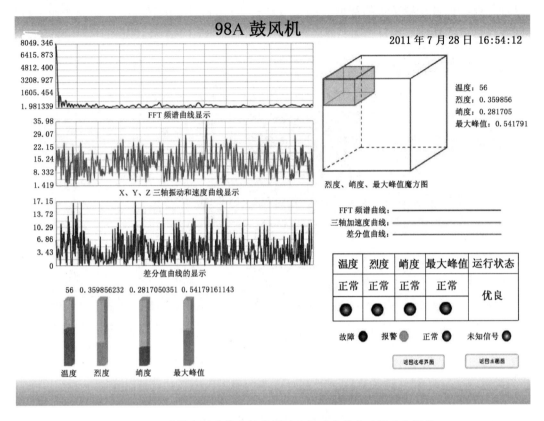

图 12-24　选煤车间数据分析结果以及振动参数实时显示和报警

选煤厂测量点的无线传感器节点的部署策略及安装方式，通过对网络自组织算法及 ZigBee 协议栈的相应修改，使数据在传输过程中采用多次握手分层传输方式，保证了选煤厂全钢架结构复杂环境下的网络全覆盖和数据传输的准确可靠性。

2. 设计了交叉采集条件下多传感器采集节点及汇聚节点

网络由测量节点、路由及网关节点等组成，具有自组网能力。测量节点具有同时测量选煤厂主要设备振动与温度的功能。设备振动信号属于交流信号，要想准确地确定机械问题，必须获取大量的振动数据并对之进行分析。设备温度属于直流信号，温度采集并不需要太多数据，项目中设计这种交叉采集条件下多传感器采集节点以及相应汇聚节点，解决了多种类型传感器的同时采集问题。

3. 构造了设备运行健康状况模式库的自学习与自动建立方法，完成以运行模式为准则的设备健康状态诊断过程

矿山机械设备与其他行业（如电力行业）机械设备的不同之处在于，它很少有故障报道，因此人们对它的故障模式未知。设备运行健康状态模式库是通过对设备的长期监测，在得到大量数据的基础上进行分析总结，结合设备现场运行情况逐步建立的。

在这种情况下，如何建立选煤厂机械设备运行健康状况模式库，以及如何判断非健康或者故障模式，模式库的模式个体选取的统计特征参数的原则是什么，模式库更新的原则是什么，本项目对这些进行了探索和研究。

模式库的模式个体可以选择振动信号的几个统计特征参数：有效值，峰值，峭度，烈度值等。在进行大量数据的统计之后对特征参数设定阈值，联合几组特征量对设备运行状态进行诊断，将在阈值之外的模式个体抛弃，健康的模式个体存入模式库。

考虑到对设备故障状态先验知识未知，提出了以运行模式为准则的煤矿设备健康状态分析与诊断方法。该方法以建立的健康状态模式库为准则，选取适当的模糊判断方法以及健康状况模式库的自学习与更新算法，对煤矿设备状态进行分析与诊断。

系统采用统计分析逐步建立设备运行健康模式库。通过模式库的建立，大大提高了点检系统在企业中的实际应用能力，使得故障诊断技术、状态监测技术、技术经济决策分析、专家故障诊断系统以及故障模式分析等技术实现了开创性的进步。

4. 设计了振动信号的"振动魔方"图显示健康状态分析结果

模式库的模式个体在选择振动信号的几个统计特征参数（峰值、峭度、烈度值）前提下，构建了基于振动信号的"振动魔方"，通过魔方的形式直观显示当前机械设备工作状况以及超限状况的报警提示。

本部分在数据的实时显示、报警处理、历史曲线及状态动画方面进行了创新设计。对设备健康运行模式库的烈度、峭度和最大峰值等数据进行多元化魔方直观显示。通过魔方图可直观反映出设备振动状态，从而根据温度和振动数据的变化对设备运行状况进行跟踪分析。

5. 实现了选煤厂设备运行安全管理信息化系统，提高了设备的预警预报

基于有线与无线相结合的网络化设备点检自动化系统的选煤厂设备运行安全管理信息化系统，通过振动、温度信息来监测系统的工作状态，当磨损或撕裂现象出现时则通过无线通信发送警告，帮助预测机器的磨损状况并预知何时需要进行维护，把人从若干小时一次的定期维护工作中解脱出来，只有在需要的时候才做必要的维护。

本系统在选煤厂数据管理中心设置了适应无线传感器网络的专用数据处理平台，除了完成点检系统相应节点的数据采集处理分析功能，还可以对各数据参数进行统计分析挖掘，提供更上层的模式分析应用。

由于系统的数据库管理模式采用了统一的数据仓库式管理，因此很容易与其他系统的数据相互融合，形成一种便捷的可插入式应用。系统能够快速地实现与全矿业务的集成，同时也为生产决策者提供了高效与科学的判断依据。

管理信息化系统可逐步自动生成设备运行健康状况模式库，针对运行健康状况模式库，对采集到的数据进行分析，给出设备健康状况报告，指导设备的维修维护。另外，软件支持安全、画面、报警、操作和报警记录、趋势等 HMI 的核心功能。

参 考 文 献

[1] 姚建铨，丁恩杰，张申，等. 感知矿山物联网愿景与发展趋势 [J]. 工矿自动化，2016，42 (9)：1-5.

[2] 徐峰，严学强. 移动网络扁平化采构探讨 [J]. 电信科学，2010，26 (7)：43-49.

[3] 徐峰，严学强. 全扁平化移动网络架构的研究 [J]. 移动通信，2011，35 (2)：33-37.

[4] 李博. 压缩感知理论的重构算法研究 [D]. 长春：吉林大学，2013.

[5] Baraniuk R. Compressive sensing [J]. IEEE signal processing magazine，2007，24 (4)：1-9.

[6] Candès E J，Romberg J，Tao T. Stable signal recovery from incomplete and inaccurate measurements [J]. Communicationson Pure and Applied Mathematics，2006，59 (8)：1207-1223.

[7] 吴赟. 压缩感知测量矩阵的研究 [D]. 西安：西安电子科技大学，2012.

[8] 王强，李佳，沈毅. 压缩感知中确定性测量矩阵构造算法综述 [J]. 电子学报，2013，41 (10)：2041-2050.

[9] 李小波. 基于压缩感知的测量矩阵研究 [D]. 北京：北京交通大学，2010.

[10] Li Chengbo. An efficient algorithm for total variationregularization with applications to the single pixel camera and compressive sensing [D]. Houston：Rice University，2009.

[11] Donoho D L. Compressed sensing [J]. IEEE Transactions on Information Theory，2006，52 (4)：1289-1306.

[12] 傅迎华. 可压缩传感重构算法与近似 QR 分解 [J]. 计算机应用，2008，28 (9)：2300-2302.

[13] 田香玲，席志红. 压缩感知观测矩阵的优化算法 [J]. 电子科技，2015，28 (8)：102-105.

[14] 赵瑞珍，秦周，胡绍海. 一种基于特征值分解的测量矩阵优化方法 [J]. 信号处理，2012，28 (5)：653-658.

[15] 王红梅，严军，牛涛，等. 一种利用相关性优化压缩感知测量矩阵的方法 [J]. 电子测量技术，2012 (11)：116-119.

[16] Needell D，Vershynin R. Uniform Uncertainty Principle and Signal Recovery via Regularized Orthogonal Matching Pursuit [J]. Foundations of Computational Mathematics，2009，9 (3)：317-334.

[17] Donoho D L，Tsaig Y，Drori I，et al. Sparse Solution of Underdetermined Systems of Linear Equations by Stagewise Orthogonal Matching Pursuit [J]. IEEE Transactions on Information Theory，2012，58 (2)：1094-1121.

[18] Jian W，Kwon S，Shim B. Generalized Orthogonal Matching Pursuit [J]. IEEE Transactions on Signal Processing，2011，60 (12)：6202-6216.

[19] 张春晖. 基于S3C2410 的物联网矿山数据采集终端的研究与设计 [D]. 长沙：中南大学，2012.

[20] 颜思森，万晓东. 浅谈数据采集系统的同步 [J]. 国外电子测量技术，2014，33 (8)：5-6.

[21] 秦爽. 多通道同步数据采集系统设计与实现 [D]. 成都：电子科技大学，2009.

[22] 张申，丁恩杰，徐钊，等. 物联网与感知矿山专题讲座之二——感知矿山与数字矿山、矿山综合自动化 [J]. 工矿自动化，2010 (11)：129-132.

[23] 陈珍萍，黄友锐，唐超礼，等. 物联网感知层低能耗时间同步方法研究 [J]. 电子学报，2016 (1)：193-199.

[24] 朱建华. 分布式数据同步采集系统的设计与实现 [D]. 合肥：安徽大学，2014.

[25] Moustapha A I，Selmic R R. Wireless sensor network modeling using modified recurrent neural networks：Application to fault detection [J]. Instrumentation and Measurement，IEEE Transactions on，2008，57 (5)：981-988.

[26] Barbancho J，Leon C，Molina F J，et al. Using artificial intelligence in routing schemes for wireless net-

works [J] . Computer Communications, 2007, 30 (14)：2802-2811.

[27] 张先迪, 李正良 . 图论及其应用 [M] . 北京：高等教育出版社, 2005.

[28] 王伟 . 神经网络原理——入门与应用 [M] . 北京：北京航空航天大学出版社, 1995.

[29] 韩力群 . 人工神经网络理论、设计及应用 [M] . 2 版 . 北京：化学工业出版社, 2007.

[30] 樊凯, 李令雄, 龙冬阳 . 无线 mesh 网中网络编码感知的按需无线路由协议的研究 [J] . 通信学报, 2009, 30 (1)：128-134.

[31] 张申 . 煤矿井下综合业务数字网络结构及其无线接入关键技术的研究 [D] . 徐州：中国矿业大学, 2001.

[32] 张申 . 隧道无线电射线传输特性的研究 [J] . 电波科学学报, 2002 (4)：115-118.

[33] 张申 . 帐篷定律与隧道无线数字通信信道建模 [J] . 通信学报, 2002, 23 (1)：41-50.

[34] 孙继平 . 矿井无线传输的特点 [J] . 煤矿设计, 1999, 46 (4)：20-22.

[35] 孙继平, 李继生, 雷淑英 . 煤矿井下无线通信传输信号最佳频率选择 [J] . 辽宁工程技术大学学报, 2005, 24 (3)：378-380.

[36] 樊昌信, 曹丽娜 . 通信原理 [M] . 7 版 . 北京：高等教育出版社, 2012.

[37] 葛哲学, 孙志强 . 神经网络理论与 Matlab R2007 实现 [M] . 北京：电子工业出版社, 2007.

[38] 李洪志 . 信息融合技术 [M] . 北京：国防工业出版社, 1996.

[39] 张育智 . 基于神经网络与数据融合的结构损伤识别理论研究 [D] . 成都：西南交通大学图书馆, 2007.

[40] 韩崇昭, 朱洪艳, 段战胜 . 多源数据融合 [M] . 北京：清华大学出版社, 2006.

[41] 刘严岩 . 多传感数据融合中几个关键技术的研究 [D] . 合肥：中国科学技术大学, 2006.

[42] 阎馨, 屠乃威 . 基于多传感器数据融合技术的瓦斯监测系统 [J] . 计算机测量与控制, 2004, 12 (12)：1140-1142.

[43] 刘锋 . 互联网进化论 [M] . 北京：清华大学出版社, 2012.

[44] 孙继平 . 煤矿事故分析与煤矿大数据和物联网 [J] . 工矿自动化, 2015, 41 (3)：1-5.

[45] 郭亮 . 云计算应用与研究 [D] . 北京：北京邮电大学, 2011.

[46] 崔倩楠 . 基于云计算环境的虚拟化资源平台研究与评价 [D] . 北京：北京邮电大学, 2011.

[47] 蒋雄伟, 马范援 . 中间件与分布式计算 [J] . 计算机应用, 2002, 22 (004)：5-8.

[48] (美) Tom White. Hadoop 权威指南 [M] . 2 版 . 周敏奇, 译 . 北京：清华大学出版社, 2011.

[49] 肖连兵, 黄林鹏 . 网格计算综述 [J] . 计算机工程, 2002, 28 (3)：1-3.

[50] 罗红, 慕德俊, 邓智群, 等 . 网格计算中任务调度研究综述 [J] . 计算机应用研究, 2005, 22 (5)：17-19.

[51] 刘愉, 赵志文, 李小兰, 等 . 云计算环境中优化遗传算法的资源调度策略 [J] . 北京师范大学学报（自然科学版）, 2012 (8)：377-383.

[52] 王大江, 张英, 李永明 . 构建数字矿山存在的问题与对策 [J] . 中国矿业, 2004, 6 (10)：70-72.

[53] 吴立新, 殷作如, 钟亚平 . 再论数字矿山：特征、框架与关键技术 [J] . 煤炭学报, 2003, 28 (2)：1-7.

[54] 僧德文, 李仲学, 张顺堂, 等 . 数字矿山系统框架与关键技术研究 [J] . 金属矿山, 2005 (12)：47-50.

[55] 裴忠民, 李波, 徐硕, 等 . 基于云计算的煤矿物联网一体化平台体系架构 [J] . 煤炭科学技术, 2012, 40 (9)：90-94.

[56] 申琢, 谭章禄 . 基于数据挖掘的煤矿大数据可视化管理平台研究 [J] . 煤炭科技, 2016, 42 (12)：86-89.

[57] Candès E, Romberg J, Tao T. Robust uncertainty principles: exact signal reconstruction from highly in-completefrequency information [J]. IEEE Transactions on InformationTheory, 2006, 52 (2): 489-509.

[58] Li Chengbo. An efficient algorithm for total variationregularization with applications to the single pixel camera and compressive sensing [D]. Houston: Rice University, 2009.

[59] 李凯, 张淑芳, 吕卫. 基于 TV 准则的图像分块重构算法的研究 [J]. 计算机工程与应用, 2012, 48 (26): 192-196.

[60] 陈善雄, 何中市, 熊海灵, 等. 一种基于压缩感知的无线传感信号重构算法 [J]. 计算机学报, 2015, 38 (3): 615-624.

[61] 雷阳, 尚凤军, 任宇森. 无线传感网络路由协议现状研究 [J]. 通信技术, 2009, 42 (3): 117-120.

[62] Ma H, Ding E, Wang W. Power reduction with enhanced sensitivity for pellistor methane sensor by improved thermal insulation packaging [J]. Sensors and Actuators B: Chemical, 2013, 187: 221-226.

[63] 陈进, 姜鸣. 高阶循环统计理论在机械故障诊断中的应用 [J]. 振动工程学报. 2001, 14 (2): 125-132.

[64] 胡广书. 现代信号处理教程 [M]. 北京: 清华大学出版社, 2004.

[65] 李建平, 唐远炎. 小波分析方法的应用 [M]. 重庆: 重庆大学出版社, 1999.

[66] 李建华, 李万社. 小波理论发展及其应用 [J]. 河南学院学报, 2006, 22 (2): 27-31.

[67] L. A. Zdaeh. Fuzzy sets [J]. Information and Contorl, 1965, 8 (3): 338-353.

[68] 伉大俪, 迟忠先, 张作谦. 烟机机组在线状态监测及故障诊断系统的研制 [J]. 石油化工设备技术, 1998, 19 (6): 28-31.

[69] 席俊杰. 基于 Internet 的设备远程监测和故障诊断系统研究 [J]. 润滑与密封, 2004 (6): 107-108.

[70] 汪江, 陆颂元. 发电设备远程诊断监测系统的 web 技术实现 [J]. 动力工程, 2004, 24 (5): 684-689.

[71] Chang Shinn-Liang, Liu Jen-Yu. Development of a remote monitor and diagnosis system through a PC-based controller [J]. Journal of Internet Technology, 2004, 5 (3): 279-287.

[72] 吴今培, 肖健华. 智能故障诊断与专家系统 [M]. 北京: 科学出版社, 1997.

[73] 吴振锋, 左洪福, 张天宏. 基于 Web 的航空发动机故障远程诊断技术研究 [J]. 应用基础与工程科学学报, 2001, 9 (z1): 245-250.

[74] 付华. 煤矿瓦斯灾害特征提取与信息融合技术研究 [D]. 阜新: 辽宁工程技术大学, 2006.

[75] 李彬. 瓦斯监测中大数干扰的滤除及自适应滤波器的优化研究 [D]. 赣州: 江西理工大学, 2015.

[76] 谭秋林. MEMS 红外瓦斯传感检测系统的研究 [D]. 太原: 中北大学, 2006.

[77] 刘怀森, 程伟, 高修忠, 等. GJG10H 型红外甲烷传感器 [J]. 煤炭科技, 2010 (1): 80-81.

[78] 焦保国. 矿井突水灾害预警系统的设计与实现 [D]. 大连: 大连理工大学, 2014.

[79] 闫广. 基于震源快速定位方法的分布式矿震监测系统关键技术研究 [D]. 徐州: 中国矿业大学, 2016.

图书在版编目（CIP）数据

矿山物联网安全感知与预警技术/王刚，丁恩杰等编著．--北京：煤炭工业出版社，2017

（煤矿灾害防控新技术丛书）

ISBN 978-7-5020-5671-1

Ⅰ．①矿⋯　Ⅱ．①王⋯　②丁⋯　Ⅲ．①互联网络—应用—矿山安全—安全管理—研究②智能技术—应用—矿山安全—安全管理—研究　Ⅳ．①TD7-39

中国版本图书馆 CIP 数据核字（2017）第 323477 号

矿山物联网安全感知与预警技术（煤矿灾害防控新技术丛书）

编　著	王　刚　丁恩杰　等
责任编辑	闫　非
编　辑	刘　鹏
责任校对	尤　爽
封面设计	王　滨

出版发行　煤炭工业出版社（北京市朝阳区芍药居 35 号　100029）
电　话　010-84657898（总编室）
　　　　010-64018321（发行部）　010-84657880（读者服务部）
电子信箱　cciph612@126.com
网　址　www.cciph.com.cn
印　刷　北京玥实印刷有限公司
经　销　全国新华书店

开　本　787mm×1092mm 1/16　印张　17 1/2　字数　421 千字
版　次　2017 年 10 月第 1 版　2017 年 10 月第 1 次印刷
社内编号　8534　　　　　　定价　125.00 元